Ihr BuchPlus-Vorteil:

Nutzen Sie das BuchPlus-Angebot und erhalten Sie als Käufer dieses Buches 70 % Rabatt auf das E-Book!

BuchPlus Vorteilscode*:
buch_1059_58376

So einfach geht's:

› Auf www.baufachinformation.de das von Ihnen gekaufte Buch auswählen
› Das dazugehörige E-Book in den Warenkorb legen
› Am Ende des Bestellprozesses im Gutschein-Feld den Vorteilscode eingeben
› Nach Abschluss des Kaufs: E-Book downloaden

* Bitte beachten Sie:
Dieser Code wurde individuell erstellt. Er gilt nur für den Käufer dieses Buches. Er darf nicht an Dritte weitergegeben werden und ist nur einmalig gültig.
Sollte das Buch zurückgezogen werden, z.B. weil es vergriffen ist oder neu aufgelegt wird, wird auch der Code ungültig.

Inspektion, Prüfung und Instandhaltung von Photovoltaikanlagen
Analyse, Bewertung, Instandsetzung

Wolfgang Schröder

Wolfgang Schröder

Inspektion, Prüfung und Instandhaltung von Photovoltaikanlagen

Analyse, Bewertung, Instandsetzung

2., überarbeitete Auflage

Fraunhofer IRB Verlag

Bibliografische Information der Deutschen Nationalbibliothek:
Die Deutsche Nationalbibliothek verzeichnet diese Publikation in der Deutschen Nationalbibliografie; detaillierte bibliografische Daten sind im Internet über www.dnb.de abrufbar.

ISBN (Print): 978-3-7388-0663-2
ISBN (E-Book): 978-3-7388-0664-9

Herstellung / Satz: Angelika Schmid
Umschlaggestaltung: Martin Kjer
Druck: BELTZ Grafische Betriebe GmbH, Bad Langensalza

Fraunhofer-Informationszentrum
Raum und Bau IRB
Nobelstraße 12, 70569 Stuttgart
Telefon +49 711 970-2500
Telefax +49 711 970-2508
irb@irb.fraunhofer.de
www.baufachinformation.de

Inhalt

Vorwort

Innerhalb der letzten 15 Jahre gewinnen immer mehr solare Energieerzeuger in der Energiewirtschaft an Bedeutung. Gerade netzgekoppelte Photovoltaikanlagen haben bedingt durch das vor 20 Jahren eingeführte Marktanreizprogramm unter dem Erneuerbaren Energiegesetz (EEG) rasant an Zubauraten gewonnen. Alleine in den Jahren 2010 bis 2012 gab es trotz – oder gerade wegen – der von der Politik bereits außerplanmäßig vorgenommenen Kürzungen der Einspeisevergütung in Deutschland einen Zubau von insgesamt ca. 22,5 Gigawatt an Anlagenleistung. In der Summe ergaben sich in Deutschland bis Anfang 2021 rd. 1,8 Mio. installierte Photovoltaikanlagen mit einer Gesamtleistung von rd. 53 GW.

Strom von der Sonne, ohne permanenten Einsatz von Rohstoffen, eine einmalige Investition gepaart mit einer festen Einspeisevergütung – ein System, das alleine läuft und dazu noch weit über 20 Jahre Herstellergarantien bietet. So denken viele. Leider, denn Photovoltaikanlagen werden oder wurden oft mit dem Argument verkauft, sie seien »wartungsfrei«. Obgleich sich bei Photovoltaikanlagen nichts bewegt oder dreht, was geschmiert werden muss, gibt es jedoch hier keine sogenannte »Wartungsfreiheit«.

Sowohl die Pionierzeiten als auch die Zeiten mit hohen Zubauraten zeigen derzeit Wirkung in Form von zahlreichen mangelhaft errichteten Anlagen. Plötzlich auftretende Schäden, Mindererträge, Defekte an Modulen und Wechselrichtern sind nur einige Merkmale hiervon, bei denen manch einer an dem doch so sicher geglaubten System plötzlich Zweifel hegt. Zudem lässt der politische Druck auf die Photovoltaikbranche in Verbindung mit der permanenten Diskussionen bezüglich Umlagekosten und Netzausbaukosten oft kein gutes Haar an der PV-Branche. Passend hierzu schocken immer mehr Insolvenzen großer Systemanbieter die Branche. Viele Installateure haben in der Vergangenheit das Geschäft bereits aufgegeben oder wurden, wie auch einige große Hersteller und Systemanbieter, vom Markt gefegt. Auseinandersetzungen wegen Garantie, Gewährleistung und fehlender Verfügbarkeit von Komponenten insolvent gegangener Hersteller bestimmen viele Fachdiskussionen.

Die große Anzahl an installierten Photovoltaikanlagen muss aber in Funktion gehalten werden. An Service, Wartung und Instandsetzung werden deshalb zukünftig hohe Anforderungen zu stellen sein, um den langfristigen Betrieb an der Menge der installierten Anlagen zu sichern. Denn für einen nachhaltigen Umbau der Energieversorgung werden diese Anlagen auch in Zukunft gebraucht – auch nach Ablauf der gesetzlichen

Einspeisevergütung. GTM Research prognostizierte in einem Bericht Ende 2013[1], dass das Marktvolumen für Operations-and-Maintenance-Leistungen (O&M-Leistungen) für Solarkraftwerke sich bis zum Jahr 2017 verdreifachen wird.

Die zwischenzeitlich nach den Boomjahren eingetretene harte Konsolidierung der ansonsten in den letzten Jahren so aufstrebenden Erfolgsgeschichte erfordert eine Neustrukturierung und Neuausrichtung der Solarbetriebe. Die Wartung/Instandsetzung ist eine Möglichkeit, die der Branche eine neue Chance gibt, den Gedanken der Nachhaltigkeit trotz der vielen Fehler der Vergangenheit aufzugreifen und fortzuführen.

Dieses Fachbuch soll der für die Wartung und Instandhaltung verantwortlichen Fachkraft bzw. dem Installateur entsprechende Hinweise zur Fehlererkennung und fachgerechten Inspektion, Prüfung und Instandsetzung geben. Darüber hinaus wird auch versucht, dem verantwortlichen Betreiber einer Photovoltaikanlage als technischem Laien den Sinn und Zweck von regelmäßigen Prüfungen der Anlage verständlich zu machen. Hierbei bekommt dieser auch so verständlich wie möglich Einblicke in die technischen und normativen Zusammenhänge. Auch der Betreiber kann durch Mitwirkung zur Dauerhaftigkeit seiner Anlage beitragen. Es müssen aber auch ganz klare Abgrenzungen zu Arbeiten gezogen werden, welche ausschließlich einer Elektrofachkraft vorbehalten sind.

Das Fachbuch versteht sich auch als Hilfe für die rechtlichen Rahmenbedingungen von Instandhaltungs- und Instandsetzungsaufträgen, deren Inhalte und der praktischen Durchführung. Anders als in anderen Fachbüchern soll es keine planerischen Grundlagen für die richtige Installation einer Photovoltaikanlage bzw. elektrischen Anlage vermitteln. Dennoch sollen diese nicht gänzlich ausgeblendet bleiben, insbesondere dann nicht, wenn auf in der Praxis typische Fehlerquellen hingewiesen wird. Insbesondere einige Einblicke in die Bautechnik und den baulichen Brandschutz sollen sowohl dem Prüfungsverantwortlichen als auch dem Anlagenbetreiber den Blick weg von der rein elektrischen Anlage öffnen.

Grabenstätt, im Februar 2022

Wolfgang Schröder

1 »Megawatt-Scale PV Plant Operations and Maintenance: Services, Markets and Competitors 2013–2017«

1 Regelmäßige Anlagenprüfungen

1.1 Allgemeine Bedeutung von Prüfungen

Bevor im Einzelnen auf das eigentliche Thema »Prüfung und Wartung von Photovoltaikanlagen« eingegangen und hierzu die technischen und formalen Einzelheiten dargestellt werden, soll an dieser Stelle etwas ausführlicher auf den eigentlichen Sinn und Zweck von regelmäßigen Inspektionen bzw. Prüfungen eingegangen werden.

Allgemein betrachtet, haben sich Maschinen, technische Anlagen und deren mechanische, elektrische und elektronische Bauteile in den letzten Jahren in ihrem Aufbau und ihrer Technik enorm weiterentwickelt und sich auch verkompliziert. Wo früher noch ein Schräubchen zum justieren war, sitzt jetzt ein elektronisches Bauteil. Es wird immer schwieriger, den Zustand einzelner Bauteile zu erfassen, da aufgrund der Beanspruchung und insbesondere der Automatisierung an modernen Anlagen wesentlich mehr Schwachstellen aufzufinden sind, als es noch bei ursprünglichen Maschinen der Fall war. Heute haben allgemein betrachtet Wartungs- und Instandhaltungskonzepte primär die Aufgabe, eine möglichst hohe technische Verfügbarkeit der Anlage zu gewährleisten. Dabei spielt es auch eine wirtschaftliche Rolle, hierzu entsprechende Kosten zu investieren. Nicht selten werden Instandhaltungen auf die lange Bank geschoben, da sie meist nur als notwendiges Übel oder lediglich als Kostenverursacher gesehen werden. Insbesondere bei Photovoltaikanlagen können Anlagenausfälle jedoch schnell ins Geld gehen, weil die Stromproduktion und somit die Vergütung für den Zeitpunkt des Anlagenausfalls ausgesetzt wird. Auch die Anlagensicherheit spielt eine bedeutende Rolle, um Schäden an Mensch, Tier und anderen Sachgütern vorbeugend abzuwenden. Bereits kleine Fehler in elektrischen Anlagen können brandauslösend sein und zu erheblichen Folgeschäden führen. Dennoch fallen Instandhaltungsmaßnahmen oftmals dem Rotstift zum Opfer mit den entsprechenden Folgen einer später anfallenden Kompletterneuerung.

Bei der Instandhaltung ist dem fachlichen Wissen eine sehr große Bedeutung zuzumessen. Zwar ist das Grundgerüst eines Instandhaltungssystems meist auf standardisierte Maßnahmen zurückzuführen, jedoch ist hier ein erhebliches Maß an Erfahrung der Mitarbeiter bzw. der durchführenden Personen unbedingt erforderlich. Denn nur so kann die Aktualität und Qualität der angewendeten Maßnahmen gewährleistet bleiben. In der Praxis entstehen nicht selten Probleme, die von Installateuren und Herstellerfirmen noch nicht erkannt wurden. Hier ist das Wissen der Mitarbeiter zur Lösung dieser Probleme und zur Bewertung der aktuellen Systemzustände gefragt, denn nur jemand mit Erfahrung im täglichen Umgang mit den Problemen der Photovoltaik kann diese auch bewerten.

Inspektion, Prüfung, Bewertung und insbesondere die Instandsetzung werden in Zukunft ein nicht unbedeutendes Segment von Sachverständigen bzw. Installationsbetrieben darstellen. Die bisherigen Erfahrungen zeigen, dass hier noch große Aufgaben bevorstehen.

Nachdem bereits spätestens nach 2012 eine Marktbereinigung nach dem abflauenden Boom bei der Installation von Photovoltaikanlagen stattgefunden hat, konzentrieren sich immer mehr Installationsbetriebe auf die Prüfung und Wartung von Photovoltaikanlagensystemen. Bezeichnenderweise bedarf es auch hier einer Kundenakquisition, d. h. eines Verkaufs solcher Leistungen. Der Anlagenbetreiber wiederum ist diesbezüglich oftmals nur schwer zugänglich. Vielleicht liegt es auch daran, dass ihm noch die Argumente des damaligen Verkäufers im Ohr liegen: »Sonnenernte«, Ertrag, Gewinn, langlebig, wartungsfrei, 25 Jahre Leistungsgarantie ... – ein Rundum-Sorglos-Paket also.

Andererseits kosten Prüfung und Wartung auch Geld. Die derzeitigen Angebotspreise schwanken recht stark und liegen je nach Anlagengröße zwischen 2,00 € und 7,00 € pro kWp installierter Leistung. Die Kosten hierfür würden den Gewinn der Anlage schmälern, soweit diese bei der ursprünglichen Wirtschaftlichkeitsberechnung nicht bereits berücksichtigt waren. Auch ist nicht jeder Anlagenbetreiber bereit, sofort einen Wartungsvertrag abzuschließen. Dies hängt auch oftmals mit der Anlagengröße zusammen. Bei Großanlagen, wie Solarparks sind sogenannte Wartungsverträge bereits obligatorisch, insbesondere auch aufgrund der Forderung der Banken und/oder Versicherer. Bei kleineren Anlagen zieren sich die Anlagenbetreiber oftmals vor einem Wartungsvertrag. Solange sich der Stromzähler dreht, scheint auch alles in Ordnung zu sein. Ernüchternd für den Anlagenbetreiber wird es aber oft dann, wenn plötzlich unerwartet Ereignisse eintreten, welche sich deutlich störend auf den Anlagenbetrieb auswirken. An einen Totalausfall oder Folgeschäden möchte man an dieser Stelle noch gar nicht denken.

Bezeichnenderweise verlangen in vielen Fällen weder die Versicherungen noch die finanzierenden Banken regelmäßige Anlagenprüfungen. Beide tragen also das Zustandsrisiko der Anlage mit – vielleicht auch aus Wettbewerbsgründen. Nur ist es nicht ganz verständlich, weshalb Versicherungen überhaupt ein solches Risiko eingehen, obgleich die Schadensquoten permanent ansteigen. Für die Bank stellt sich dabei die Frage, welche Sicherheit eine mangelhafte Photovoltaikanlage bietet?

Der Betrieb von Photovoltaikanlagen scheint sowohl für den Installateur als auch für den Anlagenbetreiber in erster Linie unkompliziert, meist auch deshalb, weil zumindest beim Betreiber angesichts der in der Vielzahl der auf dem Dach montierten Module und im Keller befindlichen Wechselrichter die Anlage oftmals aus der Sichtweite gerät. Nach erledigtem Auftrag galt das Gleiche bislang auch auf der Installateurseite. Photovoltaikanlagen sind in der Regel zwar wartungsarm, aber nicht wartungsfrei, wobei das Wort »Wartung« bei Photovoltaikanlagen eigentlich unpassend ist, wie später noch erläutert wird.

Grundsätzlich sollte man eine Photovoltaikanlage nicht gänzlich aus den Augen verlieren – und damit ist nicht nur alleine der Zähler oder die Einspeiseabrechnung gemeint. Prävention ist hier das Stichwort.

Das Wort Prävention seht für alle Zusammenhänge zur Vermeidung von Schlimmerem, z. B. im Gesundheitswesen. Prävention (von lateinisch praevenire »zuvorkommen«, »verhüten«) bezeichnet vorbeugende Maßnahmen, Programme und Projekte, um ein unerwünschtes Ereignis oder eine unerwünschte Entwicklung zu vermeiden. Ganz allgemein kann der Begriff mit »vorausschauender Problemvermeidung« übersetzt werden.

Wartung und Inspektion sowie eine regelmäßige Prüfung kennt man im Allgemeinen bei Fahrzeugen. Jährlicher Kundendienst und alle zwei Jahre die TÜV-Prüfung sind obligatorisch. Dazwischen kommt die regelmäßige Autopflege mit Waschstraße und Politur. Bei einer Investition von 30 000 € soll das Auto auch lange gepflegt sein. Die gute Garage darf hierbei nicht vergessen werden. Trotzdem ist der Gebrauchszeitraum eines Fahrzeugs weitgehend beschränkt – zumindest erreicht es nur sehr selten eine Lebensdauer von 20 Jahren, sondern liegt bei rund 12 Jahren.

Eine Photovoltaikanlage mit einer Leistung von 10 kWp hat vor ca. zehn Jahren ungefähr die gleichen 30 000 € gekostet. Sie ist mit dem Großteil ihrer Komponenten permanent der jahreszeitlichen Witterung ausgesetzt. Im Hinblick auf die Wirtschaftlichkeitsprognose muss bei einer vollfinanzierten Anlage diese erst einmal mindestens ca. 12 bis 14 Jahre unterbrechungsfrei bei voller Effizienz Strom produzieren, um die Anschaffungs- und Finanzierungskosten auszugleichen. Darüber hinaus gilt im Hinblick auf das zu erzielende wirtschaftliche Ergebnis ebenfalls eine störungsfreie Betriebsdauer bis zum 20. Betriebsjahr. Trotzdem werden solche Anlagen nur selten oder gar nicht regelmäßig geprüft.

Dieser Unterschied zeigt doch deutlich, dass einem Fahrzeug trotz permanenter Kosten und durchschnittlich kürzerer Lebensdauer mehr Aufmerksamkeit im Hinblick auf die Instandhaltung gegeben wird, als einer gewinnbringenden Photovoltaikanlage.

Darüber hinaus bemerkt selbst ein Laie sehr schnell aufkommende Probleme bei seinem Fahrzeug; sei es durch das Fahrverhalten, ein Geräusch oder optisch, z. B. bei Rostbildung. Bei einer Photovoltaikanlage ist eine solche Wahrnehmung um ein Mehrfaches schwieriger. Sie produziert z. B. an einem sonnigen Junitag geräuschlos eine hohe Strommenge und das permanent und selbstständig, so lange die Sonne scheint – egal, ob der Betreiber zu Hause ist oder nicht – also mehr oder weniger automatisch. Ein Fehler tritt, außer bei einem Anlagenausfall und – soweit vorhanden – durch Meldung der automatischen Anlagenüberwachung, meist nicht auffällig zutage. Dieser kann jedoch sehr schnell zu weiteren Schäden führen.

1,7 Mio. installierte Photovoltaikanlagen mit einer Gesamtleistung von rd. 53 GW bestehen nicht nur aus einigen Quadratkilometern an Modulen, sondern aus schätzungsweise

- ca. 250 Mio. Modulen
- ca. 750 Mio. Bypass-Dioden
- ca. 17 Mrd. Zellen (3 Wp)
- ca. 85 Mrd. Lötverbindungen
- ca. 500 Mio. Steckverbindungen.

Hinzu kommen Leitungen, Verteilerkästen, DC-Sicherungen, Schalter, Wechselrichter, AC-Sicherungen, Strangdioden.

Die o.g. Zahlen stammen aus dem im April 2014 beim TÜV Rheinland stattgefundenen 3. Workshop zum Thema Brandsicherheit bei Photovoltaikanlagen (www.pv-brandsicherheit.de). Sie basieren auf einer installierten Gesamtleistung von rd. 30 GW und wurden vom Autor auf 53 GW hochgerechnet.

Damit wird die Notwendigkeit regelmäßiger Anlagenprüfungen wohl sehr deutlich. Insbesondere beim vorbeugenden Brandschutz zeigen Photovoltaikanlagen oftmals sehr große Schwächen.

Im nachfolgenden Kapitel zum Thema Brand wird dieser Umstand nochmals aufgegriffen. Zudem kann man eine Photovoltaikanlage nicht einfach abschalten, denn die Module produzieren bei Licht- bzw. Sonneneinstrahlung weiterhin Strom. Selbst wenn im Fehlerfall gewisse Schutzfunktionen funktionieren und ansprechen oder man die Wechselrichter manuell abschaltet, verbleibt in den Leitungen zwischen den Modulen und bis zu den Wechselrichtern eine beträchtliche Stromspannung. Bei beispielsweise einem Leitungsfehler bedingt dies dann in Verbindung mit einer hohen Einstrahlung auch einen erheblichen Stromfluss mit manchmal erheblichen Folgen, wie z. B. einem Brand.

1.2 Statistiken zur Schadenserhebung

An dieser Stelle soll gleich einmal auf das Thema Brand näher eingegangen werden. Ein Gebäudebrand ist der Albtraum eines jeden Eigentümers oder Bewohners. Nicht selten werden Menschen und Tiere hierbei überrascht und in Lebensgefahr gebracht. Neben den oftmals hohen Sachschäden bedeutet es meist den Verlust von unersetzbaren ideellen Werten und eine tendenzielle Existenzbedrohung. Die Ursache von Bränden ist nach Statistiken der Versicherer zu 80 % auf Fehler in elektrischen Anlagen zurückzuführen.

Bild 1: Eine Photovoltaikanlage kann, wie man sieht, brennen. [Quelle: Augsburger Allgemeine]

Nach dem im Januar 2013 veröffentlichten Zwischenergebnis einer Forschungsstudie des Fraunhofer-Instituts für Solare Energiesysteme ISE[2] gab es rd. 400 Brände, bei denen Photovoltaikanlagen beteiligt waren.

Bei rd. 200 Anlagen lag die Brandentstehung bei externen Brandursachen. In rd. 180 Fällen konnte die Photovoltaikanlage selbst als Brandauslöser identifiziert werden. Bei den zum Zeitpunkt der Studie zugrunde liegenden rd. 1,3 Mio. installierten Photovoltaikanlagen in Deutschland ist das sicherlich eine sehr geringe Anzahl, dennoch 180 Brände zu viel, denn bei alleine 10 Fällen kam es zu einem Totalschaden des Gebäudes. Die Ursachen der Brandentstehungen sind vielfältig:

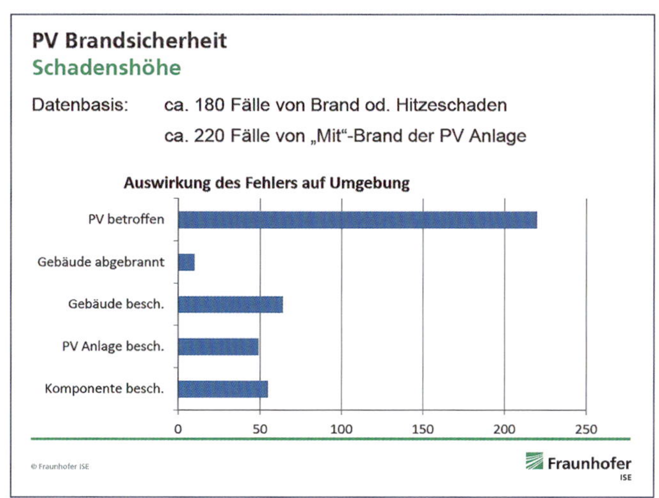

Bild 2: Auswirkungen des Brandes auf die betroffenen Photovoltaikanlagen [Quelle: Fraunhofer ISE]

2 gefördert durch das BMU (Bundesministerium für Umwelt, Naturschutz und Reaktorsicherheit)

Gut die Hälfte der Brandentstehungen sind nach der Studie auf Planungs- und Installationsfehler zurück zu führen. Fehlerschwerpunkt ist hierbei die Gleichstromseite, also alles was sich auf dem Dach befindet, bis zu den Wechselrichtern. Erstaunlich auch die Tatsache, dass bereits an zweiter Stelle mit fast gleicher Anzahl die Wechselstromseite betroffen ist.

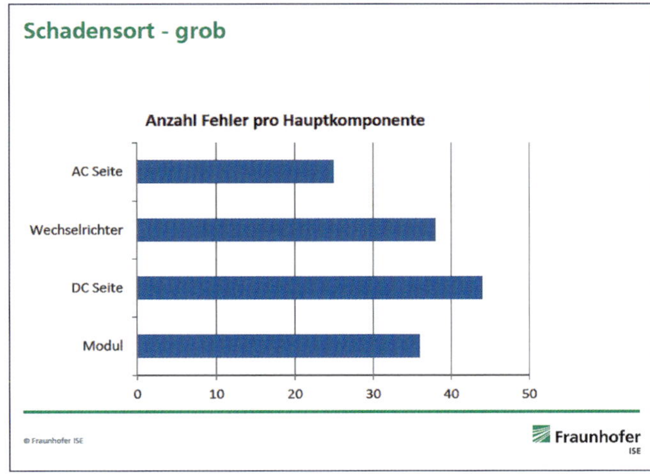

Bild 3: Schadensart nach Hauptkomponente [Quelle: Fraunhofer ISE]

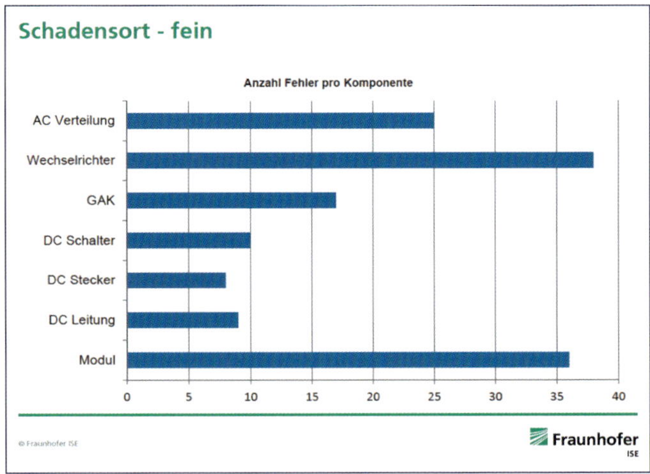

Bild 4: verfeinerte Ortsangabe der Schadensart [Quelle: Fraunhofer ISE]

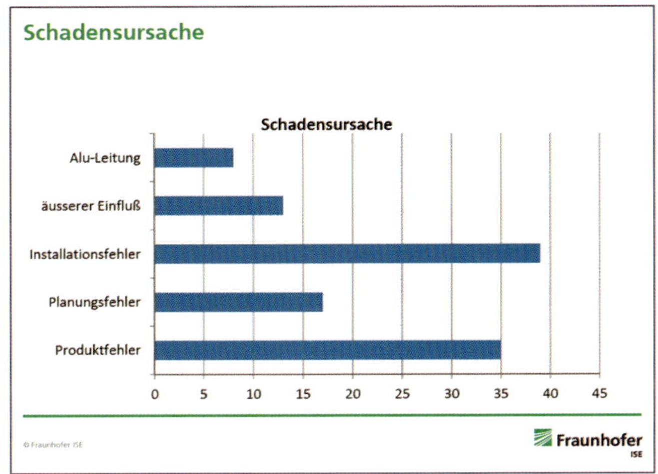

Bild 5: Schadensursachen
[Quelle: Fraunhofer ISE]

Die Brandauslösung trat meist unter hoher Betriebslast (Sommermonate) und in den Mittagsstunden auf. Dies ist sicherlich mit der in diesen Zeiten meist hohen Leistung und der damit verbundenen Strombelastung der Anlage begründet.

Bemerkenswert ist auch die Tatsache, dass sich bei 5 % der zugrunde liegenden Anlagen, d.h. bei rd. 20 Brandfällen, der genaue Zeitpunkt des Schadensereignisses gar nicht feststellen lassen konnte.

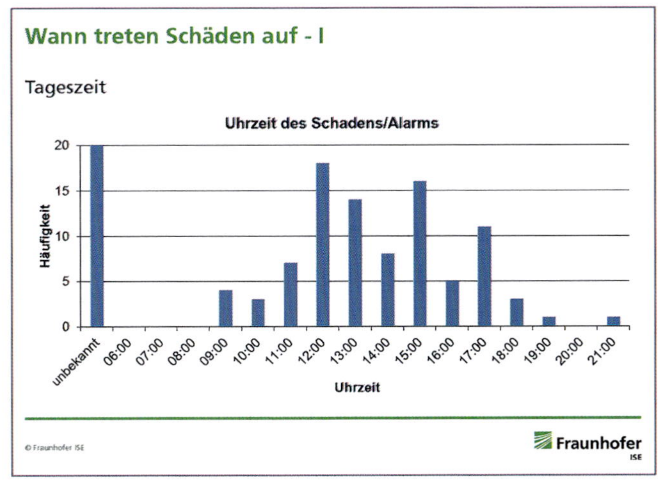

Bild 6: tageszeitliches Auftreten der Schäden
[Quelle: Fraunhofer ISE]

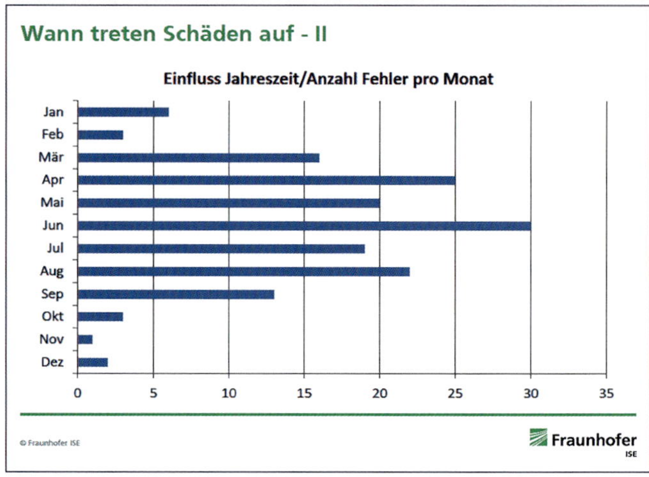

Bild 7: jahreszeitliches Auftreten der Schäden [Quelle: Fraunhofer ISE]

Interessant ist auch, dass die meisten Schäden in den ersten 5 Jahren nach Erstinbetriebnahme auftraten, was auf Installationsfehler schließen mag. Lagen die Brandfälle in der Häufigkeit 2005 noch bei zwei bis drei, so stiegen sie bis Ende 2012 auf über 50, was sicherlich mit den hohen Zubauraten begründbar ist.

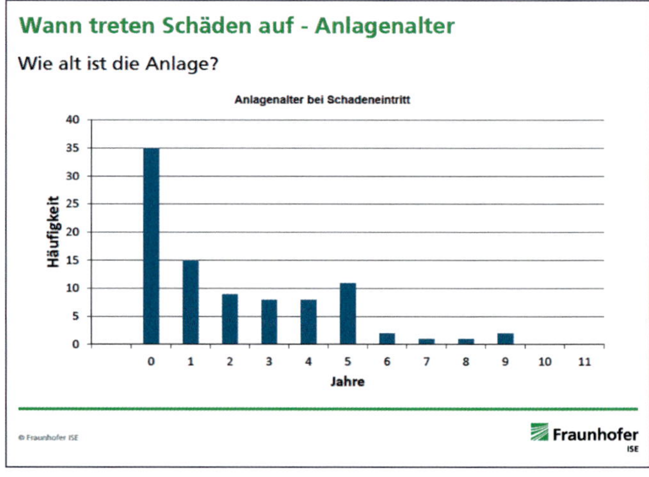

Bild 8: Alter der betroffenen Anlagen [Quelle: Fraunhofer ISE]

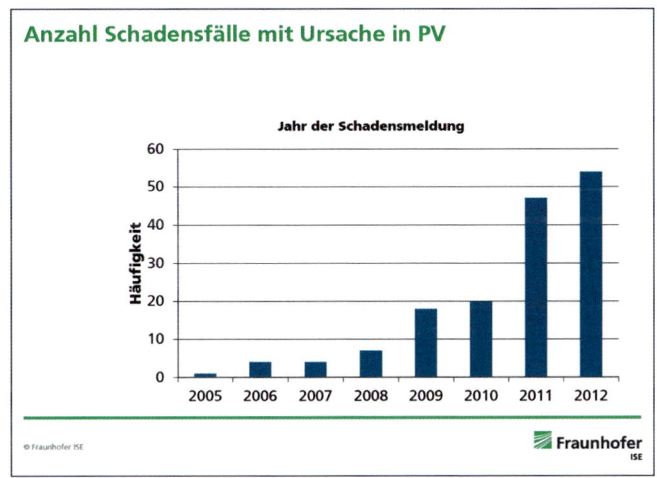

Bild 9: Verteilung der Anlagen auf die Errichterjahre [Quelle: Fraunhofer ISE]

Das Fraunhofer ISE kommt zu der Schlussfolgerung, dass

- Photovoltaikanlagen ein, wenn auch geringes, Brandrisiko darstellen
- sich dieses durch Wartungsmaßnahmen stark reduzieren lässt
- sich bei regelmäßigen Prüfungen und Inspektionen die meisten Fehler vor einer Brandentstehung entdecken lassen können
- AC-Komponenten nicht immer für die entsprechende PV-Belastung bemessen sind.

Was viele Anlagenbetreiber unterschätzen: Eine Photovoltaikanlage ist eine Stromerzeugungsanlage. Ein kleines oder je nach Ausdehnung auch ein großes Stromerzeugungskraftwerk. Im Bereich der Elektrizität können bereits kleine Fehler erhebliche Folgen haben. Die modulare Bauweise aus Modulen, Leitungen mit Steckverbindern und Wechselrichtern suggeriert ein einfaches und überschaubares Baukastensystem. Dem ist leider nicht so. Was vielen Betreibern darüber hinaus nicht bewusst ist: Sie sind verantwortliche Anlagenbetreiber und haften letztendlich für Schäden, welche von der Anlage ausgehen.

Jetzt gibt es aber keinen TÜV wie beim Auto und auch keine »automatische« regelmäßige Besichtigung, wie z.B. die Feuerstättenbesichtigung vom Kaminkehrer. Eine Prüfvorschrift für Photovoltaikanlagen gibt es (noch) nicht, aber es gibt Prüfvorschriften für elektrische Anlagen und eine Photovoltaikanlage ist eben auch eine elektrische Anlage. Deshalb können regelmäßige Prüfungen bereits durch Normen und Vorschriften Pflicht sein – insbesondere bei gewerblichen und landwirtschaftlichen Betrieben, wie nachfolgend noch näher erläutert wird.

Was sich bei Photovoltaikanlagen im Verborgenen abspielt, gibt auch eine andere statistische Erhebung wieder. Von der Fachzeitschrift PHOTON wurden Ende 2012 rd. 50 Sachverständige u.a. befragt, bei welchen Problemen Sie zu Photovoltaikanlagen gerufen werden, welche typischen Mängel festgestellt wurden und wie hoch sie die Mangelhaftigkeit bei Photovoltaikanlagen sehen. Auch diese Zahlen sind ernüchternd [Rutschmann].

Neben Überspannungsschäden, anderen Schäden und fehlerhafter Montage war der Minderertrag der am meisten genannte Anlass. Immerhin wurden einige Anlagen bereits bei Abnahme geprüft. Die Quote einer Abnahmeprüfung ist aber mit rd. 11 % als durchaus sehr gering zu bezeichnen.

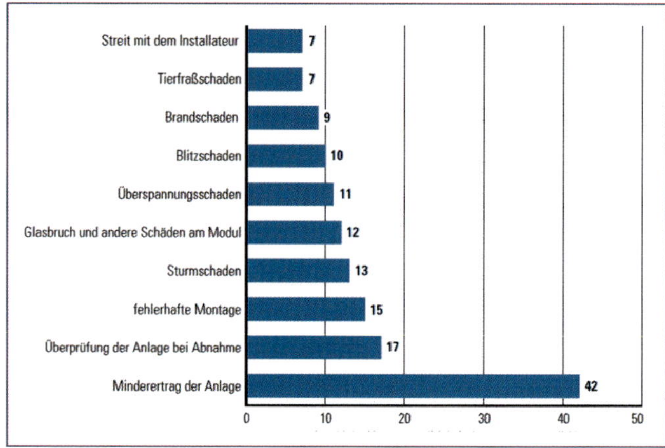

Bild 10: Grund des Hinzuziehens eines Sachverständigen [Quelle: PHOTON]

Bei den Montagefehlern gab es Nennungen durch alle Bereiche der PV-Installation. Die am meisten genannte Ursache war das fehlerhafte Verlegen von Leitungen.

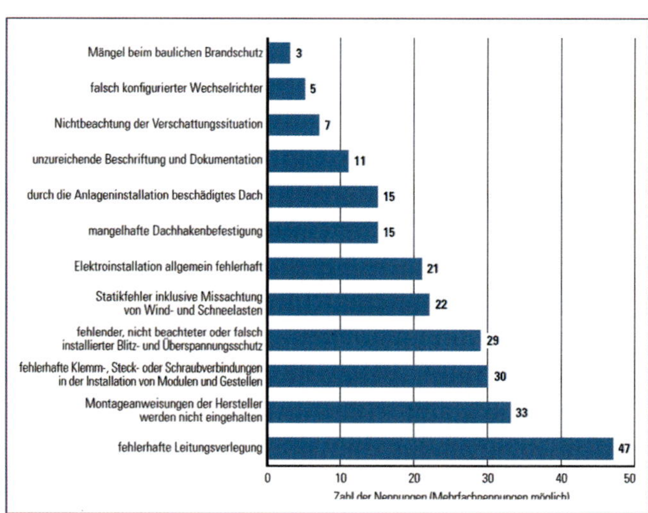

Bild 11: Ursachen von Schäden und Mängeln [Quelle: PHOTON]

Was die Mängeleinschätzung angeht, lag die Einschätzung bei den Befragten bei deutlich über 80 %.

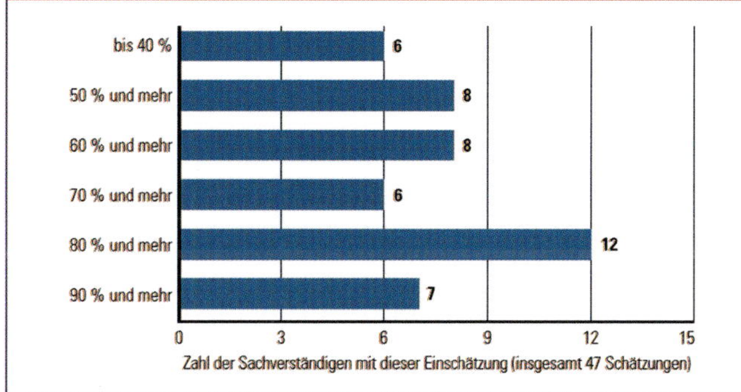

Bild 12: Einschätzung des Anteils von mangelbehafteten Anlagen [Quelle: PHOTON]

Auch wenn die Umfrage bereits etwas älter ist und die Branche selbst einige Kinderkrankheiten überwunden hat, so zeigen sich selbst bei aktuellen Neuanlagen weiterhin oftmals erhebliche Defizite. Über die Gründe, warum solche qualitativen Probleme vorhanden sind, lässt sich sicherlich lange diskutieren. Mangelnde fachliche Qualifikationen der Errichter spielen hierbei genauso eine Rolle wie der Zeit- und Kostendruck sowie die hohe Nachfrage. Dazu kommt, dass die meisten installierten Anlagen nicht von einem Fachmann nach erfolgter Installation abgenommen wurden, d. h. es wurde nach der Fertigstellung keine Erstprüfung vorgenommen. Hieraus und aus den aufgeführten Statistiken ergeben sich folgende Schlussfolgerungen:

- Fast bei jeder zum ersten Mal gewarteten Anlage muss mit erheblichen Mängelfeststellungen gerechnet werden.
- Die Inspektion und Prüfung muss von geeigneten Fachkräften durchgeführt werden, welche solche Mängel auch erkennen und bewerten können.
- Für die Anlagenbetreiber muss es keine Frage der Wartungskosten sein, sondern eine Frage der Betriebssicherheit und Schadensvermeidung.

Wartung und Instandsetzung bei Photovoltaikanlagen sind gemessen an den in der Praxis festgestellten Beanstandungen also kein Kann, sondern ein Muss.

1.3 Wartungsintervalle – Prüffristen

Der Zweck der Prüfung einer elektrischen Anlage besteht in dem Nachweis, dass diese – in diesem Fall die Photovoltaikanlage – sowohl den Errichternormen als auch den Sicherheitsvorschriften entspricht. Die Prüfungen sollen den Nachweis des ordnungsgemäßen Zustandes der Photovoltaikanlage einschließen. Sowohl neue Anlagen als auch bestehende Anlagen nach Änderungen (z. B. Austausch Wechselrichter) und Erweiterungen bestehender Anlagen müssen vor Ihrer Erst- bzw. Wieder-Inbetriebnahme einer Prüfung unterzogen werden.

Aber auch während der Betriebszeit sind elektrische Anlagen zu prüfen, da sich durch äußere Einflüsse Veränderungen ergeben können, welche deren Dauerhaftigkeit und somit auch die Betriebssicherheit verringern können. Gleichzeitig soll das Ergebnis einer Prüfung, insbesondere bei Photovoltaikanlagen, den Nachweis erbringen, dass die Anlage noch ihre volle Leistungsfähigkeit besitzt, für welche sie ausgelegt wurde.

Bei Photovoltaikanlagen gibt es keine typischen Wartungsintervalle, wenn man von Freifeldanlagen absieht, bei denen z. B. der Bewuchs regelmäßig zu mähen ist und man diese Tätigkeit als Wartung bezeichnen könnte. Photovoltaikanlagen unterliegen gewissen Prüffristen wie jede elektrische Anlage. Zwar gibt es keine gesetzlich vorgeschriebene Prüfung, jedoch Richtlinien und Empfehlungen, wie und wann elektrische Anlagen, zu denen eben auch Photovoltaikanlagen gehören, zu prüfen sind.

Gemäß der Berufsgenossenschaftlichen Vorschrift DGUV Vorschrift 3 sind ortsfeste elektrische Anlagen nach VDE 0100 Gruppe 7 in Betrieben jährlich zu prüfen. Die Photovoltaikanlage unterliegt der VDE 0100-712 und somit der Gruppe 7 dieser Normenreihe.

<table>
<tr><th colspan="4">Wiederholungsprüfungen ortsfester elektrischer Anlagen und Betriebsmittel</th></tr>
<tr><th>Anlage/Betriebsmittel</th><th>Prüffrist</th><th>Art der Prüfung</th><th>Prüfer</th></tr>
<tr><td>Elektrische Anlagen und ortsfeste Betriebsmittel</td><td>4 Jahre</td><td rowspan="2">auf ordnungsgemäßen Zustand</td><td rowspan="2">Elektrofachgeschäft</td></tr>
<tr><td>Elektrische Anlagen und ortsfeste elektrische Betriebsmittel in »Betriebsstätten, Räumen, und Anlagen besonderer Art« DIN VDE 0100 Gruppe 700</td><td>1 Jahr</td></tr>
</table>

Tab. 1.1: Auszug DGUV 3

In der [VDE 0105-100] sind die gleichen Prüffristen wie in der DGUV 3 aufgeführt. Ergänzend sind hier die geforderten Prüfungen detailliert wiedergegeben. Sie entsprechen weitgehend den Anforderungen wie bei Prüfungen im Zuge der erstmaligen Inbetriebnahme einer elektrischen Anlage. Während bei der Erstprüfung, also bei Neuerrichtung, Erweiterung oder wesentlichen Änderungen einer elektrischen Anlage diese nach DIN VDE 0100-600 während und nach der Errichtung geprüft werden muss, gibt es bei der wiederkehrenden Prüfung nach VDE 0105-100 keinen klar definierten Prüfzeitraum. Stattdessen müssen elektrische Anlagen in geeigneten Zeitabständen wiederkehrend geprüft werden. Die in der Norm aufgeführten Zeitabstände dienen daher nur als Anhaltspunkte und Empfehlungen.

Die Schriftenreihe VdS des Gesamtverbandes der Deutschen Versicherungswirtschaft weist in einigen Ausgaben auf eine regelmäßige Prüfung hin. Sowohl in der VdS 2057 »Elektrische Anlagen in landwirtschaftlichen Betrieben« als auch in der VdS 2067 »Elektrische

Anlagen in der Landwirtschaft – Richtlinien zur Schadensverhütung« sind regelmäßige Prüfungen und deren Nachweise gefordert. Im schlimmsten Fall würde der Betreiber seinen Versicherungsschutz riskieren, wenn er dieser Verpflichtung nicht nachkäme:

Elektrische Anlagen und Geräte in landwirtschaftlichen Betrieben sind unter Berücksichtigung der Vorschriften für Sicherheit und Gesundheitsschutz (VSG) der landwirtschaftlichen Berufsgenossenschaften, hier VSG 1.4 Elektrische Anlagen und Betriebsmittel, durch eine Elektrofachkraft in regelmäßigen Abständen zu prüfen. Mängel sind unverzüglich durch Elektrofachkräfte zu beseitigen. [VdS 2057]

Klausel SK 9609 Elektrische Anlagen in landwirtschaftlichen Betrieben

1. Der Versicherungsnehmer hat die elektrischen Anlagen regelmäßig durch eine Elektrofachkraft prüfen und Mängel innerhalb einer von dieser Fachkraft bestimmten Frist beseitigen zu lassen.

2. Der Versicherungsnehmer hat auf Verlangen des Versicherers nachzuweisen, dass die Prüfung durchgeführt ist und die Mängel beseitigt sind. [VdS 2067]

Für Photovoltaikanlagen direktere Aussagen trifft hierzu die erstmals in 2011 erschienene VdS 3145 – Photovoltaikanlagen – Technischer Leitfaden [VdS 3145] mit aktueller Fassung von 2017:

Eine PV-Anlage ist, wie jede technische Anlage in regelmäßigen Abständen zu prüfen und zu warten.

Folgende Fristen für wiederkehrende Prüfungen werden empfohlen:

- *jährlich Sichtprüfung durch einen Fachbetrieb. Folgende Punkte sind für die Sichtprüfung maßgeblich:*
  - *Kontrolle sämtlicher Anlagenteile auf Schäden durch z. B. Witterungseinflüsse, Tiere,*
  - *Schmutz, Ablagerungen, Anhaftungen, Bewuchs,*
  - *Dachdurchdringungen, Abdichtungen,*
  - *Standfestigkeit, Korrosion des Montagesystems, Kontrolle der Schutzeinrichtungen,*
- *mindestens alle 4 Jahre: wiederkehrende Prüfung nach »Netzgekoppelte Photovoltaik-Systeme – Mindestanforderungen an Systemdokumentation, Inbetriebnahmeprüfung und wiederkehrende Prüfungen«, DIN EN 62446-1 (VDE 0126-23-1).*
  Hinweis: Bei wiederkehrenden Prüfungen, z. B. nach DGUV Vorschrift 3, sind PV-Anlagen (als Bestandteil der elektrischen Anlage) in die Prüfung mit einzubeziehen. [VdS 3145]

Die Hinweise des VdS kommen nicht von ungefähr. Die Problematik von mangelnder Wartung in Verbindung mit auftretenden Schäden wird auch von den Versicherungen erkannt. Mittlerweile gehen einige Versicherer dazu über, Erstattungen bei Schäden zu kürzen, wenn die Photovoltaikanlage nicht regelmäßig gewartet oder geprüft war. Manche Versicherer legen das als groben Pflichtverstoß des Anlagenbetreibers aus. Was man deshalb an Wartungs- oder Prüfungskosten gespart hat, zahlt man dann oft mehrfach durch eine höhere Selbstbeteiligung in einem Schadensfall oder nicht selten auch mit dem Verlust der Versicherung.

Prüffristen Photovoltaikanlagen		
Anlage/Teilbereich	**Was?**	**Durch wen?**
täglich		
Wechselrichter	auf Störungsanzeige	Anlagenbetreiber
Photovoltaikanlage	Ertragskontrolle	Anlagenbetreiber
halbjährlich		
	auf starke Verschmutzungen (Laub, Vogelkot, Staub)	Anlagenbetreiber*
Generatorfläche	Korrekte Befestigung der Module Beschädigungen am Dach	Anlagenbetreiber*
Generatoranschlusskästen	eingedrungene Feuchtigkeit	Anlagenbetreiber*
Tragsystem	auf mechanische Spannung stehende Unterkonstruktion (Temperaturausdehnung)	Anlagenbetreiber*
Kabel/Leitungen	auf Schmorstellen, Kabelfraß (Marderverbiss) oder sonstige äußere Beschädigungen	Anlagenbetreiber*
FI-Schutzschalter	Funktion Prüftaste	Anlagenbetreiber
jährlich		
Elektrische Anlage	Wiederholungsprüfung nach DGUV 3 bzw. DIN VDE 0105-100 insbes. in gewerblichen und landwirtschaftlichen Betrieben	Elektrofachkraft/ Sachverständiger
alle vier Jahre		
Photovoltaikanlage	Wiederholungsprüfung in Anlehnung an die Erstprüfung nach DIN VDE 0126-23-1 und DIN VDE 0105-100	Elektrofachkraft/ Sachverständiger
Zwischenkontrollen nach Gewitter, Sturm, Hagel, schneereichen Winter		
Überspannungsableiter	Prüfung auf Auslösung	Anlagenbetreiber
Generatorfläche	Prüfung auf Schäden	Anlagenbetreiber*
Generatorfläche	Prüfung auf Schnee- und Eisschäden	Anlagenbetreiber*

* unter Beachtung der Unfallverhütungsvorschriften beim Betreten eines Daches und soweit der Anlagenbetreiber auch körperlich in der Lage ist, ansonsten durch Fachmann

Tab. 1.2: Prüffristen Photovoltaikanlagen

In der zuvor dargestellten Übersicht werden die möglichen Wartungs-, Inspektions- und Prüffristen aufgeführt, welche für eine Photovoltaikanlage für sinnvoll gehalten werden und sich bewährt haben.

Auch von den Komponentenherstellern der PV-Anlage können aus den Gebrauchs- und Bedienungshandbüchern entsprechende Wartungsvorgaben und Wartungsintervalle angegeben sein, wie zum Beispiel das regelmäßige Reinigen der Wechselrichter. Diese Vorgaben können zudem Auswirkungen auf die bestehenden Garantien haben.

Fristen bzw. regelmäßige Intervalle richten sich auch nach der Betriebsweise der PV-Anlage. So sollten zum Beispiel bei Dünnschichtanlagen, deren Generatorpol geerdet ist, regelmäßig Isolationsmessungen durchgeführt werden, da aufgrund einer solchen Betriebsweise bereits ein Isolationsfehler erhebliche Auswirkungen haben kann.

1.4 E-Check

Der Zentralverband der Deutschen Elektro- und Informationstechnischen Handwerke (ZVEH) hat bereits seit längerer Zeit den sogenannten E-Check entwickelt. Er beinhaltet eine standardisierte Vorgehensweise für die Prüfung von elektrischen Anlagen. Daraus entwickelt hat sich der E-Check-PV, welcher ebenfalls unter standardisierten Vorgaben die Prüfung von Photovoltaikanlagen und deren Prüfdokumentation beinhaltet. Letztendlich gehören hierzu bereits alle in den vorigen Kapiteln aufgeführten Maßnahmen.

Basis des E-CHECK PV ist die »Richtlinie für die wiederkehrende Prüfung von Photovoltaikanlagen«, welche ebenfalls vom ZVEH herausgegeben wurde [Zentralverband der Deutschen Elektro- und Informationstechnischen Handwerke (ZVEH) – Fachbereich Technik – aktualisierter Stand 2019]. Die 20-seitige Broschüre fasst alle Aspekte einer wiederkehrenden Prüfung von Photovoltaikanlagen nach VDE 0126-23-1 und VDE 0105-100 zusammen und berücksichtigt die Vorgaben der Berufsgenossenschaft. Zudem erläutert sie die speziellen Prüfprotokolle.

Den E-CHECK PV anbieten können nur E-Handwerksbetriebe, die eine geeignete Schulung nachweisen. Darin werden folgende Themen behandelt: Normgerechtes Errichten und Prüfen von Photovoltaikanlagen, Messtechnik, Fehlerdiagnose durch Kennlinienaufnahme und Thermographie sowie Blitz- und Überspannungsschutz.

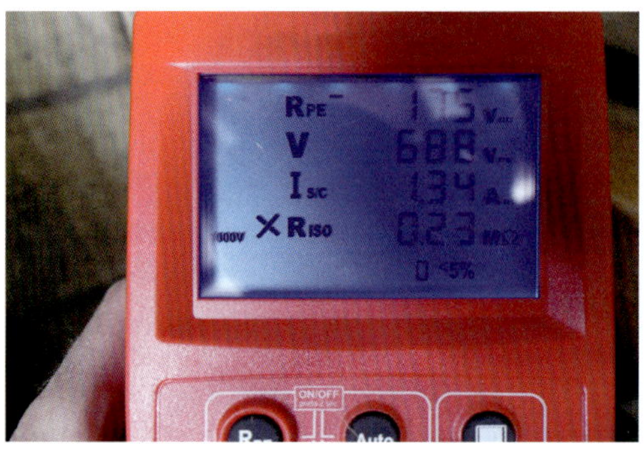

Bild 13: Isolationsmessung an einem Gleichstromstrang

Auf Grundlage dieser Richtlinie für den E-CHECK ist der Zustand der Photovoltaikanlage oder deren zugehörigen elektrischen Betriebsmittel zu prüfen. Nachfolgend wird der Inhalt der Prüfbestimmungen zusammenfassend und auszugsweise wiedergegeben:

Geltungsbereich

Die Richtlinie für den E-CHECK PV gilt für die Durchführung von wiederkehrenden Prüfungen, z. B. nach VDE 0105-100 und nach VDE 0126-23-1 an elektrischen Anlagen mit Photovoltaikanlagen von

- Wohnungen und Wohngebäuden
- Nebengebäuden wie Garagen, Schuppen, Stallungen usw.
- Gebäuden, die gewerblich genutzt werden
- Industrieanlagen oder
- öffentlichen Einrichtungen.

In den Richtlinien des E-CHECK wird Bezug genommen auf die bereits anderweitig erwähnten Richtlinien und Vorschriften, wie z. B. Betriebssicherheitsverordnung und deren nachgelagerte technische Regeln (z. B. TRBS 1201), Unfallverhütungsvorschriften DGUV 3.

Die vorliegende Richtlinie stellt lediglich eine Arbeitshilfe dar.

Verantwortlich für die Durchführung der Arbeiten im Sinne dieser Richtlinie ist ausschließlich die Elektrofachkraft, die auch eigenverantwortlich über die Art und den Umfang der wiederkehrenden Prüfung entscheidet.

Grundlagen zur Anwendung

Nachfolgend aufgeführte Gesetze, Verordnungen und Bestimmungen bilden die Grundlage für diese Richtlinie zum E-CHECK PV:

- Vermieterpflichten BGB §§535; 536
- Baugefährdung StGB §319
- Brandstiftung StGB §309
- Mitverantwortung der Netzbetreiber NAV §15
- Betriebssicherheitsverordnung BSV §10
- Richtlinie zum E-Check PV
- Technische Regeln zur Betriebssicherheitsverordnung TRBS 1201, 1203
- Sonderbauten Bauordnungen der Länder (LBO)
- Gebäudeversicherungen VdS-Richtlinien
- Unfallverhütungsvorschriften, z.B. DGUV 2, DGUV 4, VSG 1.4
- VDE Bestimmungen, z.B. VDE 0105-100; VDE 0126-23-1.

Durchführung

Der E-CHECK PV ist unter Berücksichtigung von

- Alter
- Zustand
- Umgebungseinflüssen
- Beanspruchung
- letzten Revisionsergebnissen (alte Prüfprotokolle)
- vorhandenen Bestandsunterlagen
- technischen Dokumentationen

der Photovoltaikanlage und deren Betriebsmittel entsprechend des Auftrages auszuführen. Dafür sind laut VDE 0105-100 oder VDE 0126-23-1 erforderlich:

1. *»Sichtprüfung auf Beschädigungen oder Mängel*
2. *Bestandsaufnahme einschließlich skizziertem Grundriss mit Installations- oder Übersichtsschaltplan (falls für eine bessere Übersicht erforderlich)*
3. *Messung des Isolationswiderstandes der Anlage, des Ableitstromes des Betriebsmittels*
4. *Prüfung/Messung der Wirksamkeit der Schutzmaßnahmen (einschließlich Fehlerstrom-Schutzeinrichtungen)*
5. *Prüfung der Funktion*
6. *Ausfertigung des Prüfprotokolls/Mängelberichts.«*

Soweit keine Prüffristen durch Gesetze oder Verordnungen vorgegeben sind, sollten durch die Elektrofachkraft Prüffristen vorgeschlagen werden. Dabei sind die genannten Kriterien der Anlage zu berücksichtigen. Der Wiederholungstermin sollte innerhalb von 4 Jahren liegen (DGUV 3 oder VDE 0105-100).

E-CHECK Protokoll

Für das Erstellen des E-CHECK Protokolls stehen nachfolgende Unterlagen zur Verfügung:

- Benutzerhinweise
- Auftrags- und Abrechnungsformular für E-CHECK PV Arbeiten
- Durchführungsanweisungen für E-CHECK PV Arbeiten
- Anlagenskizze
- Besichtigungsprotokoll
- Prüfprotokoll und Übergabebericht/Zustandsbericht
- Erläuterungen zum Prüfprotokoll und Übergabebericht/Zustandsbericht.

Die E-CHECK Plakette ist das Gütesiegel der Elektroinnungs-Fachbetriebe. Sie darf nur vergeben werden, wenn die überprüfte Anlage den Anforderungen entspricht.

2 Normen und Vorschriften

2.1 Norm als Maß aller Dinge?

Die Definitionen und Beschreibungen, wie und in welcher Form nach welchen qualitativen Kriterien Gegenstände hergestellt werden, sind meist in Normen und Richtlinien festgeschrieben. Normen werden von privaten Trägerschaften und Interessenverbänden entwickelt. Sie haben Kraft Ihrer Entstehung, Inhalt und Anwendungsbereich den Charakter von Empfehlungen, deren Beachtung und Anwendung jedermann freisteht. Normen an sich haben erst einmal keine rechtliche Verbindlichkeit. Es handelt sich hier um Regeln der Technik.

Zu unterscheiden sind hiervon die allgemein anerkannten Regeln der Technik. Sie sind technische Regeln, die in der Wissenschaft als theoretisch richtig anerkannt sind und feststehen, in der Praxis bei der nach neuestem Erkenntnisstand vorgebildeten Fachkraft durchweg bekannt sind und sich aufgrund fortdauernder praktischer Erfahrung bewährt haben. Sie haben erhebliche Bedeutung für die Bestimmung der Soll-Eigenschaften von Gegenständen und als Haftungsmaßstab.

Die allgemein anerkannten Regeln der Technik sind nicht identisch mit den DIN-Normen. Vielmehr gehen sie über die allgemeinen technischen Vorschriften, wozu auch die DIN-Normen gehören, hinaus. Für gültige DIN-Normen besteht nur die Vermutung, dass sie den allgemein anerkannten Regeln der Technik entsprechen. Analoges gilt für VDI-Richtlinien. Diese Vermutung ist widerlegbar, denn in den Normenausschüssen werden auch Interessenstandpunkte vertreten. Außerdem entsprechen Normen nicht immer dem aktuellen technischen Kenntnisstand und beinhalten nicht immer Regeln, die sich langfristig bewähren oder bewährt haben.

Bezüglich des rechtlichen Charakters von Normen mag es eine kleine Ausnahme geben. So geht aus § 49 des Energiewirtschaftsgesetzes [EnWG] hervor:

> *§ 49 Anforderungen an Energieanlagen*
>
> *(1) Energieanlagen sind so zu errichten und zu betreiben, dass die technische Sicherheit gewährleistet ist. Dabei sind vorbehaltlich sonstiger Rechtsvorschriften die allgemein anerkannten Regeln der Technik zu beachten.*

(2) Die Einhaltung der allgemein anerkannten Regeln der Technik wird vermutet, wenn bei Anlagen zur Erzeugung, Fortleitung und Abgabe von

1. *Elektrizität die technischen Regeln des Verbandes der Elektrotechnik Elektronik Informationstechnik e. V.,*

2. *Gas die technischen Regeln der Deutschen Vereinigung des Gas- und Wasserfaches e. V.*

eingehalten worden sind. Die Bundesnetzagentur kann zu Grundsätzen und Verfahren der Einführung technischer Sicherheitsregeln, insbesondere zum zeitlichen Ablauf, im Verfahren nach § 29 Absatz 1 nähere Bestimmungen treffen, soweit die technischen Sicherheitsregeln den Betrieb von Energieversorgungsnetzen betreffen. Dabei hat die Bundesnetzagentur die Grundsätze des DIN Deutsches Institut für Normung e. V. zu berücksichtigen.

Die hierbei unter Pkt. (2) genannten Regeln sind erfasst in den VDE-Normen des VDE-Regelwerkes. Demnach wird den VDE-Regeln eine durchaus rechtliche Bedeutung zugemessen.

Ungeachtet der Tatsache, dass eine Photovoltaikanlage zweifelsohne einer elektrischen Anlage zugeordnet werden kann und demnach auch die Vorschriften der VDE greifen, wird vielmals vergessen, dass insbesondere Aufdachanlagen auch bauliche Normungen und baurechtliche Vorgaben berühren. Hiernach sind z. B. neben den statischen Regelungen aus der DIN EN 1991 (Eurocode 1 – ehemals DIN 1055) für Schnee- und Windlasten auch die Vorgaben des Deutschen Dachdeckerhandwerkes mit der Flachdachrichtlinie zu beachten. Darüber hinaus tangieren Photovoltaikanlagen auf landwirtschaftlichen Gebäuden und Industriedächern grundsätzlich die Bestimmungen des baulichen Brandschutzes. Nach der Musterbauordnung, welche als Grundlage für die länderspezifischen Bauordnungen der einzelnen Bundesländer dient, sind Photovoltaikanlagen grundsätzlich bauliche Anlagen im Sinne des Baurechts. Hierzu zu unterscheiden ist die steuerliche Einordnung bei Aufdachanlagen als ein nicht mit dem Gebäude dauerhaft verbundenes Bauteil sowie die rechtliche Einordnung in Verbindung zum Gewährleistungsrecht, aus der hervorgeht, dass eine Photovoltaikanlage im Allgemeinen nicht Bestandteil eines Gebäudes ist.

Eine Photovoltaikanlage ist eine gewerkeübergreifende, bauliche Anlage, für die nicht nur elektrotechnische Vorschriften gelten. Sie erfordert daher ein hohes fachtechnisches Wissen. Die alleinige Beschränkung auf eine optimale, gewinnbringende und wirtschaftliche Gestaltung einer Photovoltaikanlage wäre hier zu kurz gegriffen. Sie erfordert den bekannten Blick über den Tellerrand hinaus.

2.2 Vorschriften und Richtlinien

Für die Inspektion und Prüfung von Photovoltaikanlagen gelten u. a. folgende Vorschriften und Richtlinien:

Energiewirtschaftsgesetz (EnWG)

Das Gesetz stammt bereits aus den 1930er-Jahren und ist aktualisiert und liegt derzeit aktuell in der Fassung vom 07.07.2005 mit der Novelle aus 2011 und der letzten Änderung vom 21.12.2020 vor. Es regelt u. a. im Teil 6 »Sicherheit und Zuverlässigkeit der Energieversorgung« im § 49 »Anforderungen an Energieanlagen«, dass Energieanlagen so zu errichten und zu betreiben sind, dass die technische Sicherheit gewährleistet ist.

Produktsicherheitsgesetz (ProdSG)

Das Geräteproduktsicherheitsgesetz (GPSG) regelte mit der aktuellen Fassung vom November 2011 in Deutschland gemäß § 1 Satz 1 »das Inverkehrbringen und Ausstellen von Produkten, das selbständig im Rahmen einer wirtschaftlichen Unternehmung erfolgt« sowie gemäß § 1 Satz 2 auch »die Errichtung und den Betrieb überwachungsbedürftiger Anlagen, die gewerblichen oder wirtschaftlichen Zwecken dienen oder durch die Beschäftigte gefährdet werden können«, unbeschadet der Ausnahmen, die in weiteren Absätzen dieser Artikel erwähnt wurden.

Mit der Neufassung des Produktsicherheitsgesetzes (ProdSG) vom 8. November 2011 (BGBl. I S. 2179, ber. 2012 I S. 131) werden insgesamt 13 EU-Richtlinien umgesetzt.

U. a. wurde die Verordnung über das Inverkehrbringen elektrischer Betriebsmittel zur Verwendung innerhalb bestimmter Spannungsgrenzen (1. ProdSV)nach dem GPSG erlassen und ab dem 1. Dezember 2011 förmlich an das ProdSV angepasst.

Im GPSG ist eine Reihe von Europäischen Richtlinien in deutsches Recht umgesetzt worden. Die meisten Richtlinien wurden aufgrund von Ermächtigungen nach § 3 GPSG durch die oben genannten Verordnungen umgesetzt. Dies betrifft z. B. die Niederspannungsrichtlinie 2006/95/EG = 1. GPSGV.

Gewerbeordnung (GewO)

Nach § 120a (Betriebssicherheit) ist der Gewerbeunternehmer verpflichtet, u. a. Maschinen und Gerätschaften so einzurichten und zu unterhalten, dass die Arbeitnehmer gegen Gefahren geschützt sind.

Berufsgenossenschaftliche Vorschriften (DGUV 3)

Die Berufsgenossenschaftlichen Vorschriften (BGV) sind die von den deutschen Berufsgenossenschaften erlassenen Unfallverhütungsvorschriften.

Hieraus ergeben sich drei Vorschriftenbereiche:

- DGUV Vorschrift 1 Grundsätze der Prävention
- DGUV Vorschrift 2 Betriebsärzte und Fachkräfte für Arbeitssicherheit (ehemals BGV A2, jetzt vereinheitlicht für gewerbliche Wirtschaft und Einrichtungen des öffentlichen Dienstes)
- DGUV Vorschrift 3 (BGV A3 = vorherige VBG4) regelt die Prüfung von in Betrieben verwendeten Elektrogeräten.

Die BG-Vorschriften stellen sogenanntes autonomes Recht der Berufsgenossenschaften dar und sind für die Mitglieder der Berufsgenossenschaften verbindlich.

Als wichtigste Vorschrift gilt die DGUV 1 »Grundsätze der Prävention«, die am 1. Januar 2004 als BGV A1 in Kraft getreten ist und im August 2014 durch die DGUV 1 abgelöst wurde. Durch diese Vorschrift wurden viele Unfallverhütungsvorschriften außer Kraft gesetzt. Die Verantwortung für die von diesen Vorschriften abgedeckten Detail-Regelungen ist an die Unternehmer zurückgegeben worden, in der Praxis gelten sie aber als Referenz für den jeweiligen Stand der Technik und werden deshalb weiterhin häufig zurate gezogen.

DGUV 3 (ehemals BGV A3) »Elektrische Anlagen und Betriebsmittel« regelt die Prüfung von in Betrieben verwendeten Elektrogeräten.

Betriebssicherheitsverordnung (BetrSichV)

Die Betriebssicherheitsverordnung (BetrSichV) regelt in Deutschland die Bereitstellung von Arbeitsmitteln durch den Arbeitgeber, die Benutzung von Arbeitsmitteln durch die Beschäftigten bei der Arbeit sowie den Betrieb von überwachungsbedürftigen Anlagen im Sinne des Arbeitsschutzes. Das in ihr enthaltene Schutzkonzept ist auf alle von Arbeitsmitteln ausgehenden Gefährdungen anwendbar.

Im Unterschied zur DGUV 3, in der die Verantwortung der Unternehmer in versicherungsrechtlicher Sicht geregelt ist, regelt die BetrSichV die Verantwortungen, welche zu strafrechtlichen Konsequenzen führen. Die BetrSichV regelt als Verordnung über Sicherheit und Gesundheitsschutz bei der Bereitstellung von Arbeitsmitteln und deren Benutzung bei der Arbeit, über Sicherheit beim Betrieb überwachungsbedürftiger Anlagen und über die Organisation des betrieblichen Arbeitsschutzes.

Grundbausteine dieses Schutzkonzeptes sind

- einheitliche Gefährdungsbeurteilung der Arbeitsmittel
- sicherheitstechnische Bewertung für den Betrieb überwachungsbedürftiger Anlagen
- »Stand der Technik« als einheitlicher Sicherheitsmaßstab
- geeignete Schutzmaßnahmen und Prüfungen

- Mindestanforderungen für die Beschaffenheit von Arbeitsmitteln, soweit sie nicht durch harmonisierte europäische Richtlinien, z. B. die Druckgeräterichtlinie, ATEX-Produktrichtlinie oder Aufzugsrichtlinie geregelt sind.

Technische Regeln für Betriebssicherheit (TRBS)

Die technischen Regeln für Betriebssicherheit (TRBS) geben den Stand der Technik, der Arbeitsmedizin und Hygiene entsprechende Regeln und sonstige gesicherte arbeitswissenschaftliche Erkenntnisse für

- die Bereitstellung der Arbeitsmittel
- die Benutzung von Arbeitsmitteln und
- den Betrieb von überwachungsbedürftigen Anlagen

wieder. Sie werden vom Ausschuss für Betriebssicherheit ermittelt und im Gemeinsamen Ministerialblatt bekannt gemacht. Die technischen Regeln für Betriebssicherheit konkretisieren die BetrSichV hinsichtlich der Ermittlung und Bewertung von Gefährdungen sowie der Ableitung von geeigneten Maßnahmen. Bei Anwendung der beispielhaft genannten Maßnahmen kann der Arbeitgeber die Vermutung der Einhaltung der Vorschriften der Betriebssicherheitsverordnung für sich geltend machen. Wählt der Arbeitgeber eine andere Lösung, hat er gleichwertige Erfüllung der Verordnung schriftlich nachzuweisen. U.a. sind folgende Veröffentlichungen erschienen:

- TRBS 1001: Struktur und Anwendung der Technischen Regeln für Betriebssicherheit
- TRBS 1111: Gefährdungsbeurteilung und sicherheitstechnische Bewertung
- TRBS 1112: Instandhaltung
- TRBS 1203 Teil 3: Befähigte Personen – Besondere Anforderungen – Elektrische Gefährdungen
- TRBS 2121: Gefährdung von Personen durch Absturz – Allgemeine Anforderungen.

DIN VDE 0105-100 »Betrieb von elektrischen Anlagen«

Während die Bestimmung der DIN VDE 0100-600 die Erstprüfung bei Errichtung von elektrischen Anlagen beschreibt, gibt die VDE 0105-100 Hinweise für die Widerholungsprüfung. Sie ist darauf ausgerichtet, den ordnungsgemäßen Zustand einer elektrischen Anlage zu erhalten, d. h. Fehler zu erkennen, welche durch äußere Einflüsse beim Betreiben von Anlagen entstehen.

Die Erstprüfung soll sicherstellen, dass die Anlage entsprechend der Norm errichtet worden ist. Die Wiederholungsprüfungen sollen Mängel aufdecken, welche sich nach der Inbetriebnahme oder nach einer Instandsetzung oder Änderung auftreten können. Der Schwerpunkt liegt hiernach auf möglichen Veränderungen, aus denen sich Folgeschäden ergeben und Schutzvorkehrungen z. B. gegen elektrischen Schlag oder Brandentstehung beeinträchtigt sein können.

Die Problematik, die sich hieraus bei Photovoltaikanlagen ergibt, ist die Tatsache, dass an vielen Anlagen noch nicht einmal eine Erstprüfung durchgeführt, d.h. nicht nach DIN VDE 0100-600 geprüft wurde. Eine reine Fixierung auf mögliche Veränderungen während des Betriebs ist deshalb trugschlüssig, da man nicht generell davon ausgehen kann, dass die Photovoltaikanlage überhaupt nach den gültigen Normen errichtet wurde.

DIN VDE 0105-115 »Betrieb von elektrischen Anlagen – Besondere Festlegungen für landwirtschaftliche Betriebsstätten«

Diese Norm gilt für die in landwirtschaftlichen und gartenbaulichen Betriebsstätten sowie in den dazugehörigen Nebenräumen tätigen Personen beim Betrieb der elektrischen Anlagen. Die in dieser Norm vorgegebenen Anforderungen gelten für das Bedienen elektrischer Betriebsmittel und das Arbeiten an elektrischen Anlagen durch Laien (z.B. Landwirte, Gärtner). Sie soll auch der in diesen Betriebsstätten tätigen Elektrofachkraft als Beratungsunterlage dienen und gilt auch für die vom Unternehmer beauftragte Elektrofachkraft.

Landwirtschaftliche Betriebe nehmen aufgrund ihrer meist großen Dachflächen einen großen Raum für installierte Photovoltaikanlagen ein.

DIN VDE 0126-23-1 (DIN EN 62446-1) »Netzgekoppelte Photovoltaik-Systeme Mindestanforderungen an Systemdokumentation, Inbetriebnahmeprüfung und wiederkehrende Prüfungen«

In dieser internationalen Norm werden die erforderlichen Mindestangaben einer Anlagendokumentation festgelegt, die einem Kunden nach der Installation eines netzgekoppelten PV-Systems zu übergeben sind. In diesem Dokument wird auch der Mindestumfang der Inbetriebnahmeprüfungen, der Prüfkriterien und der Dokumentation beschrieben, der zur Prüfung der sicheren Installation und des korrekten Betriebes des Systems erwartet wird. Die vorliegende Norm kann daher auch für die wiederkehrende Nachprüfung angewendet werden. Durch die ausführliche Beschreibung des erwarteten Mindestumfangs der Inbetriebnahmeprüfungen und der Prüfkriterien dient sie auch dazu, dem Anwender bei der Prüfung / Besichtigung im Zuge einer Wartung oder Modifikation behilflich zu sein.

Diese Norm ist ausschließlich für netzgekoppelte PV-Systeme erarbeitet worden und gilt nicht für Wechselstrom-Modulsysteme oder Systeme mit Energiespeichern (z.B. Batterien) oder Hybridsysteme.

Die Norm gliedert sich neben allgemeinen Angaben in zwei Hauptabschnitte:

- Anforderungen an die Systemdokumentation (Abschnitt 4) – In diesem Abschnitt werden die Angaben ausführlich beschrieben, die mindestens in der Dokumentation enthalten sein müssen, welche dem Kunden nach der Installation eines netzgekoppelten PV-Systems übergeben wird.

- Prüfung (Abschnitt 5 bis 7) – In diesen Abschnitten werden die erwarteten Informationen zur Verfügung gestellt, welche nach der Erstprüfung (oder regelmäßigen Prüfung) eines installierten Systems vorzusehen sind. Sie enthalten Anforderungen für Besichtigung und Erprobung. Dabei wird unterschieden zwischen den stets durchzuführenden Prüfungen mit den üblichen Messverfahren sowie besonderen Prüfverfahren.

Aus den bisher gemachten Erfahrungen sind die Dokumentationsunterlagen trotz der seit 2010 gültigen Norm bei den meisten Photovoltaikanlagen mangelhaft oder gar nicht existent.

DIN VDE 0126-23-2 (DIN EN IEC 62446-2) »Photovoltaik(P)-Systeme – Anforderungen an Prüfung, Dokumentation und Instandhaltung – Teil 2: Netzgekoppelte Systeme - Instandhaltung von PV-Systemen« (2021)

Diese Norm enthält Anforderungen an und Empfehlungen für die Wartung von PV-Systemen, einschließlich wiederkehrender Inspektion sicherheits- und leistungsbezogener vorbeugender Wartung, fehlerbehebender Wartung und Fehlersuche. Es werden darin verschiedene Prüfverfahren dargelegt und Aspekte zur Bestimmung von spezifischen Prüfintervallen genannt. In den Überprüfungsaufgaben werden hierbei die verschiedenen PV-Systeme (Dachanlagen, Freifeldanlagen) unterschieden und Prüfmaßnahmen an den einzelnen PV-Komponenten beschrieben. Darüber hinaus werden Maßnahmen zur Fehlersuche und elektrische Prüfverfahren beschrieben. In den beigefügten Anhängen finden sich entsprechende Überprüfungs- und Wartungsaufgaben, typische Fehlermeldungen bei Wechselrichtern sowie ein Plan für die vorbeugende Wartung von PV-Anlagen.

Diese Norm kann als Grundlage für einen Wartungsvertrag herangezogen werden, um Umfang sowie Intervalle und deren Zielsetzung einer vorbeugenden Fehler- und Ausfallvermeidung zu definieren und vertraglich zu fixieren.

VDI-Richtlinie VDI 2883, Blatt 1 – Instandhaltung von PV-Anlagen (Fotovoltaikanlagen) – Grundlagen

Diese Norm des Vereins Deutscher Ingenieure mit Ausgabe 2020 widmet sich ebenfalls der Instandhaltung von PV-Anlagen durch regelmäßige Prüfungen und Wartung unter dem Aspekt der Sicherheit und Wirtschaftlichkeit von PV-Anlagen. Sie nennt hierbei Fristen zur Wartung und Prüfung, die Dokumentation der Instandhaltung und Beispiele für Montage- und Installationsfehler sowie mögliche Ursachen von Fehlermeldungen. Hierbei liegt der Schwerpunkt bei gewerblichen PV-Anlagen.

VdS 3145 »Photovoltaikanlagen – Technischer Leitfaden«

Diese Richtlinie wurde von der VDE Prüfungs- und Zertifizierungsinstitut GmbH und dem Gesamtverband der Deutschen Versicherungswirtschaft e.V. (GDV) erarbeitet. Darin enthalten sind auch Angaben zu regelmäßigen Prüfungen, welche sich u.a. auch an die normativen Forderungen aus der DIN VDE 0100-105 anlehnen.

2.3 Rechtliche Aspekte

Es ist immer wieder eine Frage, inwieweit eine Prüfungspflicht besteht, insbesondere bei Photovoltaikanlagen. Man versucht zudem immer wieder zwischen Gewerbebetrieb und Privat zu unterscheiden. Alleine die Frage, ob eine bei einem Einfamilienhaus betriebene Photovoltaikanlage schon zu einer gewerblichen Tätigkeit gehört, wird oftmals unterschiedlich beantwortet. Man kann diese sicherlich nicht einem Gewerbebetrieb gleichsetzen. Dennoch gibt es eine Menge an Vorschriften und Gesetzen, welche auch den privaten Bereich tangieren und letztendlich den Betreiber einer Photovoltaikanlage auch eine regelmäßige Prüfungspflicht auferlegen können. Probleme gibt es dabei immer dann, wenn in einem Schadensfall wegen mangelnder Prüfung sich der Versicherer quer stellt, oder es bei einem Personenschaden zu strafrechtlichen Konsequenzen kommt.

Eindeutig sollte die gewerblich-betriebliche Einstufung dann sein, wenn das Gebäude oder das Grundstück ganz oder teilweise zu einer gewerblichen bzw. betrieblichen (auch landwirtschaftlichen) Tätigkeit gehört. Dann unterliegt auch die dort installierte Photovoltaikanlage eindeutig den gesetzlichen Forderungen zur Unfallverhütung und Betriebssicherheit bei elektrischen Anlagen. Ähnliches gilt auch dann, wenn Photovoltaikanlagen über eine Betreibergesellschaft gewerbsmäßig betrieben werden, so zum Beispiel durch das Anmieten von Dachflächen und der Installation und dem Betrieb von PV-Anlagen auf diesen sowie auf Freifeldanlagen.

Strafrechtliche Betrachtungen

Inwieweit Verantwortlichkeiten Folgen haben, zeigt auch ein Blick in das Strafgesetzbuch. Im § 319 (Baugefährdung) Strafgesetzbuch ist angegeben, dass wer bei der Planung, Leitung oder Ausführung eines Baues gegen die allgemein anerkannten Regeln der Technik verstößt und dadurch Leib oder Leben eines anderen Menschen gefährdet, mit einer Freiheitsstrafe bis zu fünf Jahren oder mit einer Geldstrafe bestraft wird. Ebenso wird bestraft, wer in Ausübung eines Berufs oder Gewerbes bei der Planung, Leitung oder Ausführung eines Vorhabens, technische Einrichtungen in ein Bauwerk einbaut oder eingebaute Einrichtungen dieser Art ändert und dabei gegen die allgemein anerkannten Regeln der Technik verstößt und dadurch Leib oder Leben eines anderen Menschen gefährdet.

In Verbindung mit Pflichtverstößen kann es auch neben der Planung und Montage einer Photovoltaikanlage womöglich denjenigen strafrechtlich treffen, der bei Wartung und Inspektion nicht richtig hinsieht und offensichtliche Fehler übersieht, welche zu einer Baugefährdung führen. Dabei spricht das Gesetz an dieser Stelle »nur« von einer Gefährdung, d.h. es muss noch nicht einmal etwas tatsächlich passieren.

Auch der Paragraph der Brandstiftung (§306 ff) des Strafgesetzbuches stellt nicht nur unter Strafe, wer einen Brand mit Absicht legt sondern wer auch fahrlässig handelt oder die Gefahr fahrlässig verursacht. Das Gesetz sieht hierbei eine Freiheitsstrafe bis zu fünf Jahren oder eine Geldstrafe vor.

Auch hier kann nicht ausgeschlossen werden, dass sowohl bei einer fahrlässigen Planung und/oder Montage als auch bei einer fahrlässig unterlassenen Prüfung und fahrlässig nicht korrekt ausgeführten Prüfung einer Photovoltaikanlage mit Brandfolge nicht nur ersatzpflichtige, sondern auch strafrechtliche Folgen drohen.

Verantwortung des Anlagenbetreibers

Dem Anlagenbetreiber kommt eine besondere Rolle beim Betrieb von PV-Anlagen zu. Er ist für einen ordnungsgemäßen Betrieb verantwortlich. Dies gilt auch dann, wenn er fachlicher Laie ist. Er hat sich sowohl die entsprechenden Informationen einzuholen, welche für einen sicheren elektrischen Betrieb entsprechende Vorgaben machen (zum Beispiel die berufsgenossenschaftlichen Vorschriften) als auch, soweit er die Sicherheit seiner Anlage nicht selbst beurteilen kann, entsprechende Fachkräfte zu beauftragen, welche die PV-Anlage prüfen können.

3 Begriffsdefinition Wartung – Instandhaltung

3.1 Normative Definition

In der Praxis finden sich sehr unterschiedliche Definitionen für die Begriffe Inspektion, Instandhaltung, Wartung, Revision, Service, Kundendienst, Überholung, Vollwartung, Instandsetzung, etc. Teilweise sind diese weder genormt noch anderweitig technisch verbindlich definiert. Darüber hinaus gibt es für den einen oder anderen Begriff auch unterschiedliche Definitionen aus verschiedenen Normen (DIN, ISO, VDI, etc.), die sich sogar widersprechen können. Um Widersprüche oder Probleme zu vermeiden ist es daher ratsam, sich bezüglich der fachlichen Definition nur einer Quelle zu bedienen und diese dann auch konsequent anzuwenden.

Bei Photovoltaikanlagen spricht man in der Regel von Wartung oder Wartungsverträgen, teilweise auch von Vollwartung, obgleich, wie nachfolgend erläutert wird, die hierfür notwendigen Arbeiten in der Regel kaum etwas mit typischen Wartungsarbeiten zu tun haben. Bei der Wartung und Instandsetzung wird empfohlen, auf die DIN 31051 zurückzugreifen. Die DIN 13306 »Instandhaltung – Begriffe der Instandhaltung« beschäftigt sich, wie der Titel bereits beschreibt, mit den Begriffen der Instandhaltung. Hierbei geht es um die Begrifflichkeiten zu Einheiten, Ereignissen, Fehler, Instandhaltungsarten und Instandhaltungstätigkeiten, also eher um organisatorische und planerische Bereiche der Instandhaltung. Diese sollen nachfolgend jedoch nicht näher betrachtet werden, weshalb ausschließlich auf die Begrifflichkeiten der DIN 31051 Bezug genommen wird.

Die DIN-Norm DIN 31051 strukturiert die Instandhaltung in vier Grundmaßnahmen:

- Wartung
- Inspektion
- Instandsetzung
- Verbesserung.

Nachdem in dieser Norm die Begriffsdefinitionen oftmals nicht ganz einfach beschrieben sind, sollen einige ergänzende Erläuterungen und Beispiele zum besseren Verständnis beitragen.

3.2 Wartung

Als Wartung werden nach dieser Normdefinition »*Maßnahmen zur Verzögerung des Abbaus des vorhandenen Abnutzungsvorrates der Betrachtungseinheit*« verstanden. Sie ist Teil der Instandhaltung. Das klingt sehr kompliziert – vereinfacht ausgedrückt bedeutet es, z. B. bei einem Fahrzeug, den für Viele bekannten Wartungsdienst. Bei einer Photovoltaikanlage ist die Beispielfindung etwas schwieriger, weil es weder Ölwechsel gibt oder etwas geschmiert werden muss (anders z. B. bei Windkraftanlagen). Verwunderlich ist es deshalb, dass bei Photovoltaikanlagen oftmals von Wartungsverträgen gesprochen wird, obgleich klassische Wartungsarbeiten kaum anfallen. Sie werden sich bei der Elektrotechnik daher eher auf eine Inspektion (siehe nachfolgende Erläuterung) beschränken. Trotz der eingebürgerten Redensart von Wartungsverträgen bei Photovoltaikanlagen soll dieser Begriff nachfolgend nur noch sporadisch verwendet und die einzelnen Leistungsspektren für diverse Prüfungen und Arbeiten an Photovoltaikanlagen strikt den normativen Bezeichnungen zugeordnet werden.

Die Wartung wird im Allgemeinen in regelmäßigen Abständen von ausgebildetem Fachpersonal durchgeführt. So können eine möglichst lange Lebensdauer und ein geringer Verschleiß der gewarteten Objekte oder Gegenstände gewährleistet werden. Eine fachgerechte Wartung ist oft auch (Vertrags-)Bestandteil der Gewährleistung oder Garantie.

Eine Reinigung ist im Normalfall kein Bestandteil einer Wartung, wenn man diesbezüglich darunter die Reinigung der Modulfläche versteht. Diese muss durch den Benutzer der Anlage regelmäßig und nach eigenem Ermessen erfolgen. Reinigung ist somit von Wartung zu unterscheiden, sie kann jedoch im Zuge einer Wartung durchgeführt werden. Einer wartungsgemäßen Reinigung kann allenfalls die äußere Säuberung der Wechselrichter von Staub und die Reinigung der Luftfilter bei aktiven Gebläsen zugeordnet werden.

Der Ersatz von defekten Teilen gehört zur Instandsetzung. Kleinere Defekte werden bereits häufig im Zuge von regelmäßigen Wartungsarbeiten behoben.

3.3 Inspektion

Eine Inspektion bezeichnet im Allgemeinen eine prüfende Tätigkeit im Sinne einer Kontrolle durch eine ausgebildete Fachkraft. Die Inspektion dient dabei der Feststellung des ordnungsgemäßen Zustandes eines Gegenstandes, eines Sachverhaltes oder einer Einrichtung. Bei technischen Systemen ist die Inspektion ein Bestandteil der Instandhaltung. Gemäß DIN 31051 umfasst die Inspektion Maßnahmen zur Beurteilung des Ist-Zustandes von technischen Mitteln eines Systems. Vereinfacht kann man dies auch als Prüfung bezeichnen. Z. B. bei einem Fahrzeug sind dies über die normale Wartung hinausgehende Tätigkeiten (umgangssprachlich: großer Kundendienst), wie Prüfen der Bremsbeläge,

Prüfen der Profiltiefe der Reifen, Prüfen auf Verschleiß der Zündkerzen, Zahnriemen, Funktionsprüfungen der Beleuchtung und Bremsanlage, etc.

Im Gegensatz zu einer Wartung, bei der im Allgemeinen in regelmäßigen Intervallen oder zu einem bestimmten Zeitpunkt bestimmte bzw. vorgeschriebene Tätigkeiten (Ölwechsel, Schmieren, Filterwechsel, etc.) an einer Anlage bzw. Maschine durchgeführt werden, gehen bei der Inspektion prüfende Tätigkeiten voraus, weil diese die entsprechende Grundlage für die Bewertung des Zustandes der Anlage und den möglichen Instandsetzungsbedarf darstellt.

Bei Inspektionen an Gegenständen, Maschinen, Anlagen etc. gibt es zum Teil gesetzliche Vorgaben, z. B. bei Fahrzeugen, Schienenfahrzeugen, Druckbehältern oder Aufzügen. Bei Photovoltaikanlagen gibt es (noch) keine spezielle gesetzliche Vorgabe zu einer Inspektion. Sie kann aber aus den bestehenden Vorschriften abgeleitet werden, welche bereits im vorangegangenen Kapitel erwähnt wurden.

3.4 Instandsetzung/Reparatur

Die Instandsetzung beschreibt all die Maßnahmen, welche zur Wiederherstellung des ursprünglichen Funktionszustandes durch normalen Verschleiß oder Abnutzung erforderlich sind.

Die Instandsetzung ist zu unterscheiden von der Reparatur. Die Reparatur ist die Wiederherstellung des ursprünglichen Gebrauchszustandes nach einem außergewöhnlichen Ereignis. Bei einem Fahrzeug wäre dies z. B. nach einem Unfall. Bei der Photovoltaikanlage ergibt sich das Erfordernis einer Reparatur z. B. durch außergewöhnliche äußere Einflüsse, wie Witterung (Hagelschlag, Blitzschlag), Feuer oder Vandalismus.

3.5 Verbesserung

Die Verbesserung ist eine Leistung zur Aufwertung des ursprünglich vertraglich vereinbarten Anlagenzustandes zur Verbesserung der Anlagenleistung oder des Betriebes. Dies kann für eine Photovoltaikanlage z. B. sein:

- Einbau einer Fernüberwachung
- Entfernung von Verschattungsursachen
- Tausch der Wechselrichter gegen solche mit verbessertem Wirkungsgrad
- statische Ertüchtigung des Haltesystems.

3.6 Instandhaltung

Eine Instandhaltung kann zur Vorbeugung von Systemausfällen betrieben werden, mit den Zielen:

- Erhöhung und optimale Nutzung der Lebensdauer von Anlagen und Geräten
- Verbesserung der Betriebssicherheit
- Erhöhung der Anlagenverfügbarkeit
- Optimierung von Betriebsabläufen
- Reduzierung von Störungen
- Vorausschauende Planung von Kosten.

Sie ist daher als Oberbegriff zu sehen, welche eine Inspektion, Wartung, Instandsetzung und Reparatur mit einschließt.

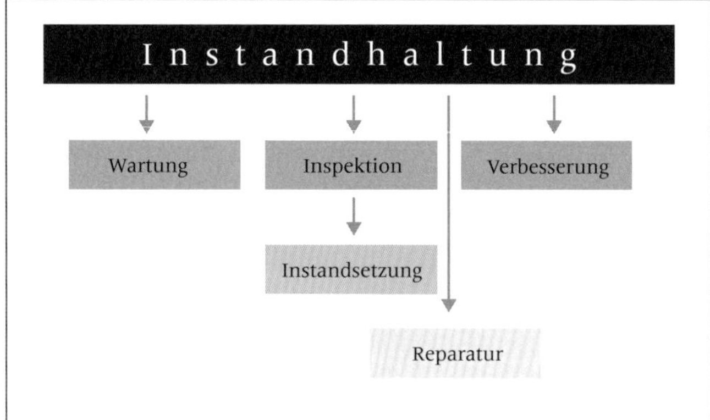

Bild 14: Schema Instandhaltung und ihre Unterbegriffe

4 Rechtliche Rahmenbedingungen

4.1 Keine Leistung ohne Vertrag

Es kommt heute kaum jemand mehr ohne eine rechtliche Betrachtung dessen aus, was er im Geschäftlichen tätigt, veranlasst bzw. beauftragt oder als Auftrag entgegennimmt. Auch bei der Wartung und Instandsetzung begibt man sich auf vertragsrechtliches Terrain, in dem einerseits Leistungen und ein Erfolg sowie dessen Bezahlung geschuldet, andererseits auch haftungsrechtliche Fragen aufgeworfen werden. Rechtliches wird meist als trockenes Thema empfunden und nur ungern behandelt. Doch die Bedeutung rechtlicher Sicherheit und Klarheit in den Vereinbarungen wird spätestens dann zum Thema, wenn sich unangenehme Konsequenzen anbahnen. Daher ist es unumgänglich, sich auch mit diesem unbeliebten Aspekt zu befassen. Der Hauptmangel an vertraglichen Vereinbarungen liegt neben unzulässigen Klauseln auf Verbraucherebene oft an der unklaren Beschreibung oder Formulierung, welche dann von den Vertragsparteien unterschiedlich auslegt werden. Hieran entzünden sich schnell Streitigkeiten, die nicht selten vor Gericht enden.

Weder die Rechtsprechung noch die Literatur haben sich bisher in großem Umfang mit Problemen und Fragestellungen zu sogenannten Wartungs- oder auch Instandsetzungsverträgen, im Speziellen bei Photovoltaikanlagen, auseinandergesetzt. Viele Aspekte der vertraglichen Gestaltung und Rechtswirkung z. B. im Hinblick auf Preisanpassung oder Gewährleistung sind deshalb meist unbekannt und verunsichern die Vertragsparteien.

In Deutschland gibt es nach dem BGB grundsätzlich die Vertragsfreiheit. Wegen der Vielfältigkeiten von Vertragsgestaltungen, den vielfältigen möglichen Situationen, die auftreten können, sowie aufgrund der unterschiedlichen Anforderungen an Formularverträge wurden jedoch vom Gesetzgeber in den §§ 433 ff. des BGB für eine Vielzahl wichtiger und häufig vorkommender Schuldverhältnisse diverse Vertragsarten, wie z. B. Kauf-, Werk, Dienst- Miet- oder Darlehensvertrag geschaffen. Sogenannte Wartungsverträge sind hierbei jedoch nicht gesondert definiert. Es ist deshalb notwendig, Wartungs- Inspektions- und Instandsetzungsverträge in die gesetzlich geregelten Vertragstypen einzuordnen. Hierbei kommen eigentlich nur zwei mögliche Vertragsarten in Betracht: der Dienstvertrag (§§ 611 bis 630 BGB) sowie der Werkvertrag (§§ 631 bis 651 BGB).

Nach dem Wortlaut des § 611 BGB ist der Dienstvertrag dahingehend definiert, dass der Verpflichtende (Auftragnehmer) sich für einen Dienst und seine Arbeitskraft auf Zeit zur Verfügung stellt und der Auftraggeber sich zur Vergütung dieses Dienstes verpflichtet.

Beim charakteristischen Merkmal des Werkvertrages stehen der Leistungsgegenstand und dessen Erfolg im Vordergrund. Der Auftragnehmer wird hierbei verpflichtet, ein versprochenes Werk herzustellen. Dieser Erfolg kann sowohl ein körperliches Werk (Herstellung einer Sache, z. B. Bauwerk) oder auch ein geistiges Werk (z. B. die Erstellung eines Gutachtens) sein. Hierbei wird der Auftragnehmer eigenverantwortlich tätig; d. h. das Erreichen des Erfolges liegt in der Verantwortung des Auftragnehmers. Der Auftraggeber schuldet im Gegenzug die volle Vergütung – aber nur, wenn das Werk die versprochene Eigenschaft, Beschaffung und Funktion aufweist.

Bei den Inspektions-, Wartungs- und Instandsetzungsverträge ist zu unterscheiden in

- reine Inspektionsverträge (Analyse des Zustandes des zu inspizierenden Objektes mit Bestimmung der Ursachen von Abnutzungen und notwendigen Konsequenzen)
- reine Wartungsverträge (Wartungsleistungen)
- kombinierte Inspektions- und Wartungsverträge (neben der Bestimmung der Ursachen beinhalten diese auch deren Beseitigung)
- kombinierte Inspektions-, Wartungs- und Instandsetzungsverträge.

Neben den genannten Arten von Wartungs- und Instandsetzungsverträgen existiert auch der sogenannte Vollwartungsvertrag. Nachdem dieser Begriff gerade bei Photovoltaikanlagen häufig verwendet wird, aber weder allgemein verbindlich noch normativ definiert ist, ist die vertragsrechtliche Handhabung eines Vollwartungsvertrages nicht unproblematisch. Dies ist insbesondere der Fall, da die darin enthaltenen Leistungen über die allgemeinen Leistungen eines Wartungs- und Instandsetzungsvertrages hinausgehen und somit sich auch die teilweise oder volle Übernahme der Verantwortung für den Betrieb einer technischen Anlage ergeben kann. Sie beinhalten beispielsweise bei einer Photovoltaikanlage im Vertrag oftmals die Anlagenüberwachung bzw. technische Betriebsführung (Monitoring) sowie vereinbarte Störungs- und Notfalldienste. Im Grunde genommen möchte der Betreiber der Photovoltaikanlage deren störungsfreien Betrieb zu jedem Zeitpunkt sichergestellt haben. Da hier Leistungen und auch möglicherweise Haftungen und deren Grenzen oft nur schwer von den Verpflichtungen des eigentlichen Betreibers abzugrenzen sind, wird von der begrifflichen Verwendung des »Vollwartungsvertrages« abgeraten.

Inspektionsverträge

Bei Inspektionsverträgen oder auch Prüfverträgen liegt es nahe, dass diese unter das Dienstvertragsrecht fallen, weil die Beurteilung eines Ist-Zustandes einer Anlage, wie hier einer Photovoltaikanlage, nur die Ausführung eines zeitlichen Dienstes darstellt. Verkannt wird jedoch, dass die Beurteilung, d. h. die geistige Feststellung des Zustandes einer Photovoltaikanlage bei der Inspektion im Mittelpunkt steht. Die hierbei auszuführenden Tätigkeiten kommen dem eines Sachverständigen bzw. Gutachters gleich, d. h. Besichtigen (Sichtkontrolle), Prüfen (Funktionskontrolle) und Messen. Abgestellt wird hierbei nicht auf die an sich durchzuführende Untersuchung, sondern auf das Untersuchungsergebnis in Form eines Gutachtens oder Ergebnisberichts. Der BGH entschied bereits, dass ein Vertrag, welcher die Erstattung eines Gutachtens zum Gegenstand hat, in der Regel dem Werkvertragsrecht zuzuordnen ist.[3]

Dies bedeutet, dass der Inspizierende einen Erfolg schuldet, in der Form der richtigen und vollständigen Feststellung des Zustandes der technischen Anlage – und somit auch einer Photovoltaikanlage – als Entscheidungsgrundlage für eine sich unmittelbar oder später anschließenden Instandsetzung, Reparatur oder Verbesserung. Dementsprechend greifen auch hier alle typischen, dem Werkvertrag eingegliederten Folgen und Konsequenzen, was Mängelhaftung und Vergütung betrifft.

Dieser Umstand dürfte dann erheblich an Bedeutung gewinnen, wenn ein Unternehmer bei einem Kunden die vor kurzer oder längerer Zeit errichtete Anlage selbst inspiziert und wartet. Setzt der Installateur sich bei einer bereits mangelhaft installierten Photovoltaikanlage einer Mängelhaftung aus, so greift diese nunmehr auch bei der Inspektion, wenn z.B. mangelhafte Zustände bewusst oder unbewusst nicht erkannt und dokumentiert werden. Letzteres gilt natürlich auch für Prüfungen Dritter, wenn diese die Anlage fehlerhaft prüfen und deren Zustand falsch einschätzen bzw. bewerten.

Wartungsverträge

Bei Wartungsverträgen könnte es sich ebenfalls um Dienstverträge handelt, da anscheinend nur die ordnungsgemäße Wartung geschuldet wird, nicht der störungsfreie Betrieb der Anlage oder die Herstellung eines Werkes. Auf der anderen Seite ist aber für den Anlagenbetreiber bzw. Auftraggeber gewöhnlich nicht die Tätigkeit der Wartung von Interesse, sondern dessen Ergebnis – nämlich die Erhaltung eines betriebsfähigen Zustandes einer Anlage mit dem Ziel der Verhütung von Störungen. Insofern handelt es sich auch hier, was auch die Rechtsprechung untermauert, um einen Werkvertrag.

Kombinierte Inspektions- und Wartungsverträge

Dementsprechend können kombinierte Inspektions- und Wartungsverträge auch dem Werkvertragsrecht zugeordnet werden. Hier steht im Allgemeinen die Wartung im Vordergrund. Die Inspektion dient eher als Grundlage der Wartungsleistung und wird oftmals im Ergebnis nicht unbedingt in Form eines Inspektionsberichtes gewünscht. Bei einer Photovoltaikanlage ist es gleichwohl umgekehrt. Hier kommt einer Inspektion, d.h. einer prüfenden Tätigkeit, eine höhere Bedeutung zu, da Wartungsarbeiten als solche kaum anfallen.

3 siehe auch Mario Schröder »Der Wartungsvertrag«, S. 55 f.

Instandsetzungsverträge

Alleine aus der Definition einer Instandsetzung in der Wiederherstellung eines funktionsfähigen Zustandes eines Anlagenteiles oder einer Anlage verbirgt sich ein Erfolgsversprechen, was zweifelsfrei dem Werkvertrag zuzuordnen ist.

Dies gilt auch bei Störungsdiensten, bei denen sich der Unternehmer verpflichtet, eines auf Abruf entsprechend tätig werdenden Dienstes zur Wiederherstellung der Funktionsfähigkeit der betreffenden Anlage in Anspruch zu nehmen. Zwar verleitet die zweite Wortsilbe »-dienst« zu der Annahme eines Dienstvertrages und Störungsdienste können zusätzlich dienstvertragliche Elemente aufweisen. Jedoch ist der Störungsdienst ebenfalls erfolgsbezogen, da er nicht nur auf die Bereitstellung von Personal und dessen Tätigwerden abstellt, sondern auch auf den Erfolg der Störungsbehebung.

Festzustellen bleibt deshalb, dass alle Vertragsvarianten, welche im Zusammenhang mit Inspektion, Wartung und Instandsetzung stehen, dem Werkvertragsrecht zuzuordnen sind. An dieser Stelle soll nicht tiefer auf das Werkvertragsrecht im Einzelnen eingegangen werden. Dementsprechend wird nur kurz auf die einschlägige Literatur und Gesetzestexte verwiesen, welche auch für Photovoltaikanlagen von Bedeutung sind.

4.2 Zeitliche Einordnungen

Verträge können unterschiedliche zeitliche Spannen bzw. Vorgaben enthalten:

- für eine einmalige Leistung (z. B. Anlagenerrichtung, einmalige Inspektion)
- zeitlich befristet (z. B. Wartung/Inspektion)
- zeitlich unbefristet (z. B. Wartung, technische Betriebsführung).

Bei Werkverträgen geht das BGB vorrangig von Einzelverträgen aus, welche die einmalige Herstellung eines Werkes herbeiführen sollen. Bei auf Zeit geschlossenen Verträgen liegt jedoch keine einmalige Herstellung vor, sondern es handelt sich um Einzelleistungen, welche sich über einen längeren Zeitraum erstrecken, ein sogenanntes Dauerschuldverhältnis. Problematisch hierbei ist, dass, anders als bei einem Werkvertrag mit einer einmaligen Leistung, bei einem Dauerschuldverhältnis im Falle einer Kündigung die Vergütung nicht berechenbar ist. Bei einem üblichen Werkvertrag ist jederzeit eine Kündigung des Bestellers möglich. Hierbei steht dem Unternehmer die Vergütung abzüglich der ersparten Aufwendungen zu. Bei einem Dauerschuldverhältnis müssen deshalb entsprechende Regelungen im Falle einer Kündigung getroffen werden.

4.3 Rechte und Pflichten

4.3.1 Haupt- und Nebenpflichten

Aus dem Umstand, dass Inspektions- und Wartungsverträge dem Werkvertragsrecht unterliegen, ergeben sich auch die entsprechenden Haupt- und Nebenpflichten von Auftraggeber und Auftragnehmer aus den gesetzlichen Regelungen, wie

- den geschuldeten Erfolg
- die vereinbarte Vergütung
- Sach- und Rechtsmängel des Werkes
- die Abnahme des Werkes
- die Mitwirkungspflicht des Auftraggebers
- das Kündigungsrecht des Auftragnehmers und Auftraggebers
- die Gefahrentragung/Gefahrenübergang.

Die Hauptpflicht des Auftragnehmers besteht in der Herstellung des Werkes, im konkreten Fall die Inspektion, Prüfung, Wartung und Instandsetzung, welche frei von Sach- und Rechtsmängeln sein müssen. Der Auftraggeber schuldet als Hauptpflicht die Abnahme und die hieraus resultierende Vergütung.

Vergessen werden dürfen dabei auch nicht die sogenannten Nebenpflichten. Sie dienen u. a. auch zum Schutz der Vertragspartner vor gegenseitigen Überraschungen. So gehören hierzu u. a.

- Beratungspflicht
- Aufklärungspflicht
- Prüfungs- und Hinweispflicht
- Verkehrssicherungspflicht
- Koordinierungspflicht
- Sorgfaltspflicht.

Bei Inspektions- und Instandsetzungsverträgen ergeben sich beispielsweise für den Auftragnehmer Hinweispflichten bezüglich der Fortentwicklung der Regeln der Technik (z. B. beim Überspannungsschutz oder baulichen Brandschutz). Zu den Nebenpflichten des Auftragnehmers zählen bei der Prüfung und Inspektion vor allem u. a.

- Hinweise auf geänderte Betriebs- und Umgebungsbedingungen
- Hinweise auf gesetzliche Vorschriften
- Empfehlungen zur Instandsetzung
- Empfehlungen zur Reparatur.

Auch hier sei nochmals auf die Problematik der Inspektion eigener errichteter Photovoltaikanlagen hingewiesen. Nach den Nebenpflichten des Werkvertragsrechts dürfen eigene Mängel aus der Installation bei der Inspektion nicht verschwiegen werden. Dies hätte nicht nur die Konsequenz, dass die Inspektion bzw. Prüfung an für sich mangelhaft wäre, der Prüfende verstößt damit auch gleichzeitig gegen seine Prüfungs- und Hinweispflichten. Bei arglistig verschwiegenen Mängeln gelten zudem andere Verjährungsfristen. Arglist wäre dann der Fall, wenn z. B. der Prüfende zu seinem Vorteil bewusst einen Mangel verschweigen würde. Mögliche strafrechtliche Belange, wie zum Beispiel die der Baugefährdung oder einer fahrlässig herbeigeführten Brandstiftung (z.B. Brandentstehung durch das Übersehen offensichtlicher Mängel) sind hierbei noch gar nicht betrachtet.

Damit der Auftraggeber mögliche Umstände bei der Inspektion und Prüfung berücksichtigen kann, ergeben sich für den Auftraggeber Hinweispflichten aus dem Vorleben der Anlage, z. B. Hinweise auf

- bereits in der Vergangenheit aufgetretene Schäden
- bestimmte Beeinträchtigungen
- unsachgemäße Benutzung
- Überbelastung
- Veränderungen gegenüber dem ursprünglichen Zustand
- besondere Vorkommnisse.

Bei der Einbindung von Störungsdiensten kommt den Nebenpflichten des Auftraggebers eine nicht unbedeutende Rolle zu, denn das Tätigwerden des Auftragnehmers kann hierbei nicht unerheblich von der Art und Weise der Behandlung der technischen Anlage durch den Auftraggeber abhängen. Hier kann durchaus ein Tätigwerden des Auftraggebers erforderlich sein, damit bei Funktionsstörungen der Aufwand des Unternehmers nicht höher ausfällt, als es notwendig wäre. Man spricht hierbei von der Schadensminderungspflicht, z. B. mit der vorübergehenden Außerbetriebsetzung der Anlage. Im Übrigen sind beide Vertragspartner zur Schadensminderung verpflichtet.

4.3.2 Mitwirkungspflicht des Auftraggebers

Bei Inspektions- und Instandsetzungsverträgen können sich auch Mitwirkungspflichten des Auftraggebers, sprich Anlagenbetreibers ergeben, u. a.

- unverzügliche Mitteilung von Störungen
- unverzügliche Mitteilung von Veränderungen an der Anlage
- Beachtung der Gebrauchsanleitung der technischen Anlage
- Verschaffung und Ermöglichen des Zutritts zur technischen Anlage
- Verschaffung und Ermöglichen der Einsichtnahme in Betriebsaufzeichnungen der technischen Anlage, z. B. Monitoring
- Maßnahmen zur Schadensminderung.

4.4 VOB/B für Inspektions-, Wartungs- und Instandsetzungsarbeiten

Vielfach werden, was zumindest für öffentliche Auftraggeber Pflicht ist, Bauleistungen auf Grundlage der VOB/B (Vergabe- und Vertragsordnung für Bauleistungen, Teil B) vergeben und beauftragt, so auch die Errichtung von Photovoltaikanlagen. Eine spätere Verwendung der VOB bei Wartungsverträgen schließt sich meist an bzw. kann bereits Bestandteil der ursprünglichen Anlagenerrichtung sein.

Die VOB/B wird dann Vertragsbestandteil, wenn die Vertragsparteien sie miteinander vereinbaren, jedoch scheidet die VOB grundsätzlich bei Verträgen mit Verbrauchern aus. Photovoltaikanlagen-Betreiber können nach den Hinweisen oberster Gerichte Verbraucher sein[4]. Es ist also hier grundsätzlich Vorsicht geboten, wenn die VOB/B vertraglich vereinbart werden soll.

Mag die VOB/B bei größeren Instandsetzungsarbeiten durchaus anwendbar sein, so wird deren Anwendung bei reinen Inspektionsverträgen oder Dauerverträgen eher als problematisch angesehen, weil sie hierfür nicht ausgelegt ist. Gleiches gilt bereits für die Installation einer Neuanlage.

4.5 Vertragsinhalte

4.5.1 Allgemeine Geschäftsbedingungen

Auf die allgemeinen Regelungen der AGB und der Klauselanwendungen soll hier im Einzelnen nicht eingegangen werden. Es sollen nur einige spezielle Punkte genannt werden, welche insbesondere Inspektions- und Instandsetzungsverträge betreffen.

4.5.2 Preisanpassungen

Bei langfristig angelegten Inspektions- und Instandsetzungsverträgen hat der Auftragnehmer sicherlich Interesse, einen Ausgleich für die durch die allgemeine Lohnsteigerung entstehenden Kosten zu bekommen. Bei der vertraglichen Vereinbarung von Preisanpassungen ist jedoch Vorsicht geboten. Durch allgemeine Preisanpassungsklauseln, die dem Auftragnehmer die Erhöhung von Preisen ohne unmittelbare Anbindung an die Erhöhung von preisbildenden Faktoren erlauben, wird der Vertragspartner unangemessen benachteiligt. Die Preisanpassungen sind deshalb so zu gestalten, dass das Zustandekommen der Preisanpassungen für den Auftraggeber prinzipiell nachvollziehbar ist, z. B. durch formelmäßige Berechnung. Zugleich muss dem Auftraggeber mit der Preis-

4 BGH Anerkenntnisurteil VII ZR 121/12 vom 09.01.2013

änderung ein Kündigungsrecht eingeräumt werden. Das Kündigungsrecht kann dabei auf Fälle beschränkt bleiben, bei denen der neue Preis einen bestimmten Prozentsatz des ursprünglichen Preises oder zuletzt gültigen Preises übersteigt.

4.5.3 Laufzeitklauseln

Bei Dauerschuldverhältnissen sind gemäß § 309 Nr. 9 a) BGB Klauseln, die den Vertragspartner als Verbraucher für mehr als zwei Jahre an den Vertrag binden, generell unwirksam. Auch hier nochmals der Hinweis, dass Photovoltaikanlagen-Betreiber in erster Linie Verbraucher sein können. Bei Verträgen mit echten Unternehmern spielt eine Laufzeitenklausel oft keine Rolle, da hier bei Dauerverträgen eher von Vertragsverhältnissen mit unbestimmter Dauer ausgegangen wird.

Auch eine Klausel bezüglich der stillschweigenden Verlängerung von Dauerverträgen ist bei Verträgen mit Verbrauchern problematisch, selbst bei einer automatischen Verlängerung auf nur ein Jahr. Bei einer automatischen Verlängerung auf max. ein Jahr sollte zumindest gleichzeitig die Einräumung einer vorherigen Kündigungsfrist erfolgen. Dies dürfte bei Photovoltaikanlagen dann auch kein Problem sein, da gerade bei Inspektions- und Instandsetzungsverträgen eine kürzere Verlängerungslaufzeit als ein Jahr nicht zweckdienlich ist.

4.5.4 Leistungsumfang der vertraglichen Verpflichtungen

Neben der allgemein vertraglichen Ausgestaltung von Inspektions- und Instandsetzungsverträgen und deren rechtlichen Beachtung sind insbesondere die Festlegungen des Leistungsumfanges oftmals lückenhaft und unklar. Verträge geben immer wieder Anlass zu Streitigkeiten, weil deren Inhalt unklar formuliert wurde und von beiden Parteien dementsprechend ihrer Interessen auch unterschiedlich interpretiert und ausgelegt wird.

Es ist deshalb zur Vermeidung von Missverständnissen und Nachteilen sinnvoll, bei Vertragsabschluss sowohl den Leistungsumfang als auch den geschuldeten Erfolg bzw. das Leistungsziel vertraglich in seinen Einzelheiten so genau wie möglich festzuhalten.

Durch eine vertraglich genaue Fixierung des Leistungsumfanges wird die auszuführende Inspektion und Instandhaltung hinsichtlich ihres Inhaltes, ihrer Methode und ihres Umfanges festgelegt. Die Anlage, an der diese Leistungen zu erbringen sind, der Zeitpunkt der Leistungserbringung sowie bei Dauerverträgen zusätzlich die Länge der Leistungszeiträume und die Leistungshäufigkeit innerhalb eines Leistungszeitraumes sind ebenfalls festzuhalten.

In der Praxis finden sich auch oftmals nur lückenhafte Leistungsinhalte einer regelmäßigen Wartung, welche sich zum Beispiel oftmals nur auf eine reine Sichtkontrolle beschränkt und bei nicht einmal Kabelkanäle geöffnet werden, um den Zustand der Leitungen zu überprüfen. Hier gibt die VDE 0126-23-2 sowie die VDI 2883 sicher entsprechende Hilfestellungen, um den Prüfungsumfang genau zu definieren. Auch sollten die Herstellervorgaben mit einfließen, z. B. des Wechselrichterherstellers, wenn dort Prüfintervalle genannt werden.

4.5.5 Festlegung bezüglich Leistungshäufigkeit

Wartung, Inspektion, Instandsetzung oder technische Betriebsführung unterliegen oftmals unterschiedlichen zeitlichen Intervallen. So wird in der Regel bei Freifeldanlagen ein einmaliger Grünschnitt im Jahr nicht ausreichend sein. Anlageninspektionen können alle vier Jahre durchgeführt werden, bei Großanlagen hat aber auch eine jährliche Inspektion Sinn. Es gilt deshalb entsprechende Festlegungen zu treffen, z. B.

- Vereinbarung fester Termine, z. B. Besichtigung/Inspektion stets in der ersten Aprilwoche jeden Jahres
- Vereinbarung des konkreten Termins in jedem Leistungszeitraum, z. B. wöchentlich am Freitag (Berichtsvorlage Monitoring)
- Vereinbarung, dass die Parteien den genauen zeitlichen Einsatz stets individuell abstimmen, z. B. witterungsabhängige Leistungen
- Vereinbarung des Tätigwerdens in Abhängigkeit von festzulegenden Parametern, z. B. in Abhängigkeit von Betriebsstunden (bei Photovoltaikanlagen aber unüblich).

4.5.6 Vertragsinhalte

4.5.6.1 Leistungsobjekt oder Gegenstand

Um Verwechslungen oder Unstimmigkeiten vorzubeugen – gerade bei mehreren Teilanlagen auf einem oder mehreren, örtlich verteilten Grundstücken – sollte im Vertrag der Gegenstand des Objektes eindeutig und zweifelsfrei beschrieben werden:

- Nennung der Anlagenleistung
- Bezeichnung des Leistungsobjektes (z. B. Photovoltaikanlage auf Stallanlage mit einer Leistung von ... kWp)
- Anzahl der Leistungsprojekte (bei mehreren Anlagen auf einem Grundstück)
- Standort des/der Leistungsobjekte(s)
- Baujahr des Leistungsobjektes (Erstinbetriebnahme).

Festzulegen ist, was neben der Leistungserbringung zu deren Nebenleistungen gehört, wie z. B.:

- benötigte Hilfsmittel (Gerüste, Leitern, Absturzsicherungen, Hebebühnen)
- Abfallentsorgung
- Reinigung.

Beispielhafte Leistungsumfänge und deren definierte Ziele von Inspektion und Instandsetzung werden in den nachfolgenden Unterkapiteln angeführt.

4.5.6.2 Inspektion

Leistungsumfang

- Feststellung des Ist-Zustandes (visuelle Inspektion, Prüfungen, Messungen)
- Beurteilung des Ist-Zustandes (Dauerhaftigkeit, Funktionstüchtigkeit, Betriebssicherheit)
- Bestimmung der Soll-Zustandsabweichungen und deren Ursachen
- Ableitung der notwendigen Konsequenzen, d.h. welche Prüfarbeiten durchzuführen sind, welche Instandsetzungsmaßnahmen mit welcher zeitlichen Dringlichkeit zu ergreifen sind, Hinweise auf notwendige Reparaturen, Maßnahmen zur vorbeugenden Instandsetzung.

Ziel der Inspektion

- Zustandsfeststellung
- Bestimmung der Abnutzungs- oder Schadensursachen
- Ableitung der notwenigen Konsequenzen (Erneuerung, Reparatur).

Form

Dokumentation der durchgeführten Inspektion in Form

- eines schriftlichen Berichtes
- eines Reports
- eines Gutachtens
- eines Anlagen- oder Prüfbuchs.

4.5.6.3 Wartung

Leistungsumfang

Erschließt sich die Wartung bei anderen technischen Anlagen als der Photovoltaik in dem Schmieren von Lagern, Ölwechsel, Filterwechsel, Feinjustierungen, tut man sich bei der Photovoltaik schwer, solche spezifischen Wartungsarbeiten zu beschreiben, weil hier keine vergleichbaren Abnutzungserscheinungen oder gar Betriebsstoffe vorhanden sind. Deshalb sind hier auch nur wenige beispielhafte Punkte anzuführen, welche bei einer Photovoltaikanlage unter einer Wartung verstanden werden können.

- Säubern der Wechselrichter und Schaltgerätekombinationen (z.B. von Staub, Reinigen von Lüftungsfiltern bei Wechselrichtern)
- Nachziehen von Klemmbefestigungen in der elektrischen Verteilung
- Grünpflege bei Freifeldanlagen (Mähen von Bewuchs).

Ziel der Wartung

Auch hier können nur allgemeine Definitionen verwendet werden, welche mit der Erhaltung eines möglichst wenig störanfälligen Zustandes einer Anlage definiert werden.

4.5.6.4 Instandsetzung

Leistungsumfang

Der Instandsetzung kommt neben der Inspektion bei elektrischen Anlagen eine viel höhere Bedeutung zu als der eigentlichen Wartung. Nicht selten müssen bei elektrischen Anlagen Anlagenteile ausgetauscht bzw. erneuert werden.

In den wenigsten Fällen sind solche Leistungen kostenfrei im Pauschalpreis des Wartungsvertrages mit enthalten – sollten sie aber eigentlich, zumindest während der Laufzeit der Gewährleistung und Garantie, wenn der Errichter der Anlage gleichzeitig auch mit der Wartung beauftragt ist.

Bei der Inspektion und Instandsetzung von Fremdanlagen muss man im Vorfeld prüfen, ob es sich bei erforderlichen Instandsetzungsarbeiten um Gewährleistungs- oder Garantieleistungen handelt. Sollte dies der Fall sein, muss dem Anlagenerrichter die Möglichkeit eingeräumt werden, seinen »Mangel« selbst zu beseitigen. Ein vorschnelles Eingreifen der mit der Instandhaltung beauftragten Firma, das einer Selbstvornahme gleich käme, hätte rechtliche Konsequenzen in der Form, dass der Auftraggeber die Kosten hierfür selbst zahlen müsste, aber wegen der unterlassenen Mangelanzeige und Vorwegnahme der Mängelbeseitigungsmöglichkeit gegenüber dem Anlagenerrichter keinen Rückgriff auf diesen hätte. Hier treten wiederum Hinweis- und Beratungspflichten beider Parteien in den Vordergrund.

Zu unterscheiden sind folgende Gewährleistungen und Garantien:

- Gewährleistung der Planung, Montage und Inbetriebnahme der Photovoltaikanlage (in der Regel fünf Jahre)
- Produktgarantie für Wechselrichter (in den meisten Fällen fünf Jahre, bei erkauften Garantieverlängerungen auch bis 10 oder 15 Jahre)
- Produktgarantie für Module (in der Regel fünf Jahre, teilweise auch 10 Jahre)
- Leistungsgarantie der Module (bis zu 25 Jahre mit einem definierten Leistungsverfall – auch zeitlich abgestuft – und der sich hieraus ergebenden Mindestrestleistung, z. B. 80 %).

Abzugrenzen sind Instandsetzungsleistungen auch im geschuldeten Leistungsumfang bei Störungsdiensten. Hier besteht oftmals die Gefahr, dass Störungsdienste auch für ursprünglich nicht vorgesehene Instandsetzungs- oder Reparaturarbeiten herangezogen werden.

Beispiele für Instandsetzungsarbeiten:

- Austausch eines defekten Fehlerstromschutzschalters
- Austausch von Leitungen mit brüchiger Isolierung

- Austausch verblasster Anlagenkennzeichnungen oder Warnschilder
- Austausch von Modulen mit erhöhter Leistungsminderung.

Die Instandsetzungszeiten, d. h. die terminliche Fixierung, bis wann Instandsetzungen auszuführen sind, können oftmals nicht pauschal vertraglich festgelegt werden, da es immer auf den Umfang und die Art der Instandsetzungsmaßnahme ankommt. Der Austausch eines defekten Fehlerstromschutzschalters sollte hierbei kein Problem darstellen, da ein solcher meist zur Ersatzteilausrüstung eines gut organisierten Servicewagens gehört. Eine Reinigung der Modulfelder hat im Winter bei Minustemperaturen keinen Sinn. Die Beschaffung einzelner, nicht mehr auf dem Markt befindlicher Ersatzmodule nimmt sicherlich einen größeren zeitlichen Bedarf in Anspruch.

Ziel der Instandsetzung

Das Ergebnis einer Instandsetzung misst sich an der Wiederherstellung des funktionsfähigen Zustandes einer Anlage – ähnlich wie bei der Neuerrichtung. Jedoch kann es auch vorkommen, dass nur ein Zustand der eingeschränkten Funktion entweder zeitlich befristet oder auf Dauer wieder hergestellt werden kann. Das ist dann der Fall, wenn z. B. einzelne Ersatzmodule nicht mehr beschafft werden können oder im gleichen Fall Ersatzmodule mit anderen elektrischen Eigenschaften installiert werden müssen.

4.5.7 Störungsdienst

Auf die Leistungsabgrenzung zum Wartungsvertrag und zu Instandsetzungsleistungen wurde bereits hingewiesen. Ratsam ist es, bei der Vereinbarung von Störungsdiensten vertretbare und realistische Reaktionszeiten (z. B. innerhalb von 24 Stunden nach Meldung Störungseingang) mit deren Tätigwerden vor Ort zu vereinbaren. Zu definieren sind auch die Umstände, wenn bei einer auftretenden Störung erst Ersatzteile zu deren Behebung beschafft werden müssen. Bis zu deren Eintreffen und der eigentlichen Störungsbehebung können daher vordefinierte Reaktionszeiten erheblich überschritten werden.

4.5.8 Leistungsausschlüsse

Veränderungen an einer Anlage treten nicht nur durch normale Abnutzung durch die planmäßige Belastung und Einwirkung aus einem bestimmungsmäßigen Gebrauch auf, sondern auch außerplanmäßig durch

- unsachgemäße Bedienung
- Überbeanspruchung
- Gewalteinwirkung (Vandalismus)
- extreme Witterungsverhältnisse (Sturm, Hagel)
- Veränderungen durch Dritte oder des Betreibers
- sonstige äußere Einwirkungen wie Feuer, Hochwasser, Blitzschlag, Überspannung, Tiere.

Die hieraus resultierenden Instandsetzungsarbeiten sollten aus reinen Inspektions-, Wartungs- und Instandsetzungsverträgen ausgeschlossen werden. Sie stellen Ersatzinvestitionen dar, welche als Reparatur einzustufen sind.

4.5.9 Reparatur

Eine Reparatur hat mit einer Instandsetzung erstmal nichts gemeinsam, da es sich bei der Instandsetzung um die Wiederherstellung der Funktionsfähigkeit der Anlage aus natürlichen Veränderungen handelt. Die Reparatur setzt den ursprünglichen Zustand nach einem außergewöhnlichen Ereignis her. Hier findet man nunmehr auch die o.g. Leistungsausschlüsse wieder, wie

- Gewalteinwirkung (Vandalismus)
- extreme Witterungsverhältnisse (Sturmschäden, Hagelschäden)
- sonstige äußere Einwirkungen, wie Feuer, Hochwasser, Blitzschlag, Überspannung, Tierverbiss.

Reparaturen können im Zuge einer Inspektion mit ausgeführt werden, in der Regel jedoch durch ein gesondertes Angebot/Auftrag.

Hinweise des Auftragnehmers an den Anlagenbetreiber sind auch bei Reparaturen angebracht, wenn es sich um mögliche Versicherungsschäden handelt. Voreilige, Maßnahmen bereiten oftmals Probleme bei der Schadensabwicklung, wenn dem Versicherer z.B. eine Prüfung vor der Reparatur genommen und der Nachweis des Schadens und dessen Umfang somit erheblich erschwert oder unmöglich gemacht wird. Zumindest ist bei erforderlichen Notmaßnahmen der Schaden umfangreich zu dokumentieren (Bilder, Skizzen, Protokoll).

4.5.10 Zusätzliche Leistungen

Es kann vertraglich vereinbart werden, dass zusätzliche Leistungen, welche über eine normale Inspektion und Instandsetzung hinausgehen, bis zu einem bestimmten Betrag ohne separate Beauftragung mit ausgeführt werden. Fehlen solche Vereinbarungen, so ist stets eine separate Beauftragung solcher Leistungen erforderlich. Zu solchen zusätzlichen Leistungen gehört z.B. das Reinigen der Solarmodule oder besondere Messverfahren (Thermografie, Leistungsmessung, Kennlinienmessung).

4.6 Abnahme

Bezüglich der Abnahme sei in erster Linie auf die gesetzlichen Bestimmungen des Werkvertrags § 640 BGB verwiesen. Es wird deshalb nur stichpunktartig auf die allgemeinen Bestimmungen eingegangen.

4.6.1 Formen der Abnahme

Man unterscheidet im Allgemeinen verschiedene Formen der Abnahme:

- ausdrückliche Abnahme (z. B. durch eine schriftliche Erklärung)
- förmliche Abnahme (eine Form der ausdrücklichen Abnahme, z. B. mit einem Protokoll (VOB-Vertrag)
- stillschweigende Abnahme (z. B. durch Zahlung des Werklohns)
- fiktive Abnahme (z. B. durch eine Fertigstellungsanzeige des Auftragnehmers und Ablauf von 12 Werktagen (VOB-Vertrag).

Zum Nachweis und zur Dokumentation sollte grundsätzlich eine förmliche Abnahme vereinbart werden, d. h. eine gemeinsame Begehung mit einem erstellten Abnahmeprotokoll und der Unterschrift beider Parteien.

4.6.2 Rechtsfolgen der Abnahme

Mit erfolgter Abnahme, dazu zählen eben auch die stillschweigende oder fiktive Abnahme, ergeben sich entsprechende Rechtsfolgen für beide Parteien, welche nicht mehr umkehrbar sind:

- Übergang der Gefahr auf den Besteller (Auftraggeber)
- Verjährungsbeginn bei Mangelansprüchen
- Beweislastumkehr für Mängel (soweit solche nicht bereits vor der Abnahme bekannt waren und vorbehalten wurden)
- Verlust von nicht vorbehaltenen Ansprüchen, wie
  - Vertragsstrafe
  - Restleistungsansprüche
  - Minderungen aufgrund von Mängeln
  - Nacherfüllungsanspruch wegen bekannter Mängel.

Die Abnahme von Leistungen aus Inspektions-, Wartungs- und Instandsetzungsverträgen gestaltet sich unterschiedlich. Bei der Inspektion kann dies z. B. mit der Übergabe des Inspektionsberichtes erfolgen. Dies wäre eine fiktive Abnahme.

Etwas schwieriger sieht es bei der Abnahme von Wartungsarbeiten aus, da sich deren Ergebnis im Allgemeinen erst im Zuge der weiteren Benutzung durch die Verhinderung oder Minimierung von Abnutzungserscheinungen bemerkbar macht. Daran ändert auch eine durchgeführte Funktionsprüfung nichts. Diesbezüglich wäre für Wartungen eine Abnahme nicht möglich, was jedoch auch § 640 Abs. 1 BGB nicht ausschließt. Betrachtet man z. B. das Mähen des Bewuchses bei einer Freifeldsolaranlage als Wartung, ist wiederum eine Abnahme möglich, da das Ergebnis der Arbeit bzw. Leistung körperlich entgegengenommen werden kann.

4.7 Vergütung

4.7.1 Grundvergütung

Aufgrund des Werkvertragscharakters im Hinblick auf den geschuldeten Erfolg wird die Vergütung grundsätzlich erst durch die Herbeiführung des Erfolges fällig. Der Installateur oder Unternehmer muss dementsprechend in Vorleistung treten. Vorauszahlungen würden den rechtlichen Grundlagen des Werkvertrages widersprechen. Aufgrund eines dauerhaften Vertrauensverhältnisses zwischen Auftragnehmer und Auftraggeber sollten Vorauszahlungen oder abweichend vom Termin der Leistungserbringung vereinbarte Zahlungsziele (z. B. Zahlung zu Jahresbeginn; Leistungserbringung 2. Jahresquartal) kein Problem darstellen. Grundsätzlich gilt jedoch, dass bei allen Vorauszahlungen, insbesondere bei größeren Beträgen seitens des Auftraggebers Vorsicht geboten ist.

Bei Wartungs-, Inspektions- und Instandsetzungsverträgen sind verschiedene Vergütungsmodelle möglich. Beispielhaft können folgende Varianten aufgeführt werden:

- Vergütung auf Basis der tatsächlichen Aufwendungen (Stundenlohnbasis) und ggf. der tatsächlichen Aufwendungen für Hilfsmittel, Gerätschaften und Materialien.
- Vergütung auf Basis von vereinbarten Einheitspreisen und Leistungspositionen
- Pauschalierung für einen Leistungszeitraum (z. B. bei Dauerverträgen)
- Pauschalierung für eine einmalige Leistung
- Pauschalierung nach Anlagengröße (z. B. ...€ pro kWp pro Leistungszeitraum).

Daneben gibt es eine Vielzahl von Varianten bestehend aus pauschalierten Teilleistungen und Leistungen auf Nachweis oder gesonderte Beauftragung.

In der Praxis wird die Variante der Pauschalierung nach Anlagengröße für einen Leistungszeitraum am gebräuchlichsten sein. Sie bietet auch für beide Parteien Vorteile im Hinblick auf Kostensicherheit und Aufwendungen bezüglich der Abrechnung (Stunden- und Materialaufmaß).

In Ergänzung einer Pauschalvereinbarung ist es empfehlenswert, zusätzlich auszuführende Arbeiten, z. B. für Reparaturen, Austausch von Verschleißteilen, Reinigung etc., Einzelpauschalen nach Leistungskatalog oder Einheitspreise zu vereinbaren.

Bei vorgenannter Variante sind zu den Grundleistungen des Wartungs-, Inspektions- und Instandsetzungsvertrages auch Zuschlagspauschalen für Leistungen denkbar, welche nicht immer der Ausführung bedürfen, z. B. Austausch von Verschleißteilen oder Reinigung.

Bei Photovoltaikanlagen mit definierten Leistungsgrößen (kWp) ergeben sich für die Grundleistungen hierbei in der Regel sicher kalkulierbare Pauschalen. Beispiel:

In Grundleistungen enthaltene Leistungen:	pauschal	xxx €
• visuelle Besichtigung bzw. Inspektion in Anlehnung an DIN VDE 0126-23-1 • elektrische Prüfung nach DIN VDE 0105-100 mit • Besichtigen der elektrischen Anlage • Funktionsprüfung • Messung mit Messprotokoll • Prüfung Ist-/Soll-Ertrag (spezifischer Jahresertrag) • Inspektionsbericht		
Zusätzliche Leistungen der Inspektion		
• Kennlinienmessung pro String • Thermografieaufnahme • …	Stück pauschal	xxx € xxx €
Zusätzliche Leistungen bei Reparatur/Instandsetzung		
• Ersatz Überspannungssicherung DC-seitig • Ersatz FI-Schutzschalter Typ … • Ersatz Steckverbindung DC Typ … • Modulreinigung • …	Stück Stück Stück m^2	xxx € xxx € xxx € xxx €

Tab. 4.1: Beispiel für Angebotspositionen und Einheitspreisangaben

4.7.2 Preisanpassungen

Bei Verträgen mit langen Laufzeiten ist es sinnvoll, entsprechende Preisanpassungsklauseln im Vertrag mit aufzunehmen. Hierdurch sollen die im Allgemeinen erwartenden Preissteigerungen bei Löhnen, Materialien oder Ausführungstechniken berücksichtigt werden. Ohne solche Anpassungsklauseln würde die Vergütung der vertraglich vereinbarten Leistung über die gesamte Laufzeit des Vertrages gleich bleiben. Dies bedeutet ein erhebliches Kostenrisiko für den Auftragnehmer, da zumindest bei den Lohnkosten, welche eine nicht unwesentliche Größe der Teilleistungen bei Wartungs-, Inspektions- und Instandhaltungsverträgen darstellt, mit einem Kostenanstieg zu rechnen ist.

Vorformulierte Preisanpassungsklauseln sind, wie bereits erläutert, zumindest dann nicht als kritisch zu betrachten, soweit dem Auftraggeber zugleich mit der Preisanpassung ein vertragliches Kündigungsrecht eingeräumt wird. Die vereinbarten Preise können auch für die ersten zwei oder drei Jahre als fest vereinbart werden, bevor eine Preisanpassung vorgenommen werden soll.

Wichtig ist, dass die Preisanpassung nachvollziehbar über Formel ermittelt wird. Faktoren sind hierbei der prozentuale Lohnanteil eines Pauschalpreises und die Lohnerhöhung seit Vertragsabschluss. Das Gleiche gilt für Materialpreise.

4.8 Vertragslaufzeit

Da es für die Inspektions- und Instandsetzungsverträge verschiedene Vertragsvarianten gibt – von einer Einmalleistung über einen zeitlich befristeten Vertrag bis zu einem zeitlich unbefristeten Vertrag – ergeben sich auch verschiedene Möglichkeiten im Hinblick auf die Laufzeit, die Möglichkeit einer vorzeitigen Beendigung oder einer Verlängerung des Vertrages.

Auch der Beginn, d. h. der Zeitpunkt des Vertragsabschlusses kann sehr individuell sein:

- bereits bei Kaufvertragsabschluss der Anlage
- unmittelbar vor der Abnahme oder eine bestimmte Frist nach Abnahme (gekoppelt z. B. mit einer Garantieverlängerung)
- individueller Zeitpunkt – auch nach längerem Betrieb der Anlage.

Bei einem Dauerschuldverhältnis, d. h. Vertrag auf unbestimmte Zeit, sind die Einbeziehung einer ordentlichen Kündigungsfrist und auch diejenige einer außerordentlichen Kündigungsfrist unerlässlich. Der Auftraggeber muss eine Möglichkeit erhalten, sich vom Vertrag lösen zu können und keine »Knebelverbindung« einzugehen. Für die Kündigungsregelungen ist der § 649 BGB aus dem Werkvertragsrecht als ungeeignet anzusehen. Dementsprechend sollen hier geeignete Regelungen z. B. aus dem Dienstvertrag (§ 620 und 621 BGB) gefunden werden. Darüber hinaus gelten bei außerordentlichen Kündigungen auch diejenigen Regelungen des Werkvertragsrechtes uneingeschränkt, z. B. bei nicht vertragsgemäß erbrachter Leistung oder unterlassener Mitwirkung des Auftraggebers.

Verlängerung des Vertrages durch Fristablauf

Eine automatische oder stillschweigende Verlängerung nach Fristablauf eines befristeten Dauervertrages hat den Sinn, dass ohne Mittun der Vertragsparteien sich der Vertrag um eine bestimmte Zeit verlängert. Wichtig dabei zu wissen ist, dass gegenüber Verbrauchern eine stillschweigende Verlängerung nach dem AGB-Recht nicht mehr als ein Jahr betragen darf. Ihnen ist darüber hinaus ein vorheriges Kündigungsrecht einzuräumen.

4.9 Haftung/Gewährleistung/Garantie

4.9.1 Garantie und Gewährleistung

Zu unterscheiden ist grundsätzlich zwischen Gewährleistung und Garantie. Die Begriffe Garantie, Gewährleistung und Produkthaftung spielen in der Praxis eine nicht unbedeutende Rolle. Sie werden jedoch vielfach nicht richtig angewendet, falsch verstanden oder verwechselt.

Gewährleistung

Mit der Schuldrechtsreform vom 01.01.2001 ist der Begriff des Mängelanspruches an die Stelle des Gewährleistungsanspruches getreten. Das BGB verwendet den Begriff Gewährleistung selbst nur am Rande (vgl. §358, §365 BGB) und spricht sonst von Mängelansprüchen. Bei der Gewährleistung handelt es sich um Ansprüche, die dem Käufer im Rahmen eines Kaufvertrags zustehen, bei dem der Verkäufer eine mangelhafte Ware oder Sache geliefert hat. Auch beim Werkvertrag gibt es eine Gewährleistung für Mängel des hergestellten Werks.

Im Kaufrecht in §437 BGB und im Werkvertragsrecht in §634 BGB werden die Rechte genannt, die dem Käufer bzw. dem Besteller im Werkvertragsrecht bei Vorliegen eines Mangels zustehen. Die nähere Ausgestaltung der einzelnen Mängelansprüche ergibt sich aus den in §437 und §634 BGB genannten einzelnen Vorschriften des Kauf- und Werkvertragsrechts, wobei zum Teil auf Vorschriften des Allgemeinen Schuldrechts verwiesen wird. Die Regelung des Gesetzes mit mehrfachen Verweisungen ist kompliziert und für Nichtjuristen daher nicht immer verständlich.

Die Gewährleistung umfasst sowohl die Haftung für Sachmängel, d.h. Mängel in Bezug auf die Beschaffenheit des geschuldeten Werkes, als auch für Rechtsmängel. Der Mangel muss bei Gefahrenübergang (also meist nach §446 BGB bei Übergabe der Sache oder bei §640 bei Übergabe des Werkes) vorliegen. Jedoch können auch später auftretende Defekte Sachmängel sein, wenn sie schon bei Gefahrübergang im Keim angelegt waren. Ein Sachmangel besteht, wenn eine Abweichung von der vereinbarten Beschaffenheit, §434 Abs.1 BGB vorliegt. Existiert eine Vereinbarung über die Beschaffenheit, dann liegt kein Sachmangel vor, wenn die Sache bei Gefahrenübergang die vereinbarte Beschaffenheit hat. Ohne eine solche Vereinbarung liegt dann ein Sachmangel vor,

- wenn sie sich nicht für die nach dem Vertrag vorausgesetzte Verwendung eignet, §434 Abs.1 Satz 2 Nr.1 BGB
- wenn sie sich nicht für die gewöhnliche Verwendung eignet oder
- eine Beschaffenheit aufweist, die nicht der üblichen Beschaffenheit von Gütern der gleichen Art entspricht, §434 Abs.1 Satz 2 Nr.2 BGB.

Zur Beschaffenheit gehören gemäß §434 Abs. 1 Satz 3 BGB auch Eigenschaften, die der Käufer nach den öffentlichen Äußerungen des Verkäufers oder Herstellers (insbesondere aus der Werbung) erwarten kann. Beispielsweisewird ein Auto in der Werbung mit einem Verbrauch von vier Litern angepriesen, während der tatsächliche Verbrauch sechs Liter beträgt. Bei einer Photovoltaikanlage kann das vom Anbieter berechnete Ertragsverhalten eine Eigenschaft sein, welche die Beschaffenheit der Photovoltaikanlage definiert.

Ein Sachmangel kann aber auch eine Falschlieferung sein. Es wird eine andere als die verkaufte Sache (sogenanntes Aliud) oder zu geringe Menge geliefert, §434 Abs. 3 BGB. Beispiel: Der Verkäufer liefert anstelle von monokristallinen Modulen polykristalline Module.

Für die Beweislast gilt allgemein §363 BGB. Hat der Auftraggeber im Werkvertragsrecht die Sache abgenommen (§640 BGB), trifft diesen die Beweislast für den Sachmangel an sich und dafür, dass dieser Mangel von Anfang an vorhanden war, wenn er Mängelansprüche geltend macht. Abweichend gilt beim Verbrauchsgüterkauf (§474 BGB) teilweise nach §476 BGB eine Beweislastumkehr in Form einer Vermutung. Hier wird in den ersten sechs Monaten nach Übergabe vermutet, dass der Mangel schon bei der Übergabe vorlag, es sei denn, diese Vermutung ist mit der Art der Sache (beispielsweise bei typischen Verschleißteilen) oder des Mangels (etwa weil der Mangel so offensichtlich ist, dass er bereits beim Kauf hätte bemerkt werden müssen) unvereinbar . Erst danach muss der Käufer die Mangelhaftigkeit bei Übergabe beweisen.

Die große Problematik bei der Beweislast ist, dass es dem Verbraucher nicht möglich ist, ohne den erheblichen Aufwand eines Gutachtens nachzuweisen, dass ein Mangel von Anfang an vorhanden war. In der Regel ist aber zu berücksichtigen, dass ein Schadensereignis darauf verweist, dass der Mangel eben von Anfang an vorhanden war, insbesondere dann, wenn andere Gegenstände gleicher Gattung diesen Schaden nicht aufweisen und ansonsten nicht zu erkennen ist, inwiefern der Kunde diesen Schaden verursacht haben sollte.

Die Folgen des Sachmangels aus dem Werkvertragsrecht, welches grundsätzlich auf Wartungs-, Inspektions- und Instandsetzungsverträge anzuwenden ist, ergeben sich aus den gesetzlichen Bestimmungen des BGB und auch nur in dieser Reihenfolge:

- (zunächst nur) Anspruch auf Nacherfüllung (§635 BGB),
- dann Anspruch auf Ersatz der Aufwendungen und Vorschuss bei Selbstvornahme (§637 BGB)
- oder Rücktrittsrecht (§634 Nr. 3 BGB und die dort genannten Vorschriften)
- oder Minderung (§638 BGB),
- Anspruch auf Schadensersatz (§634 Nr. 4 BGB und die dort genannten Vorschriften).

Während beim Kaufvertrag grundsätzlich der Käufer bestimmt, welche Art der Nacherfüllung zu erbringen ist, d. h. Reparatur oder Neubeschaffung, liegt dagegen im Werkvertragsrecht im Falle des Nacherfüllungsverlangens des Bestellers (des Kunden) das Wahlrecht beim Werkunternehmer: Der Unternehmer kann entscheiden, ob er den Mangel beseitigt oder ein neues Werk erstellt (vgl. §635 Abs.1 BGB).

Nach §438 Abs.1 Nr.3 BGB beträgt die Verjährungsfrist für die Ansprüche aus Gewährleistung seit 1. Januar 2002 im Regelfall zwei Jahre, beginnend mit Übergabe der Kaufsache. Diese kann vertraglich grundsätzlich geändert, komplett ausgeschlossen oder auf bis zu 30 Jahre ausgedehnt werden. Eine Ausnahme gilt lediglich für den Verbrauchsgüterkauf (§474 BGB), wo eine Verkürzung nur bei gebrauchten Kaufsachen und dort maximal auf ein Jahr möglich ist (§475 Abs.2 BGB). Beim Werkvertrag beträgt die Verjährungsfrist fünf Jahre.

Garantie

Von der gesetzlich im BGB vorgeschriebenen Gewährleistung ist die Garantie zu unterscheiden. Diese ist insofern freiwillig, als es keine gesetzliche Verpflichtung zur Abgabe eines Garantieversprechens gibt. Dies bedeutet, dass ein Hersteller, Verkäufer oder Anlagenerrichter ein freiwilliges Garantieversprechen abgeben kann, dessen Bedingungen ausschließlich durch den Garantiegeber bestimmt werden.

Bei einer Garantie verpflichtet sich der Garantiegeber grundsätzlich zu einem bestimmten Handeln in einem bestimmten Fall. Nicht zu verwechseln ist diese mit der gesetzlichen verankerten Mängelgewährleistung. Die Garantie beinhaltet also eine freiwillige Selbstverpflichtung des Händlers oder Herstellers, die über den Kaufvertrag hinausgeht. Es gibt dabei die unterschiedlichsten Formen von Garantien:

- Preisgarantie (Rücknahme oder Preisangleichung wenn die Konkurrenz billiger ist)
- Zufriedenheitsgarantie (befristetes Rückgaberecht bei Unzufriedenheit mit dem Produkt)
- x Jahre Garantie für »...« (Garantieumfang wird meist konkret genannt).

Zu Marketingzwecken gibt es noch eine Vielzahl von Garantien, welche dem Käufer gewisse Vorteile versprechen. Da die Wahl des Garantienamens jedoch nicht an bestimmte Regeln gebunden ist, muss der Käufer genau darauf achten, in welchen Fällen und in welchem Umfang der Schaden oder die Reparatur auch zum Garantiefall werden. Grundsätzlich existieren als übergeordnete Kategorien die Beschaffenheits- und die Haltbarkeitsgarantie.

Damit eine Garantie wirksam ist, muss diese zunächst erklärt werden. Durch die einseitige Erklärung der Garantie wird der Garantiegeber rechtlich an diese gebunden. Wichtig ist, dass Garantieansprüche unabhängig von gesetzlichen Mängelansprüchen bestehen. Oftmals werden Garantien auf bestimmte Teilbereiche beschränkt, da der Verbraucher durch seine Mängelrechte ausreichend geschützt ist. Die Garantie darf jedoch zumindest den Verbraucher nicht in der Form benachteiligen, als diese ad absurdum geführt wird, d.h. ihre Werthaltigkeit nahezu auf Null gesetzt ist. Modulhersteller haben vielfach mit sehr hohen Produkt- und Leistungsgarantien geworben. In den Garantiebedingungen wurden die Garantieleistungen jedoch sehr oft stark eingeschränkt oder die Nachweispflicht des Garantiefalles dem Kunden mit scheinbar nicht zumutbaren Aufwendungen (Labormessungen, etc.) aufgezwungen, sodass letztendlich diese Garantien kaum durchsetzbar erschienen. Dies hatte entsprechende Abmahnungen sowohl seitens der Verbraucherzentralen als auch durch Gerichte zur Folge.

4.9.2 Produkthaftung

Bei der Mängelhaftung richtet man seine Ansprüche direkt an seinen Händler. Sie umfassen die mangelbedingte eingeschränkte Nutzungsmöglichkeit der Sache. Die Produkthaftung dagegen umfasst weitere Schäden an Leben, Gesundheit, Eigentum und weiteren Rechtsgütern, die gerade durch die Mangelhaftigkeit der Sache entstanden sind. Hier bestehen Ansprüche direkt gegen den Hersteller oder Produzenten. Bei privater Nutzung sieht das Produkthaftungsgesetz Schadensersatzansprüche vor. Liegt eine gewerbliche Nutzung vor, können diese aus §823 BGB abgeleitet werden. Bei der Produkthaftung besteht im Gegensatz zu den Mängelgewährleistungsrechten nicht die Möglichkeit der Nachbesserung.

4.9.3 Eigenschaft des Unternehmers/Verbrauchers

Die vertragsrechtlichen Angelegenheiten, insbesondere im Hinblick auf Gewährleistungen und Verbraucherschutz unterscheiden sich bei Vertragsvereinbarungen zwischen Unternehmern und Vertragsvereinbarung zwischen Unternehmer und Verbraucher erheblich.

Käufer einer Photovoltaikanlage, welche die Energie ganz oder teilweise ins öffentliche Netz einspeisen und dafür Vergütung nach dem Erneuerbare Energien-Gesetz (EEG) erhalten, sind steuerrechtlich in der Regel Unternehmer. Strittig war bislang die Frage, ob sie auch zivilrechtlich als Unternehmer oder doch als Verbraucher anzusehen sind – der Unterschied ist für die Betroffenen gravierend. Hierzu hat sich bereits der Bundesgerichtshof (BGH) geäußert[5].

Zivilrechtlich ist der Anlagenkäufer nach Auffassung des BGH als Verbraucher anzusehen. Damit genießt er den vollen Verbraucherschutz des Bürgerlichen Gesetzbuches (BGB). Das BGB geht grundsätzlich davon aus, dass Verbraucher gegenüber Unternehmen die schwächere Partei sind. Bei Kaufverträgen gelten deshalb feste Regeln, etwa für Gewährleistung, Verjährungsfristen und Haftungsausschlüsse, die Verkäufer einhalten müssen, wenn sie mit Privatleuten Geschäfte machen.

Wer sich z. B. in den eigenen vier Wänden bei einem Beratungsgespräch für eine Photovoltaikanlage entscheidet, kann als Verbraucher innerhalb von 14 Tagen den Vertrag widerrufen. Für Unternehmen hingegen gibt es solch ein gesetzliches Widerrufsrecht für sogenannte Haustürgeschäfte nicht. In konkreten Fällen sahen sich Käufer von Photo-

5 BGH Anerkenntnisurteil VII ZR 121/12 vom 09.01.2013

voltaikanlagen in der Vergangenheit mit Schadensersatzforderungen in Höhe von mehreren tausend Euro konfrontiert, wenn sie voreilige Kaufentschlüsse rückgängig machen wollten. Gegenüber Verbrauchern sind solche Forderungen jedoch unzulässig.

Anlass für die BGH-Äußerung war die Klage eines Privatmannes, der eine Photovoltaikanlage gekauft hatte. In der mündlichen Verhandlung vertrat der BGH die Auffassung, der Käufer sei als Verbraucher einzuordnen. Der private Betrieb einer Photovoltaikanlage wird vom BGH als Vermögensverwaltung gesehen und nicht als gewerblicher Betrieb mit den entsprechend erforderlichen Einrichtungen. Dagegen spräche auch nicht die aufgeworfene umsatzsteuerliche Frage. Denn es ist ständige Rechtsprechung, dass die steuerliche Einordnung keine Auswirkung auf die zivilrechtliche Einordnung hat. Überdies besteuert der Gesetzgeber umsatzsteuerrechtlich gemäß § 2 UStG jegliche Einnahmen aus nachhaltiger Tätigkeit, auch wenn Gewinnerzielungsabsicht fehlt. Damit fallen Anwendungsbereich von Umsatzsteuerrecht und Verbraucherrecht auseinander, die Umsatzsteuerpflichtigkeit von Anlagenbetreibern ist aus verbraucherrechtlicher Sicht eher zufällig.

Der Verkäufer erkannte daher noch vor einer höchstrichterlichen Entscheidung an, dass der Kunde sein Geld zurückbekommt. Auch wenn es deshalb zu keinem höchstrichterlichen, sondern »nur« zu einem Anerkenntnisurteil gekommen ist, kann man sich zukünftig an dieser Auffassung orientieren.

4.10 Schlussbemerkung

Die vorangegangenen vertragsrechtlichen Betrachtungen und Abhandlungen wurden sorgfältig recherchiert. Sie haben jedoch keinen Anspruch auf Vollständigkeit und Anwendbarkeit auf alle möglichen Vertragskonstellationen. Insbesondere bei Photovoltaikanlagen ist sich die Rechtsprechung oft noch uneins. Die obersten Gerichte haben sich in der Vergangenheit bereits vielfach mit der vertraglichen Behandlung von Photovoltaikanlagen beschäftigt. Grundsätzlich besteht nach aktueller Rechtsprechung bei der Installation einer Photovoltaikanlage der Vertragstypus des Kaufvertrages mit Montageverpflichtung. Dies kann sich jedoch in Einzelfällen rechtlich differenzierter darstellen. Das Gleiche gilt auch für sogenannte Wartungsverträge für Photovoltaikanlagen, für die es noch keine Rechtsprechungen gibt.

Der Installateur, welcher sich mit sogenannten Serviceverträgen (Wartung, Inspektion, Instandsetzung) auseinandersetzt, ist grundsätzlich gut beraten, diese mit einem Anwalt abzustimmen, um spätere Unstimmigkeiten und Streitigkeiten zu vermeiden. Für den Anlagenbetreiber ist es wichtig zu wissen, welchen Leistungsumfang und welche Zuverlässigkeit er vom Installateur erwarten kann.

Im Anhang 1 befindet sich ein Mustervertragsbeispiel für einen Überwachungs-, Inspektions- und Prüfungsvertrag für eine Photovoltaikanlage.

5 Inspektion und Prüfung in der Praxis

Elektrische Anlagen unterliegen in ihrer Lebenszeit gewissen Einflüssen, welche sich negativ auf die Dauerhaftigkeit, Anlagenverfügbarkeit und Sicherheit auswirken können. Daher sind solche Anlagen regelmäßig auf ihre Sicherheit zu prüfen. Hierzu gibt es entsprechende Regelwerke, die bereits angesprochen wurden.

Die Inspektion – gleichzusetzen mit der Prüfung einer Photovoltaikanlage – setzt sowohl eine fachliche Eignung des Prüfenden als auch entsprechende Vorbereitungen voraus. Aus diesem Grunde ist es zum einen wichtig, das, was ein elektrischer Laie selber machen kann, von dem, was zwingend durch eine Elektrofachkraft zu tun ist, zu trennen. Gehören bei einer reinen visuellen Prüfung teilweise bereits entsprechendes Fachwissen und Qualifikation dazu, ist dies, wenn z. B. Stromkreise zu Messungen aufgetrennt werden oder man sich anderweitig Zugang zu offenen, stromführenden Bauteilen verschafft, zwingend durch eine Fachkraft zu erledigen.

In diesem Kapitel soll nunmehr der Einstieg in den praktischen Teil der Inspektion und Wartung von Photovoltaikanlagen gefunden werden.

5.1 Unfallverhütung

Der Umgang mit baulichen Anlagen, mit elektrischem Strom sowie das Begehen von Dächern setzen voraus, dass man an erster Stelle an die eigene Sicherheit denkt. Bereits bei der Errichtung einer Photovoltaikanlage sollte es bei den Fachkräften bekannt sein, obgleich die Arbeitsroutine Vieles wieder vergessen macht. Für den Anlagenbetreiber ist es ebenso wichtig, Unfällen vorzubeugen. Photovoltaikanlagen befinden sich in ihrer Mehrzahl auf einem Gebäudedach und besitzen stromführende Bauteile.

Es ist deshalb wichtig, sich immer wieder die Gefahren sowohl des elektrischen Schlages als auch der Absturzgefahr von Dächern in Erinnerung zu rufen.

5.1.1 Gefahr des elektrischen Schlages

Der Zugang zu elektrischen Bauteilen außerhalb der von Laien sicher bedienbaren Elemente, wie Schalter, Sicherungen etc., gehört in die Hand einer Elektrofachkraft.

Hierbei ist an die 5 Sicherheitsregeln zu erinnern:

- Freischalten
- gegen Wiedereinschalten sichern
- Spannungsfreiheit feststellen
- Erden und Kurzschließen
- benachbarte, unter Spannung stehende Teile abdecken oder abschranken.

Auch beim reinen Prüfen und Messen bleibt es nicht aus, dass man mitunter Spannung stehenden Anlagenteilen gegenüber steht. Bestimmte Messverfahren sind zudem ausschließlich bei unter Spannung stehenden Betriebsmitteln durchzuführen.

Problematisch dürfte hinsichtlich der Freischaltung sein, dass z. B. die Stringleitungen der Generatoren, soweit die einzelnen Module im String miteinander verbunden sind, Spannungen von bis zu 1000 Volt aufweisen können und ein Freischalten in dem Sinne nicht möglich ist. Daraus folgt, dass, soweit z. B. an Strangkabeln gearbeitet werden muss, dies als »Arbeit unter Spannung« gemäß DIN VDE 0105-100 (Betrieb von elektrischen Anlagen – Teil 100: Allgemeine Anforderungen, Abschnitt 6.3), anzusehen ist. Sowohl die VDE 0105-100 als auch die DGUV Vorschrift 3 (Elektrischen Anlagen und Betriebsmittel), stellen hier besondere Anforderungen an die Elektrofachkraft.

Es soll an dieser Stelle auch nochmals in Erinnerung gerufen werden, dass das Abziehen unter Last stehender Stringleitungen vom Wechselrichter ohne vorherige Freischaltung oder das Trennen bei Last von Steckverbindungen zu einer erheblichen Lichtbogenbildung führen und zu entsprechenden Verletzungen beitragen kann.

5.1.2 Gefahr des Absturzes

Der Absturz ist mit Abstand die häufigste Unfallursache bei der Installation und Instandhaltung von PV-Dachanlagen, obgleich die Sicherheit auf dem Dach gesetzlich geregelt ist. Grundlage bilden die Unfallverhütungsvorschriften der Berufsgenossenschaft. Bereits in der Vorschrift DGUV Vorschrift 1 werden die Grundsätze der Prävention genannt. Darin sind die Pflichten für den Unternehmer genannt, welcher u. a. die geeigneten und erforderlichen Maßnahmen zur Verhütung von Arbeitsunfällen zu treffen hat. Die Berufsgenossenschaft bezieht sich hierbei auf § 5 des Arbeitsschutzgesetzes.

Um geeignete Maßnahmen treffen zu können, muss der Unternehmer zunächst eine allgemeine Gefährdungsbeurteilung des Arbeitsplatzes vornehmen. Bei Solarunternehmern bedeutet dies, dass jedes Dach individuell auf seine spezifischen Gefährdungspotenziale hin neu beurteilt werden muss. Das Verfahren hierzu legt die Technische Regel für Betriebssicherheit (TRBS) 1111 fest. Diese besagt, dass der Arbeitgeber die notwendigen Maßnahmen für die sichere Bereitstellung und Benutzung der Arbeitsmittel auf der Grundlage einer Gefährdungsbeurteilung nach §5 des Arbeitsschutzgesetzes in Verbindung mit §3 der Betriebssicherheitsverordnung zu ermitteln hat.

Der Unternehmer muss seine Mitarbeiter in den speziellen Gefahren unterweisen und dies auch dokumentieren. Zu den Gefahren auf einem Dach zählen u.a. die Absturzkanten und Lichtbänder. Sind solche Gefahren vorhanden, muss der Unternehmer geeignete Maßnahmen treffen, welche in der TRBS 2121 geregelt sind.

Primäre Absturzsicherungen haben grundsätzlich die höchste Priorität. Hierzu zählen Fanggerüste, Geländer, Seitenschutz und Abdeckungen. Lassen sich aus arbeitstechnischen Gründen solche Absturzsicherungen nicht verwenden, müssen Schutzeinrichtungen zum Auffangen abstürzender Arbeiter vorhanden bzw. verwendet werden. Dies sind u.a. Schutznetze oder Fanggerüste.

Sind sowohl primäre Absturzsicherungen als auch Schutzeinrichtungen aus baulichen Gründen nicht möglich bzw. wirtschaftlich vertretbar, tritt an letzter Stelle die persönliche Schutzausrüstung (PSA). Dies bedarf jedoch einer Gefährdungsbeurteilung im Einzelfall.

In der DGUV Information 201-054 – Dach-, Zimmer- und Holzbauarbeiten (DGUV Information 201-054) (herausgegeben von der Deutschen Gesetzlichen Unfallversicherung DGUV, Glinkastraße 40, 10117 Berlin, Ausgabe Oktober 2015) werden entsprechende Vorgaben auch im Hinblick auf Inspektionsarbeiten gemacht.

Weitere Vorschriften bzw. Informationsschriften der Deutschen Gesetzlichen Unfallversicherung sind

- DGUV Information 203-080 »Montage und Instandhaltung von Photovoltaik-Anlagen« (Stand April 2015)
- DGUV-Information 203-058 »Schutz gegen Absturz bei Arbeiten an elektrischen Anlagen auf Dächern« (bisher BGI/GUV-I8683)
- DGUV-Regel 112-198 »Benutzung von persönlichen Schutzausrüstungen gegen Absturz« (bisher BGR/GUV-R 198).

Dacharbeiten bei Dachneigung						
	I	II	III	IV	V	VI
Ort / Tätigkeit	≤ 20° Dachrand (Attika)	≤ 20° Dachmitte	> 20° ≤ 60° Traufe + Dachfläche	> 60° Traufe + Dachfläche	Ortgang	oberer Pultdachabschluss
A Inspektion*	1	1	1/8	1/8	1/8	1/8
B kurzzeitige Dacharbeiten**	8	10	8	8	8	8
C Dacharbeiten	2/3/5	10/11	4/6/11	9/11	2/5/7	2/5

1 Absturzsicherungen nach Abschnitt 4.3.7.1
2 Seitenschutz
3 Flachdachsicherungssysteme
4 Dachschutzwände
5 Fanggerüste/Schutznetze
6 Dachfanggerüste
7 Ortgangsicherungssysteme
8 Anseilsicherung
9 Arbeitsgerüste
10 Absperrungen mindestens 2 m vom Rand
11 Beim Arbeiten an der Verlegekante und einer Absturzhöhe von mehr als 5,00 m nach innen Fanggerüste oder Schutznetz
* Inspektionsarbeiten sind Dacharbeiten zur Feststellung und Beurteilung des Istzustandes der Dachfläche
** Kurzzeitige Dacharbeiten sind solche, bei denen der Gesamtumfang der Dacharbeiten nicht mehr als 2-Personentage umfasst, siehe auch Abschnitt 4.3.5

Tab. 5.1: Absturzsicherungen bei Dacharbeiten [Quelle: angelehnt an DGUV Information 201-054]

Besondere Vorsicht ist bei älteren Faser- bzw. Asbestzementdächern geboten. Das Betreten solcher Dächer kann lebensgefährlich sein. Nach der Gefahrenstoffverordnung vom 23.12.2004 Anhang IV Ziff. 1 ist das Überbauen von asbesthaltigen Dacheindeckungen verboten. In den Technischen Regeln für Gefahrenstoffe TRG 519:2001 gab es unter Ziff. 4 bereits ein Expositionsverbot, worunter in der aktuellen Ausgabe aus 2007 unter Ziff. 4 (3) auch das Anbringen von Solaranlagen auf asbesthaltigen Dacheindeckungen nunmehr explizit genannt ist. Dennoch sind Photovoltaikanlagen nicht selten auf solchen Dachflächen anzutreffen.

Ohne zusätzliche Sicherung gegen Durchbrechen und Absturz ist von einem Betreten solcher Dachflächen dringend abzuraten.

Bild 15: Bereits bei der Errichtung nicht zulässig: überbaute Asbestzementdächer

Auch Lichtkuppeln und Lichtbänder in Dachflächen stellen ein erhebliches Gefahrenpotenzial dar. Diese halten in der Regel eine höhere Belastung, z. B. aus einem Sturz, nicht aus und können zudem leicht durchtreten werden. Auf Flachdächern stellen deshalb Anschlagpunkte und Angurtsicherungen mit eine Grundvoraussetzung dar, um eine Photovoltaikanlage sicher begehen zu können.

Bild 16: Seltener Anblick: Flachdach mit Sicherungseinrichtung

Problematisch gestalten sich auch Dachflächen, welche komplett mit Generatoren überdeckt sind, d. h. ohne Wartungsgänge. Die gute Absicht, die Dachfläche optimal mit der Modulbelegung auszunutzen, stellt bei Inspektionen oder auch beim Austausch defekter Module das Fachpersonal oft vor anscheinend unlösbaren Zugangsproblemen, welche ohne aufwendige Hilfsmittel, wie z. B. Hubsteiger oder den teilweisen Rückbau von Modulen, anderweitig oftmals nicht zu bewerkstelligen ist. Das ungesicherte Begehen von Modulen birgt nicht nur die Gefahr von deren Beschädigung, sondern auch eine erhöhte Absturzgefahr.

Bild 17: volle Dachflächenausnutzung – Wartungsgänge?

Bild 18: Modulmontage bis an exponierte Stelle am Dachrand – Absturzsicherung?

Zahlreiche Unfälle belegen, dass mit dem Thema Absturzgefahr zu leichtsinnig umgegangen wird. Immer wieder liest man auch in der Zeitung von Unfällen, gerade auch im Bereich der Photovoltaik. Unfallverhütungsvorschriften sind keine lapidaren Hinweise. Bisherige Unfälle und Erfahrungen spiegeln die Tragik wider– ob Lichtband oder altes Faserzementdach, ob Todesfall oder Pflegestufe III.

6 Anlagenbesichtigung – Inspektion

6.1 Grundlegendes

6.1.1 Besichtigung

Durch Besichtigung ist u. a. festzustellen, ob die Photovoltaikanlage mit ihren Betriebsmitteln

- äußerlich erkennbare Schäden oder Mängel aufweist
- den äußeren Bedingungen standhält
- den in den Errichtungsnormen enthaltenen zusätzlichen Festlegungen für Betriebsstätten, Betriebsräumen und Anlagen besonderer Art entspricht bzw. noch entspricht
- den Schutz gegen direktes Berühren aktiver Teile elektrischer Betriebsmittel noch gewährleistet,
- den Schutzmaßnahmen bei indirektem Berühren oder im Fehlerfall noch den Errichternormen entspricht.

6.1.2 Bauteilgruppen der Photovoltaikanlage

Eine netzgekoppelte Photovoltaikanlage gliedert sich in bestimmte Bauteilgruppen. Angefangen von der Befestigung der Module bzw. dessen Tragsystem, über das Generatorfeld, der Gleichstromseite bis zu den Wechselrichtern und weiter über die Unterverteilung zum Netzanschluss. Auch örtlich fest installierte Speichermedien werden immer mehr Bestandteil von PV-Anlagen.

Für die Inspektion gibt die DIN VDE 0126-23-1 sowie VDE 0126-23-2 für diese Bauteile entsprechende Hinweise.

Im Bereich der wechselstromseitigen Elektrotechnik werden die elektrotechnischen Prüfungen und deren Durchführung mit den Hinweisen und Anforderungen aus der DIN VDE 0105-100 ergänzt.

Ziel einer Inspektion ist es, in koordinierter Weise alle Anlagenteile in die Besichtigung mit einzubeziehen.

Die Besichtigung einer Photovoltaikanlage ist die visuelle Inspektion der einzelnen Anlagenteile. Bei einer jährlichen Prüfung nach DIN VDE 0105-100 kann sich diese in der

Regel auf die Unterverteilung und Wechselstromseite sowie deren Schutzeinrichtungen beschränken. Sollten sich bei der Besichtigung Zweifel über den Zustand der übrigen Komponenten der Photovoltaikanlage ergeben, ist die Besichtigung auch auf diese auszuweiten.

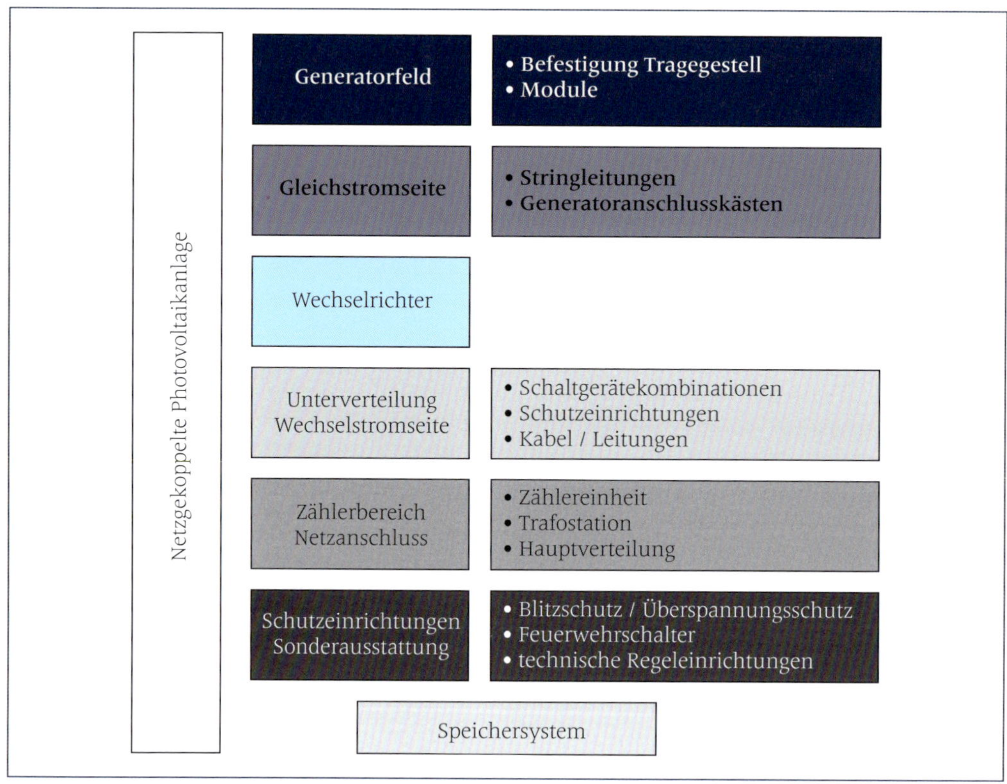

Bild 19: Bauteilgruppenübersicht einer Photovoltaikanlage

Bei der regelmäßigen Prüfung der Gesamtanlage erstreckt sich die Besichtigung auf alle Anlagenkomponenten nach DIN VDE 0126-23 Teil 1 und Teil 2, also angefangen vom Generatorfeld bis zum Netzanschlusspunkt.

Die angegebenen Zeiträume sind normative Mindestanforderungen bzw. Vorgaben der berufsgenossenschaftlichen Vorschriften. Im Zuge eines Inspektionsvertrages können durchaus kürzere Fristen angezeigt sein. Dies ist z. B. bei Freianlagen sinnvoll, da sich hier sogenannte Wartungsarbeiten in der Regel auch auf den landschaftspflegerischen Teil – sprich Mähen und Schneiden von Bewuchs – ausdehnen und eine Besichtigung oftmals einfacher durchzuführen ist als bei einer Dachanlage. Auch Herstellerangaben können zu kürzeren Prüfungen führen. Ebenso können bestimmte Betriebsweisen der PV-Anlage, wie zum Beispiel ein aktiv geerdeter Pol der Gleichstromseite, verkürzte Prüfintervalle (Isolationsmessung) erforderlich machen.

6.1.3 Fehlererkennung

Die Fehlererkennung ist neben der fachgerechten Instandsetzung eine der wichtigsten Voraussetzungen einer fachgerechten Inspektion bzw. Prüfung und Wartung. Es bedarf deshalb hier eines geschulten und erfahrenen Auges, auch kleine Fehler erkennen zu können.

Problematisch wird es zumindest dann, wenn Fachkräfte eigene Fehler aus der Installation erkennen sollen. Der Umgang damit kann zur Herausforderung werden: Was bei fremderrichteten Anlagen kein Problem ist, kann bei durch die eigene Firma errichteten Anlagen schnell peinlich werden. Letztendlich hilft es aber nicht weiter, Fehler absichtlich zu übersehen, denn bei einer Prüfung und Wartung begibt man sich genauso in eine Haftungssituation wie bei der Neuerrichtung. Im Kapitel 4 »Rechtliche Rahmenbedingungen« wurde auf die haftungsrechtlichen Aspekte bereits hingewiesen. Man sollte deshalb beim Entdecken von eigenen Fehlern die Karten offen auf den Tisch legen.

Bild 20: Nicht immer sind Fehler so objektiv erkennbar.

6.2 Planung/Verschattung

Auch wenn die Inspektion und die Prüfung einer Photovoltaikanlage erst einmal nichts mit Planungsgrundsätzen zu tun haben, so müssen sich diese jedoch mit solchen auseinander setzen. Denn mitunter resultieren nicht wenige Mängel aus einer unzureichenden oder auch mangelhaften Planung. Am augenfälligsten ist dies bei Verschattungen der Module. Die Planung einer Photovoltaikanlage beginnt mit einer Standortanalyse. Nicht immer wurden hierbei in der Vergangenheit die Planungsgrundsätze für eine Photovoltaikanlage eingehalten. Viele Gründe von Mindererträgen resultieren aus einer Nichtberücksichtigung von Verschattungen oder Teilverschattungen. Eine freie Dachfläche lockt bislang immer wieder Verkäufer und auch Besitzer dazu, so viel wie möglich auf das Dach zu bauen, obgleich weniger manchmal mehr wäre. Auch diese Umstände sind bei einer Inspektion und Prüfung zu beachten, um Rückschlüsse auf etwaige Mindererträge schließen zu können.

Es sollte daher bei Beginn der Inspektion geprüft werden:

- Wie ist die Photovoltaikanlage an und für sich auf dem Dach angeordnet?
- Kann es zu unmittelbaren (aus der Nähe) oder indirekten (aus der Ferne) Verschattungen kommen?
- Können sich tageszeitliche Teilverschattungen ergeben und sind diese bei der Planung (Verschaltung) berücksichtigt worden?
- Haben sich im Laufe der Zeit Verschattungssituationen gebildet, z.B. durch hoch aufwachsenden Bewuchs oder neue Bebauung in der Anlagennähe?

Bild 21: Teilverschattung in Verbindung mit falscher Stringverschaltung – bei diesem Beispiel senkrechte Verschaltung mit oberer, durch Dachvorsprung verschatteter Modulreihe – führen zu einem Schattendasein des gesamten Generators

Neben der Verschaltung spielt auch oftmals die Modulausrichtung bei Teilverschattungen eine Rolle. Es ist ein Unterschied, ob die Module über die einzelnen, mit Bypassdioden abgesicherten Busbars verschattet werden oder über alle Busbars gleichzeitig. Bei ersterem kann durch die Bypassdioden der Verschattungseffekt noch vermindert werden, bei letzterem ergibt sich eine Beeinträchtigung des gesamten Moduls und somit auch des gesamten Strings.

Bild 22: Zu geringer Reihenabstand und Hochkantmontage der Module bewirken« »Vollverschattung« der Module.

Natürlich können sich auch erst im Laufe der Zeit Verschattungen ergeben, z. B. durch Bewuchs. So kann sich ein noch relativ kleiner Baum in den Jahren zu einem – zumindest bei niedrigerem Sonnenstand – störenden Objekt entwickeln. Sehr schnell geht so etwas auch bei Freifeldanlagen. Nicht selten hat sich der Bewuchs zwischen den Modulfugen in den Sommermonaten empor gerungen und verschattet so unmerklich Teile der Module. Regelmäßige Bewuchspflege ist daher unabdinglich.

Bild 23: Bewuchs durch fehlende oder regelmäßige Grünpflege

Da sich auffällige Verschattungen in der Regel leicht feststellen lassen, sollte nicht verkannt werden, dass der Teufel auch im Detail steckt. Falsche Modulklemmungen oder fehlerhaft angebrachte Modulklemmen können ebenfalls die Leistung eines Moduls beeinträchtigen, insbesondere dann, wenn die Klemmbacken bis in den aktiven Zellbereich ragen. Bei gerahmten Modulen ist dies meist sehr selten ein Problem, jedoch eher schon bei ungerahmten Glaslaminaten. Gerade bei Dünnschichtmodulen mit ihren fast bis zum Randbereich reichenden Zellen macht es sicher einen Unterschied, ob man die Klemme an den kurzseitigen Zellenden anbringt oder im Längsbereich der Zelle. Bei letzterem wird bei einer Verschattung die Auswirkung auf das Modul am größten sein.

Bild 24: falsche Klemmseite am Modul – Modulklemme und deren Schatten ragen in aktiven Zellbereich

6.3 Trag- und Befestigungssysteme

Mit Besichtigung der mechanischen Konstruktion bzw. Tragsystems ist festzustellen,

- ob das Tragsystem die vorhandenen und anfallenden Belastungen aus Schnee, Wind und Eigengewicht bisher schadlos aufgenommen hat und mit den statischen Vorgaben aus der Planung noch übereinstimmt
- ob Schäden am Dach vorhanden sind, welche auf das Tragsystem zurückzuführen sind
- ob das Material des Tragsystems noch korrosionsbeständig ist
- ob bei einem erforderlichen Potenzialausgleich oder einer Funktionserdung dieser noch durchgängig und fachgerecht angebracht ist.

Die visuelle Besichtigung des Haltesystems ist bei einer dachinstallierten Photovoltaikanlage ein schwieriges Unterfangen, da die meisten Bauteile durch die Generatorfläche überbaut sind. Es bieten sich deshalb meist nur in den Randbereichen Möglichkeiten an, den Unterbau näher zu inspizieren um dann mögliche Rückschlüsse auf den Zustand des gesamten Unterbaus schließen zu können. Im Zweifelsfall müssen notfalls auch Teile der Photovoltaikanlage, sprich zwei oder drei Module, zurückgebaut werden.

Für Tragsysteme gibt es auf dem Markt eine Vielzahl von Herstellern, Ausführungsvarianten und Anwendungssystemen. Angefangen von Befestigungen bei Schrägdächern in Form von Dachhaken, Stockschrauben und Trapezschellen bis hin zu Aufständerungssystemen, welche am Dach befestigt oder ballastiert auf der Dachhaut stehen.

Planungs- und Ausführungsfehler sowie Mängel sind hier oftmals vorzufinden. Insbesondere die statischen Belange wurden gerade bei älteren Anlagen selten beachtet.

Darüber hinaus trifft man bei Dachanlagen auf ein eigenständiges Gewerk mit seinen spezifischen Regeln und technischen Ausführungsbestimmungen, dem Regelwerk des Deutschen Dachdeckerhandwerkes und der Flachdachrichtlinie. Hier kollidieren nicht selten die Interessen beider Gewerke, d. h. der Photovoltaikanlage und der Dacheindeckung, miteinander. Insbesondere beim Flachdach ergeben sich oft haarsträubende Situationen, welche nicht selten in einer Totalsanierung des Daches enden. Deshalb wird diesem Bauteil an anderer Stelle eine ausführliche Abhandlung gewidmet. Aber bereits beim Steildach sind oftmals viele Fehler festzustellen.

Detaillierte Grundanforderungen an Befestigungssysteme und Tragkonstruktionen bei PV-Systemen können der VDI-Richtlinie VDI 6012 Blatt 1.4 entnommen werden. Darin werden Lösungsmöglichkeiten sowie statische Anforderungen sowie Berechnungsgrundlagen genannt.

6.3.1 Modulbefestigungen

Die verschiedenen Tragsysteme für den Generator bestehen meist aus Stangenprofilen, auf denen entweder die Module direkt oder vorher nochmals kreuzweise Stangenprofile (»doppelter Unterbau«) aufgebracht sind. Für deren Befestigung ist die hierfür erstellte Systemstatik maßgebend. Die Abstände der Befestigungsraster orientieren sich hierbei in erster Linie an den statischen Anforderungen aus Schnee, Wind und Modulgewicht (DIN EN 1991 – Eurocode 1, ehemals DIN 1055), in zweiter Linie an den konstruktiven Befestigungsmöglichkeiten am Dach.

In der Regel werden für PV-Tragsysteme Metallkonstruktionen aus Aluminium und Edelstahl vorgesehen. Teilweise kommen auch kombinierte Materialien aus Metall und Kunststoff zum Einsatz. Wichtig hierbei ist, dass die Materialien aufeinander abgestimmt sind, sodass es zu keinen Korrosionen kommt oder Beeinflussungen der Dachhaut (z. B. Weichmacherentzug bei Foliendach durch Verwendung von Bautenschutzmatten).

Bild 25: Fehlerhafte Materialauswahl (auch ungewollt) – hier korrodierter blanker Sprengring – beeinflusst die Dauerhaftigkeit des gesamten Bauteiles der Befestigung (Stockschraube).

6.3.2 Statik

6.3.2.1 Grundsätze

Das Thema »Statik« bietet viel Anlass zu Diskussionen in Verbindung mit der Errichtung einer Photovoltaikanlage auf einem Gebäude. In den meisten Fällen werden die Zuständigkeiten zwischen Gebäudeeigentümer und Anlagenerrichter unterschiedlich interpretiert.

Nach der Musterbauordnung, welche die Grundlage der länderspezifischen Bauordnungen bildet, ist eine Photovoltaikanlage eine bauliche Anlage im Sinne des Baugesetzes. Neben der Regelung zur Gestaltung, dass sich ein Bauwerk harmonisch in die Umgebung einfügen muss, ist die Standsicherheit der Anlage als Ganzes und ihrer einzelnen Teile als wesentliches Merkmal hervorzuheben.

Auch wenn die Musterbauordnung verfahrensfreie Bauvorhaben für Photovoltaikanlagen definiert, entbindet dies den Bauherrn nicht von der Beachtung der entsprechenden Vorschriften. In der Regel verfügt der Bauherr jedoch nicht über die fachliche Kenntnis bei Planung und Montage, weshalb hier Fachplaner und Installationsbetriebe beauftragt werden. Er muss jedoch dafür Sorge tragen, dass die entsprechenden Anforderungen dokumentiert werden.

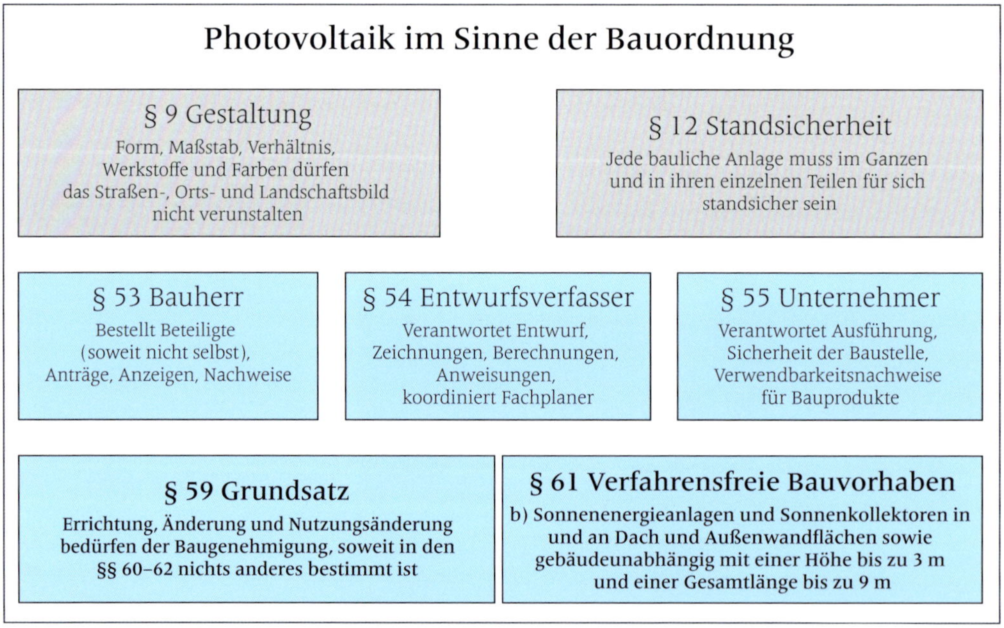

Photovoltaik im Sinne der Bauordnung

§ 9 Gestaltung
Form, Maßstab, Verhältnis, Werkstoffe und Farben dürfen das Straßen-, Orts- und Landschaftsbild nicht verunstalten

§ 12 Standsicherheit
Jede bauliche Anlage muss im Ganzen und in ihren einzelnen Teilen für sich standsicher sein

§ 53 Bauherr
Bestellt Beteiligte (soweit nicht selbst), Anträge, Anzeigen, Nachweise

§ 54 Entwurfsverfasser
Verantwortet Entwurf, Zeichnungen, Berechnungen, Anweisungen, koordiniert Fachplaner

§ 55 Unternehmer
Verantwortet Ausführung, Sicherheit der Baustelle, Verwendbarkeitsnachweise für Bauprodukte

§ 59 Grundsatz
Errichtung, Änderung und Nutzungsänderung bedürfen der Baugenehmigung, soweit in den §§ 60–62 nichts anderes bestimmt ist

§ 61 Verfahrensfreie Bauvorhaben
b) Sonnenenergieanlagen und Sonnenkollektoren in und an Dach und Außenwandflächen sowie gebäudeunabhängig mit einer Höhe bis zu 3 m und einer Gesamtlänge bis zu 9 m

Bild 26: Photovoltaik als bauliche Anlage

6.3.2.2 Gebäudestatik

Bei der Gebäudestatik handelt es sich um den Standsicherheitsnachweis der Gebäudekonstruktion – von der Dachkonstruktion bis zu den Gebäudefundamenten. In Verbindung mit der Montage einer Photovoltaikanlage ist in diesem Zusammenhang zu prüfen, inwieweit Lastreserven zur Aufnahme einer zusätzlichen Last aus dem Gewicht einer Photovoltaikanlage vorhanden sind. Die Prüfung wird sich in der Regel auf die Tragfähigkeit der Dachkonstruktion (Sparren, Pfetten, Unterzüge) sowie tragenden Dacheindeckungen (Trapezblech, flächige Deckplatten) beschränken.

Die Überprüfung der Gebäudestatik vor der Montage einer Photovoltaikanlage setzt hierbei einen Informationsaustausch beider Parteien, d. h. Gebäudeeigentümer und Installationsfirma, voraus. Einerseits kann der Gebäudeeigentümer unter einer (wenn überhaupt bekannt) allgemeinen Gewichtsannahme üblicher PV-Systeme von 20 bis 25 kg/m² prüfen lassen, inwieweit das vorhandene Dach diese Zusatzlasten noch schadlos aufnehmen kann, oder er kann berechnen lassen, welche Tragreserven allgemein noch zur Verfügung stehen.

Bild 27: mangelhafte Tragfähigkeit des Gebäudes führt nicht selten zum plötzlichen Versagen

Andererseits ist er jedoch auch auf die Hinweise und Informationen des Installateurs angewiesen, welches System dieser überhaupt für die Photovoltaikanlage verwenden möchte. Hier können sich gravierende Unterschiede ergeben. Von einer dachparallelen Montage ausgehend mit einer zusätzlichen flächigen Belastung von 20 kg/m² bis hin zu Linienlasten von weit über 100 kg/m² bei aufgeständerten und mit Zusatzgewichten beschwerten Montagevarianten.

Im Gegenzug ist es seitens des Installateurs daher auch angezeigt, sich die tatsächlichen Lastreserven des Daches geben zu lassen. Insofern benötigt er diese für eine individuelle Planung der Photovoltaikanlage. Grundsätzlich installiert der Fachmann auf eigene Verantwortung. Dies wird meist auch aus der Installationsanleitung des Gestellherstellers ersichtlich, in der nicht selten erwähnt ist, dass vor der Montage geprüft werden muss, ob das Produkt den statischen Anforderungen vor Ort entspricht; dabei ist bei Dachanlagen die bauseitige Tragfähigkeit des Daches zu prüfen. Die Installationsanleitung des Systemherstellers liegt zumindest vor der Montage nur dem Installateur vor und nicht dem Kunden bzw. zukünftigen Anlagenbetreiber.

6.3.2.3 Systemstatik

Völlig anders sieht es bei der Systemstatik der Photovoltaikanlage aus. Hier liegt die alleinige Verantwortung beim Installateur bzw. Anlagenplaner. Der verantwortliche Installateur hat die Photovoltaikanlage mit ihrer Befestigungskonstruktion statisch so zu berechnen bzw. berechnen zu lassen, dass sie standsicher auf dem Dach angebracht und dort auch dauerhaft standsicher installiert ist. Hierbei sind neben den Eigenarten des Daches, dessen Dachkonstruktion und Dachhaut auch alle äußeren Umstande wie zusätzliche Lasten aus Schnee und Wind gemäß DIN EN 1991 (Eurocode 1) zu berücksichtigen. Die Ergebnisse hieraus bilden neben den Tragreserven des Daches die relevanten Grundlagen für das zu wählende Montagesystem, dessen Bemessung, Anordnung und Befestigung auf dem Dach. Gleichzeitig ist auch der rechnerische Nachweis zu erbringen, wie die vom PV-System auftretenden Lasten sicher in die tragende Dachkonstruktion abgeleitet werden. Denn nur der Installateur weiß, welches Tragsystem er für die Module wählt und in welcher Form (flächige Auflast, Linienlast, Punktlast, Direktbefestigung, etc.) die Lasteinleitung in das Dach erfolgt.

Bild 28: deformierte Tragschiene infolge zu weiter Befestigungsabstände

Bild 29: falsche statische Auslegung des Haltesystems führt zu Ziegelbruch

Bild 30: verbogene Ständerkonstruktion, zu schwache Querschnitte

Seit 2012 ist die Photovoltaik auch geregelt in der Bauregelliste des Deutschen Instituts für Bautechnik (DIBt). Solarkollektoren im Dachbereich mit einer Dachneigung bis zu 75 Grad und einer Einzelmodulfläche bis 2,0 m² sowie gebäudeunabhängige Solaranlagen im öffentlich unzugänglichen Bereich sind in der Bauregelliste aufgenommen (B, Teil 2, laufende Nummern 3.2.1.25 bis 3.2.1.27). Es handelt sich hierbei um Bauprodukte, welche laut Regel verwendet werden dürfen. Voraussetzung dafür ist eine CE-Kennzeichnung nach der Richtlinie 2006/95/EG bzw. Zertifizierung nach DIN EN 61215, DIN EN 61464 sowie DIN EN 61730.

Bei allen hiervon abweichenden Verwendungen (wie z. B. bei Verwendung über Verkehrsflächen, die durch herabfallende Glasteile gefährdet sind, bei Neigungen > 75 Grad, d. h. bei Fassadenanlagen oder gebäudeunabhängigen, öffentlich zugänglichen Anlagen), ist ein Verwendbarkeitsnachweis durch eine allgemeine bauaufsichtliche Zulassung (abZ) erforderlich, sofern er nicht auf Grundlage der eingeführten technischen Regelwerke des Glasbaus geführt werden kann.

Lfd. Nr.	Bauprodukt	Maßgebende Harmonisierungsrechtvorschriften	a: konkreter Verwendungszweck b: gemäß MBO1 bestehende Grundanforderung, ggf. mit Konkretisierung c: fehlendes Wesentliches Merkmal d: Verfahren zum Nachweis des fehlenden wesentlichen Merkmals
1	2	3	4
B 3.2.1.25	Photovoltaische Module mit mechanisch gehaltenen Glasdeckflächen mit einer maximalen Einzelmodulfläche bis 2,0 m² für die Verwendung: • im Dachbereich mit einem Neigungswinkel < 75°[1] • bei gebäudeunabhängigen Solaranlagen im öffentlich unzugänglichen Bereich	2014/35/EU	a: Stromerzeugung für Gebäude b: Brandschutz c: Brandverhalten der Bauteile, wenn schwerentflammbar oder nichtbrennbar gefordert
B 3.2.1.26	Photovoltaische Module ohne Glasdeckflächen für die Verwendung im Dachbereich	2014/35/EU	a: Stromerzeugung für Gebäude b: Brandschutz c: Brandverhalten der Bauteile, wenn schwerentflammbar oder nichtbrennbar gefordert
B 3.2.1.27	Photovoltaische Module abweichend von B 3.2.1.25 oder B 3.2.1.26	2014/35/EU	a: Stromerzeugung für Gebäude b.1: Mechanische Festigkeit und Standsicherheit b.2: Brandschutz c.1: Je nach Einbausituation sind die Bestimmungen von A 1.2.7 zu erfüllen c.2: Brandverhalten der Bauteile, wenn schwerentflammbar oder nichtbrennbar gefordert

1 Hinweis: Bei Verwendung über Verkehrsflächen, die durch herabfallende Glasteile gefährdet werden können (Überkopfverglasung), sind die Bestimmungen von Abschnitt A 1.2.7 zu beachten.

Veröffentlichung der Muster-Verwaltungsvorschrift Technische Baubestimmungen Ausgabe 2020/1

Tab. 6.1: Auszug aus der Bauregelliste B Teil 2 (Ausgabe 2020/2): Technische Gebäudeausrüstung [Quelle: DIBt]

6.3.3 Schrägdach

Bei einem Schrägdach werden die Lasten über einen flächigen Verbund in den Dachstuhl eingeleitet. D.h. die Querschnitte der Dachsparren und deren Abstände berücksichtigen diesen Umstand. Bei der Montage einer Photovoltaikanlage muss diese flächige Lastabtragung beibehalten werden, da nunmehr die Sparren neben der Schneelast auch die Last der Photovoltaikanlage mit aufnehmen müssen.

Nicht selten stößt man auf Sparrendächer, bei denen nur auf jedem zweiten Dachsparren ein Befestigungspunkt gesetzt wurde. Soweit das von der Systemstatik des Unterbaus zulässig ist, gibt es hierzu auch keine Einwände. Bei der Montage der Befestigungen muss aber beachtet werden, dass die einzelnen Befestigungsreihen versetzt angeordnet und nicht alle gleichmäßig auf jeden zweiten Dachsparren verteilt werden. Erfolgt letzteres, müssen die betreffenden Sparren mit den gesetzten Dachhaken zwangsläufig die anteilige Zusatzlast der Nachbarsparren mit aufnehmen, d.h. die Last aus Schnee, Wind und Photovoltaikanlage. Die Lasteinzugsfläche aus Zusatzlasten der Dachsparren hat sich also gegenüber der ursprünglichen Situation um 100 % erhöht. Durch die angeordnete Montage der Dachhaken hat man zwangsläufig eine systembedingte Änderung der flächigen Lasteinleitung durchgeführt und somit die Lasten aus der Dachstatik des Gebäudes verändert.

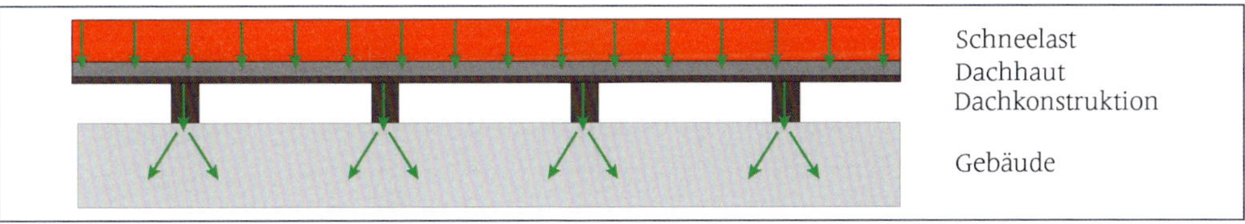

Bild 31: Schema Lastabtragung eines Sparrendaches mit gleichmäßiger Sparrenbelastung

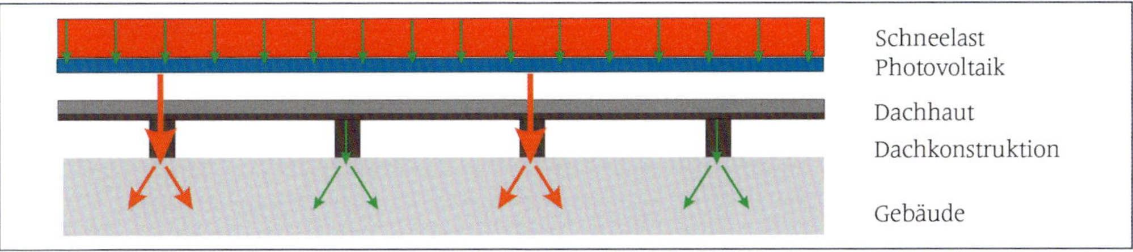

Bild 32: Schema Lastabtragung bei einem Dach mit Photovoltaikanlage, bei der durchgehend nur an jedem zweiten Sparren ein Befestigungspunkt gesetzt ist

Bild 33: Situation vor Ort mit lastfreiem Dachsparren, ohne über alle Sparren verteilt angeordnete Befestigungspunkte

Auch bei anderen Dachkonstruktionen bzw. Dacheindeckungen müssen die statischen Belange sowohl des Daches als auch des Tragsystems der Photovoltaikanlage beachtet werden, ansonsten sind Schäden vorprogrammiert.

Erheblich strapaziert und statisch belastet werden Generatoren im Dachrandbereich, weil dort die Windsogbelastung am stärksten wirkt. Neben einer verdichteten Anbringung an Befestigungspunkten sollte auch ein Randabstand eingehalten werden. Nicht selten trifft man aber gerade dort über den Dachrand hinaus geführte Modulkonstruktionen an, was letztendlich bei erhöhtem Windaufkommen zu Schadensfällen führen kann.

Bild 34: Über den Dachrand hinaus geführte Modulkonstruktion - schadensanfällig.

6.3.3.1 Ziegeldach

Ziegeldächer sind, wie die meisten Bedachungen, keine wasserdichten Dachkonstruktionen. Dennoch müssen Sie regensicher sein. Hierzu sind die Ziegel entsprechend geformt und meist mit Falzen ausgestattet, damit die Deckung ineinander greift und somit das Eintreiben von Niederschlag verhindert wird. Beim Setzen von Dachhaken erfolgt automatisch ein Eingriff in die Dachdeckung. So müssen üblicherweise die Ziegel bearbeitet werden, damit der Tragbügel des Dachhakens durch die Ziegelfläche nach außen geführt werden kann.Die Dachfläche muss den Anforderungen der Fachregeln des Deutschen Dachdeckerhandwerkes genügen. Dies bedeutet, dass Dach muss regen- und schneesicher sein. Darüber hinaus darf ein Dachhaken niemals auf dem darunter liegenden Ziegel aufliegen, da es bei einer Auflast (z.B. durch Schnee) zu einer Punktlast kommt, denn Ziegel können keine Punkt- oder Linienlasten aufnehmen. Soweit diese Ausführungen nicht berücksichtigt und fachmännisch durchgeführt werden, sind Folgeschäden vorprogrammiert.

Bild 35: nicht fachgerechte Bearbeitung des Ziegels (per Hand ausgeschlagen, nicht gefräst)

Bild 36: Aufliegende Dachhaken begünstigen Ziegelbruch.

Bild 37: Komplett ausgeschliffene Kopfverfalzung am Ziegel begünstigt den Eintrieb von Niederschlag.

Die Befestigung des Dachhakens selbst hat direkt auf den Sparren zu erfolgen. Dabei ist zu beachten, dass die Montageplatte weitgehend mittig auf dem Sparren zu liegen kommt. Soweit aufgrund der Ziegelform seitliche Verschiebungen des Dachhakens erforderlich werden, ist im Befestigungsbereich eine Montagebohle, welche mindestens über zwei Sparren gespannt ist, zu montieren, bevor der Sparrenanker angebracht wird. Exzentrische Befestigungen von Montageplatten begünstigen bei Belastung ein Kippen, bei dem es unweigerlich zu Beschädigungen an den Ziegeln kommt.

Bild 38: fachtechnisch nicht diskussionswürdige Dachhakenbefestigung

Nach DIN EN 1995-1-1 (Eurocode 5: Bemessung und Konstruktion von Holzbauten – Teil 1-1: Allgemeines – Allgemeine Regeln und Regeln für den Hochbau) müssen bei der Befestigung an Holzbauteilen (z.B. Holzsparren oder Pfetten) Mindestrandabstände der Verschraubung eingehalten werden. So beträgt der Mindestrandabstand bei Beanspruchung längs der Holzfaser (z.B. Sparren) und bei erfolgter Vorbohrung den dreifachen Schraubendurchmesser. Bei einer Schraube von beispielsweise d = 8 mm wären dies 24 mm. Von der

Ziegelform ist auch die Dachhakenhöhe abhängig. Dachsparrenanker mit niedriger Bauweise im Bereich der Schienenbefestigung begünstigen oftmals ein Aufliegen der Montageschienen auf den Oberwellen der Falzziegel. Zu hohe Dachhakenbügel führen dazu, dass der Deckziegel nicht mehr satt auf den benachbarten Ziegel aufliegt. Das Deckgefüge ist somit gestört und es kommt zu Niederschlagseintrieb.

Bild 39: Falsche Dachhakenhöhe beeinträchtigt Regensicherheit.

Die Dachkonstruktion bzw. Dachdeckung selbst macht es manchmal nicht einfach, Standardsysteme, wie z. B. Dachhaken, zu verwenden, weil entweder die Ziegelform ein Ausfräsen des Hakenbügels nicht erlaubt oder eine ausreichende Sparrenbefestigung nicht möglich ist. Vorgefertigte Metallersatzziegel mit bereits angearbeiteten Haltebügeln wären hier die bessere Wahl. Nicht selten wird dann aus Einfachheits- und Kostengründen ein direkter Befestigungsweg gewählt, welcher unvereinbar mit den Regeln des Dachdeckerhandwerks ist und früher oder später zu Ziegelschäden und zu einem nicht mehr regensicheren Dach führen wird.

Bild 40: Stockschraubenbefestigung bei Dachziegel geht selten gut

6.3.3.2 Dächer mit Metalleindeckungen

Die einzelnen Scharen von Trapezblechdächern sind in der Regel auf der Hochsicke oder auch an den Tiefsicken mit Schrauben an der Dachkonstruktion befestigt. Die Befestigung in der Tiefsicke, also im Wasserlauf setzt jedoch voraus, dass das Dach regelmäßig gewartet wird. Problematisch wird es dann, wenn ein solches Dach mit einer Photovoltaikanlage überbaut wird. Dann gestaltet sich eine Wartung des Daches schwierig oder gar unmöglich. Im Umkehrschluss entspricht die Befestigung dann nicht mehr den allgemein anerkannten Regeln der Technik.

Ebenso gibt es auch bei der Befestigung von Photovoltaikanlagen auf Metalldächern oftmals Probleme. Unsaubere Ausführungen, falsche Materialwahl, nicht fachgerechtes Verschließen von Fehlbohrungen.

Bild 41: nicht geeignete Befestigung auf der wasserführenden Ebene einer Stehfalzblecheindeckung

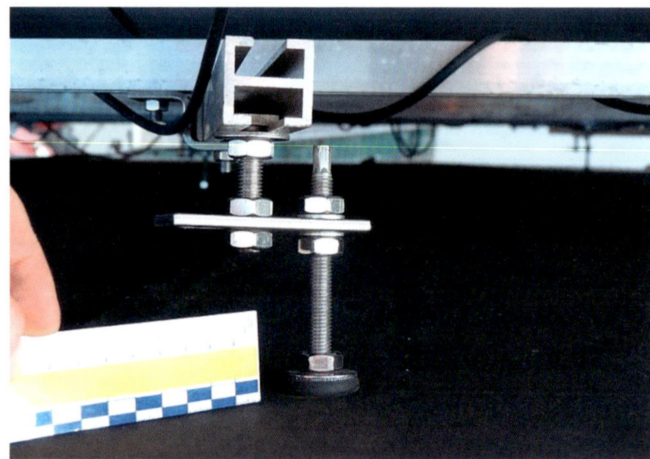

Bild 42: Temperaturbewegungen begünstigen Schäden an Auffalzung einer Titanzink-Blecheindeckung

Dacheindeckungen aus Zink werden in gleicher Weise aufgebracht wie z. B. Kupferdächer. Titanzinkdächer haben eine mit Titan und Kupfer angereicherte Legierung zur Verhinderung der Bildung einer Patina, welche das Zink schädigen kann. Das Blech ist gegenüber reinem Kupfer relativ dünn und »spröde«, aber ansonsten recht robust.

Die Montage des Dachbleches erfolgt in einzelnen schmalen Scharen, welche über Haften, die auf der Dachschalung aufgebracht sind und verfalzt werden, so dass sich ein Stehfalz ausbildet – im konkreten Fall ein Doppelstehfalz.

Diese Stehfalze werden bei der Montage einer PV-Anlage gerne als Befestigungspunkte mittels Klemmbefestigung benutzt. Dies ist aus zweierlei Gründen als kritisch zu sehen.

Erstens werden Windsogkräfte über die Klemme auf die Blechfalze und somit auf die Befestigungshaften übertragen. Diese sind aber in der Regel nicht in dem erforderlichen Umfang befestigt, dass diese die entstehenden Zugkräfte, welche die PV-Anlage durch Windsog erzeugt, aufnehmen zu können. In der Regel werden die Haften auf die Dachschalung aufgenagelt. Bei Sogkräften können die Nägel aus dem Holz gezogen werden, sodass dies zu einem Abreißen der Dachhaut führt.

Zweitens können die verwendeten Klemmen zum einen die Bewegung des Blechdaches einschränken, zum anderen werden über die Klemmen temperaturbedingte Bewegungen aus der Haltekonstruktion der PV-Anlage von der Klemme auf den Blechfalz übertragen. Dies kann zu einer Schädigung an der Dachhaut durch Ermüdung der Falzkante führen oder zu einer seitlichen Zugbelastung der Klemme, bei der dann an deren Unterkante die Falzkante aufreißt – so wie im konkreten Fall.

Eine bessere Alternative sind Blechfalzklemmen, welche nur am Bördel gehalten sind. Seitlich wirkende Kräfte wirken hierbei nicht direkt an der Blechaufkantung.

6.3.3.3 Sandwichdachelemente

Besonderer Aufmerksamkeit bedürfen Sandwichdachelemente. Hierbei handelt es sich um wärmegedämmte Dachelemente, bestehend aus einer metallenen Tragschale, einem Schaumkern sowie einer trapezförmig profilierten Oberschale. In vielen Fällen wurden PV-Anlagen mittels Einzelbefestigungen in Form von Schellen an der Oberschale des Sandwichelementes befestigt. Dies hat zweierlei Wirkungen: Zum einen erfolgt die Lasteinleitung aus PV-Eigengewicht sowie Zusatzlasten (Wind + Schnee) punktuell in das Sandwichelement, zum anderen wird die Oberschale durch Windsog belastet. Die Verbindung der Oberschale mit dem Schaumkern ist aber nur bedingt gegen Windsog belastbar. Gleiches gilt für Punktbelastungen.

Hierdurch können Schäden entstehen, einerseits durch Knitterbildung in der Oberschale aus Überbelastung als auch durch Delaminationserscheinungen der Oberschale vom Schaumkern. Im Ergebnis ist die Standfestigkeit der PV-Anlage erheblich gefährdet, da die

Befestigung über den Schaumkern nicht gegeben bzw. statisch nicht nachweisbar ist. Zudem kann das Sandwichelement seine bauaufsichtliche Zulassung verlieren. Das Haltesystem der PV-Anlage muss daher direkt in das Tragsystem der Dachkonstruktion (z. B. Pfetten) eingebracht werden.

Bild 43: Die Befestigung auf der Oberschale des Sandwichelementes ist nach Bauregelliste nicht geregelt.

6.3.3.4 Wellzementplatten

Bei Wellzementplatten werden oftmals Stockschrauben als Befestigungssystem verwendet. Fehler findet man hier häufig bei zu fest angezogenen Schraubverbindungen, welche einen erhöhten Druck auf die Plattenwelle ausüben, was längerfristig gesehen zu Rissen und Bruchschäden aufgrund von Überbeanspruchung führen kann. Auch nicht passende Pilzdichtungen bzw. Dichtungssysteme sind anzutreffen. Auf die Problematik alter, noch asbesthaltiger Dacheindeckungen wurde bereits hingewiesen.

Bild 44: zu locker ...

Bild 45: ... und zu fest angezogene Stockschraube mit Überbeanspruchung der Dichtung und Oberwelle der Dacheindeckung

6.3.4 Flachdach

Bei Tragsystemen auf einem Flachdach kommt der Statik und der Berücksichtigung des Dachaufbaues noch eine viel höhere Bedeutung zu. Da bei Flachdächern in den meisten Fällen die Module mit einer künstlichen Neigung versehen, d.h. aufgeständert werden, ergeben sich hierdurch erhöhte Windangriffsflächen. Diese müssen über das Tragsystem schadlos in die vorhandene Dachkonstruktion eingeleitet werden. Frühere Lösungen beschränkten sich weitgehend auf eine Ballastierung des PV-Tragsystems, mit all seinen Nachteilen gegenüber der Dachhaut und den Lastreserven des Daches (erhöhtes Gewicht des PV-Systems). Neuere Lösungen finden sich in Form von ballastarmen oder sogar »ballastfreien« Systemen mit Windableitblechen oder Modulreihen mit gegeneinander gestellten Modulen, welche eine geschlossene Modulfläche bilden.

Bei ballastierten Systemen ist oftmals bereits augenscheinlich die erforderliche Beschwerung entweder nicht erkennbar (z. B. bei geschlossenen Wannensystemen) oder aber auch in Zweifel zu ziehen, wenn z. B. Steine in sehr unterschiedlicher Anzahl und Anordnung verwendet wurden oder deren Auflagerung nicht fixiert ist.

Bild 46: nicht standsicher aufgeschichtete Pflastersteine in unterschiedlicher Anzahl

Bild 47: unterschiedliche Beschwerungsanordnungen ohne feste und dauerhafte Auflagerung

Bild 48: Balance-Akt – Lagesicherheit der Beschwerung unzureichend

Bild 49: nicht zulässige Klebeverbindungen auf Bitumenbahn

Auch Klebeverbindungen, sei es im Bereich von bituminösen Flachdachabdichtungen oder Kunststoffbahnen sind höchst problematisch. Ungeachtet dessen, dass eine Dichtungsbahn kaum eine Lastabtragung in die eigentliche tragende Dachkonstruktion übernehmen kann, scheitert eine Klebeverbindung an dem statischen Nachweis einer sicheren Kraftableitung, insbesondere bei Windsogbeanspruchung. Sie bedürfen grundsätzlich einer bauaufsichtlichen Zulassung. Ist eine solche bei der Anlagendokumentation nicht vorhanden, ist letztendlich die Standsicherheit der Photovoltaikanlage anzuzweifeln.

Selbst ballastarme oder aerodynamische, d.h. windabweisende Leichtbausysteme bedürfen einer statischen Betrachtung im Hinblick auf die örtlichen Verhältnisse. Die oftmals angepriesenen Werbeaussagen von im Windkanal getesteten Systemen täuschen darüber hinweg, dass sich systembedingt, d.h. bei mehreren in Reihe aufgestellten Modulen, ganz andere Windkräfte ergeben, als bei einer Einzeltestung. Nicht selten reichen bereits windinduzierte Schwingungen aus, um Lageänderungen von solchen Systemen zu bewirken.

Bild 50: Lageverschiebung von sogenannten Leichtbausystemen

Da das Flachdach ein sehr spezielles Bauteil ist, wird auf diesem in einem separat folgendem Kapitel nochmals näher eingegangen.

6.3.5 Konstruktive Anforderungen

Neben den statischen Anforderungen im Hinblick auf die Standsicherheit der Photovoltaikanlage sind auch konstruktive Anforderungen an deren Ausführung zu stellen. Fehler im Tragsystem können hierbei auch zu Schäden an den Modulen führen. Insbesondere werden nicht immer die Installations- und Montageanweisungen der Hersteller beachtet.

Mancher Anlagenbetreiber hat sich über »wandernde« Module gewundert, insbesondere bei rahmenlosen Glaslaminaten. Oftmals wurde die Ursache an falschen Modulklemmen vermutet und diese mehrfach ausgetauscht. Die eigentliche Ursache liegt jedoch meist am Tragsystem, wenn z. B. an diesem ein Schienenstoß im Bereich der Modulreihe angeordnet wurde oder keine konstruktiven Raumfugen zur thermischen Trennung für eine schadlose Längenausdehnung berücksichtigt sind. Metall hat entsprechende temperaturbedingte Längenänderungen. Aluminium hat pro Meter bei einem Grad unterschied eine Längenänderung von 0,0231 mm. Das klingt sehr wenig. Bei 10 Metern Profillänge und einem Temperaturunterschied von 40 °C sind das aber bereits ca. 10 mm. Nicht selten sind die Schienenprofile aber über mehr als 30 Meter zusammenhängend angebracht. Wenn sich die Tragschienen dann ausdehnen oder zusammenziehen, übertragen sich diese Längenänderungskräfte auf die Modulklemmen und letztendlich auch auf die Module.

Bild 51: falsche Anordnung einer Dehnungsfuge unterhalb einer Modulreihe

Bild 52: »wandernde« Module

Module können hierbei auch vollständig aus den Klemmbefestigungen rutschen und somit vom Dach fallen. Nachfolgendes Beispiel verdeutlicht die Kräfte, welche durch temperaturbedingte Längenänderungen auftreten können. Das Glaslaminat ist bei der Temperaturausdehnung (Sommer) der Tragschiene aus der Klemmverbindung gerutscht. Beim Zusammenziehen der Schiene (Winter) wurde das Modul, nachdem es an dieser Stelle direkt auf der Tragschiene auflag, gegen die Unterlippe der Modulklemme gedrückt und hat diese dabei bis zur Unbrauchbarkeit deformiert.

Bild 53: durch Längenänderung (Ausdehnung) der Tragschiene aus Modulklemme herausgerutschtes Glaslaminat (links) mit anschließender Deformation der Klemme bei Längenverkürzung der Tragschiene

Klemmbefestigung Module

Schadensträchtig sind oftmals falsche oder ungeeignete Klemmverbindungen der Module oder deren falsche Anordnung. Bei den meisten Modulherstellern sind in den Installations- und Montageanleitungen genaue Vorgaben enthalten, mit welchen Mitteln und deren Anordnung die Module zu befestigen sind. Bei ungeeigneten Befestigungsmitteln oder deren falscher Anordnung können sich die Module lockern oder es kommt zu statischen Überbeanspruchungen mit entsprechenden Schäden.

Bild 54: problematisch: Klemmbefestigung mit Beilagscheibe

Bild 55: Nichteinhaltung vorgeschriebener Klemmabstände – der Schaden war programmiert

6.4 Verkabelung Gleichstromseite (DC)

Mit Besichtigung des Gleichstromsystems ist festzustellen,

- ob die Verkabelung im Allgemeinen nach den Anforderungen der DIN VDE 0100-712 ausgelegt und ausgewählt ist
- ob die Verkabelung noch kurzschlusssicher nach DIN VDE 0100-520 bzw. 0100-712 ausgeführt ist
- ob das Verkabelungssystem so ausgewählt und errichtet ist, dass es gegen die zu erwartenden äußeren Einflüssen, wie Wind, Temperatur, Eisbildung und Sonnenstrahlung, geschützt ist, oder ob bereits Beeinflussungen vorhanden sind
- ob für Systeme ohne Strang-Überstrom-Schutzeinrichtungen die Bemessung des Modulrückstroms größer als der mögliche Rückstrom ist und ob die Strangkabel so ausgelegt sind, dass diese den höchsten zusammengefassten Fehlerstrom von Parallelsträngen aufnehmen können
- ob für Systeme mit Strang-Überstrom-Schutzeinrichtungen diese auch nach den Herstellerbedingungen eingebaut und funktionstüchtig sind
- ob, wenn Sperrdioden eingebaut sind, deren Rückspannung mindestens die doppelte $U_{OC\ STC}$ des PV-Strangs beträgt, in denen sie eingebaut ist
- ob ein Schutz durch Anwendung der Schutzklasse II noch vorhanden ist
- ob erforderliche Trennungsabstände zu Blitzschutzeinrichtungen eingehalten sind; wenn nein, ob dies Auswirkungen auf den inneren Blitzschutz haben kann
- ob die Generatoranschlusskästen für die Verwendung geeignet, an einem geschützten Platz angebracht, ausreichend beschriftet sind und kein Kondenswasser bilden
- ob bei den Wechselrichtern ein Gleichstrom-Lasttrennschalter auf der Gleichstromseite eingebaut ist und dieser funktionsfähig ist
- ob, wenn ein Gleichstromleiter geerdet ist (harte Erdung), mindestens eine einfache Trennung zwischen Wechselstrom- und Gleichstromseite besteht und die Erdanschlüsse korrosionsgeschützt sind
- ob die Fläche der Verdrahtungsschleifen so klein wie möglich gehalten ist, um induktive Spannungseinkopplungen durch Blitzeinschlag zu minimieren
- ob, wenn Schutz- und Potenzialausgleichsleiter installiert sind, diese in möglichst engen Kontakt mit den Gleichstromleitungen laufen
- ob, soweit erforderlich, die für die Betriebsmittel notwendigen Überspannungsschutzeinrichtungen vorhanden und richtig eingestellt sind
- ob die einzelnen Strings ausreichend, leserlich und dauerhaft beschriftet sind.

Die meisten Beanstandungen gibt es im Bereich der Gleichstrom-Verkabelung. Dies hängt insbesondere mit der aus der DIN VDE 0100-712 in Verbindung mit der DIN VDE 0100-520 geforderten geschützten Verlegung der Leitungen zusammen. Die ordnungsgemäße Verlegung von Stromleitungen auf einem Dach ist an für sich bereits eine Herausforderung. Vielmals wurden jedoch bei der Installation die einfachsten Regeln nicht beachtet.

In fernen Ländern und Städten, z. B. in Nepals Hauptstadt Kathmandu, fallen die dortigen Stromversorgungseinrichtungen auf. Man wundert sich, mit welcher Kreativität Leitungen verlegt und angebracht sind – und dass es anscheinend funktioniert. Man darf sich aber auf der anderen Seite über kurzfristige Stromausfälle nicht wundern. In unserem »aufgeräumten« Deutschland würden jedem Fachmann die Haare zu Berg stehen.

Bild 56: Stromversorgung in Kathmandu

Nicht selten bekommt man aber auch in Deutschland »kreative« Verkabelungstechniken zu sehen, wenn man Photovoltaikanlagen besichtigt – auch unter der Generatorfläche. Und auch hier ist sicherlich der Laie verblüfft, wenn es funktioniert.

Bild 57: Bei so viel Kabelgewirr kann man sicherlich nicht von einer kurzschlusssicheren Verlegung sprechen.

6.4.1 Kurzschlusssichere Leitungsverlegung

Aber auch ordentlich verlegte Leitungen haben oftmals den trügerischen Anschein, fachgerecht verlegt zu sein. Mängel findet man auch hier, wenn teilweise eher verdeckt. Es sei daran erinnert, dass es auf der Gleichstromseite aus elektrophysikalischen Gründen keine automatische Abschaltung im Fehlerfall gibt. Auftretende Fehler (Beschädigungen) erzeugen daher im Kurzschlussfall einen dauerhaft anstehenden Lichtbogen welcher sich zu einem Leitungsbrand ausdehnen kann.

Problematisch ist u.a. das vorbeiführen von Leitungen oder Leitungsbündelungen an scharfen Metallteilen. Hier sind Beschädigungen an der Leitungsisolierung vorprogrammiert.

Bild 58: häufige Beanstandung: Leitungen an scharfen Metallkanten anliegend

Bild 59: Einkerbungen an der Mantelisolierung der Leitung im Bereich scharfer Metallkanten

Kontroverse Diskussionen gibt es oft über das Wie der Leitungsverlegungen – egal ob auf Dach- oder Freifeldanlagen. Interessant ist immer wieder zu hören, dass es ja »damals«

noch keine Normen gab. Dabei liegt die Wahrheit eher darin begründet, dass man »damals« sich mit den bestehenden Normen schlichtweg nicht auseinandergesetzt hat. Die Grundsätze der Leitungsverlegung sind schon einige Jahrzehnte bekannt. Die DIN VDE 0100-520 gibt hierzu entsprechende Hinweise, auch wenn erst ab dem Jahr 2006 mit der DIN VDE 0100-712 die Anforderungen an PV-Anlagen konkretisiert wurden. Die Leitungen müssen geschützt vor äußeren Einflüssen, wie Regen, Wind, UV-Strahlen, Verschmutzung, Eis und Schnee, verlegt werden. Auch die oftmalige Argumentation, die Leitungen wären UV-beständig, kann nicht gelten. Die UV-Beständigkeit ist begrenzt. Sie hängt mit der Beanspruchung des Kabels zusammen und die Beanspruchung des Kabels wiederum von den äußeren Einflüssen wie Temperatur und Strahlungsintensität. Um das Beispiel Auto wieder aufzugreifen: Selbst wenn man Winterreifen auf sein Auto montiert, kann man mit diesen bei schneebedeckter oder vereister Fahrbahn nicht mit hoher Geschwindigkeit fahren – man muss die Geschwindigkeit stets den Wetter- und Straßenverhältnissen anpassen. Auch der Schutz einer UV-beständigen Leitung muss an die äußeren, auftretenden Verhältnissen angepasst werden, zumindest an den Stellen, an denen sie direkten Witterungsbedingungen ausgesetzt sind, d. h. mindestens außerhalb des Generatorfeldes im Außenbereich. Sind ungeschützte Leitungen an der Oberfläche ihrer Isolierung bereits angegriffen, z. B. durch Ausbleichen, beschleunigt sich der Alterungsprozess um ein Vielfaches.

Auf Dachflächen liegend haben Leitungen ebenfalls nichts verloren. Dies wird in der aktuellen Ausgabe der VDE 0100-712 auch nochmals explizit erwähnt. Sie können dort durch Windbewegungen aufscheuern, in ungünstigen Fällen durch Schnee- und Eisrutsch abgerissen werden und behindern meist den Niederschlagsabfluss auf der Dachfläche. Zudem sammelt sich an solchen Stellen sehr schnell Laub, Moos und Schmutz. Die Leitungen müssen zumindest mit geeigneten Kabelbindern an den Gestellen hochgebunden werden.

Bild 60: verbleichtes Kabel (ehemals schwarze Farbe) an einer drei Jahre alten Anlage

Bild 61: durch UV-Einwirkung poröser Leitungsmantel

Bild 62: ungeschützte, auf Dachhaut aufliegende Leitungen entsprechen nicht den anerkannten Regeln der Technik.

Bild 63: Leitungen und Stecker in einem bereits vermoosten Stauwasserbereich auf einem Flachdach

Auch nur mit Kabelbinder an den Unterbau hochgebundene Leitungsbündel (mehr als sechs Einzelleitungen) stellen keine dauerhafte und »kabelfreundliche« Lösung dar. Verschmutzungen, mechanische Beschädigungen (Schnürpressung durch Kabelbinder) und infolge des Kabelgewichtes abreißende Kabelbinder mindern die Dauerhaftigkeit solcher recht einfachen Lösungen. Ein festes Kabelverlegesystem würde solchen Problemen vorbeugen.

Bild 64: mit Kabelbinder fixierte Leitungsbündel unter dem Generatorfeld

Auch bei Freifeldanlagen sind mitunter Probleme bei der Leitungsführung festzustellen, obgleich die Verlegung hier weitaus einfacher möglich ist als unter dem Generatorfeld auf einer Dachfläche. Bei den meist weitläufigen Modulreihen ergeben sich oftmals erhebliche Leitungsbündel. Die Grenze der Befestigung mittels UV-beständiger Kabelbinder wird hier, bei maximal sechs Leitungen gesehen. Alles darüber hinaus benötigt feste Kabelverlegesysteme in Form von metallenen Kabelrinnen.

Bild 65: Nicht ausreichend befestigte Kabelbündelungen und ungeschützt über Metallkanten geführte Leitungen verkürzen deren Dauerhaftigkeit.

Bild 66: keine dauerhafte Leitungsbefestigung – ein Abreißen ist vorprogrammiert

Bild 67: gutes Beispiel einer fachgerechten Leitungsverlegung bei Leitungsbündelungen und deren Schutz

Auch das Schützen der Kabel wird oftmals nicht konsequent und vor allem dauerhaft und nach den Leitungsverlegebestimmungen ausgeführt. Nicht selten kommt es zu unerlaubten Kabelbündelungen, welche durch schwarze Schutzrohre geführt werden. Diese Schutzrohre werden dann nur mäßig oder gar nicht befestigt auf den Dachflächen verlegt. Bezüglich der Kabelbündelung muss die Frage nach einer der DIN VDE 0298-4 konformen Auswahl und Verlegung gestellt werden, wenn durch eine nicht mehr durch die Norm gedeckte, unzulässige Leitungsbündelung die Kurzschlussfestigkeit der Leitungen erheblich herabgesetzt wird. Bei den oftmals verwendeten flexiblen Schutzrohren stößt man bei diesen auch schnell an deren Grenzen. Zugleich ergibt sich eine verminderte Dauerhaftigkeit, insbesondere bei abrutschendem Schnee oder bei möglichen Beschädigungen durch mechanische Einwirkungen, z. B. Mäharbeiten bei Freifeldanlagen.

Bild 68: nur mit Kunststoffrohren geschützte Kabelabgänge bei Freifeldanlagen – insbesondere eine Gefahr bei Mäharbeiten

Bild 69: bessere Lösung

Schadensfälle zeigen sich auch oft bei erdverlegten Solarleitungen. Durch die im Erdreich vorhandene Dauerfeuchte ergibt sich bei der Mantelisolierung der Solarleitungen eine Hydrolyse, bei der sich die Vernetzung der Kunststoffe auflöst. Daraus folgt eine nachlassende Isolationsfestigkeit mit der Folge von Isolationsfehlern sowie Leitungsdurchschlägen mit dem Ausbrennen der erdverlegten Leitungen. Dies gilt auch dann, wenn die Leitungen in Schutzrohren verlegt wurden, da diese nie vollständig dicht sind.

Bild 70: durchgeschlagene Strangleitungen aufgrund Dauerfeuchte im Bereich GAK-Einführung

In der Regel werden einzelne Gleichstromleitungen unter dem Generatorfeld mittels Kabelbinder hochgebunden. Was beim Festzurren von Kabelbündel jedoch passieren kann, zeigt nachfolgendes Bild. Durch das Aufplatzen der Isolierung wird die Isolationsfestigkeit der Leitung erheblich herabgesetzt. Neben Störungen des Wechselrichters (Erdschluss) können sich hieraus auch sicherheitsrelevante Probleme entwickeln (elektrischer Schlag bei Berührung des Unterbaues und Brandgefahr durch Lichtbogenbildung).

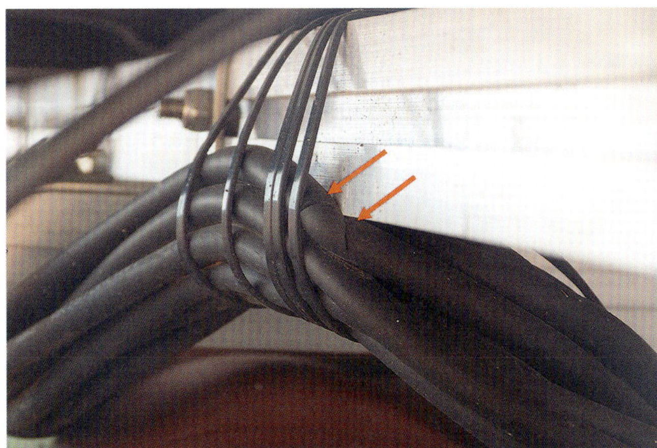

Bild 71: aufgeplatzte Leitungsisolierung an der Pressstelle der Metallkante

Problematisch gestalten sich auch immer wieder quer montierte Module mit gleichzeitiger Querverstringung, zumeist anzutreffen bei Aufständerungen oder bei Freifeldanlagen. Zum einen werden die Modulanschlusskabel oft auf Spannung verlegt, zum anderen ergeben sich im Bereich der Modulanschlussdosen bei dem Kabel, welches vom Kabelausgang um 180° in die entgegengesetzte Richtung verlegt wird, erhebliche Beanspruchungen nicht nur in Form von Zug, sondern zusätzlich aufgrund eines viel zu geringen Biegeradius des Kabels auch unzulässige Beanspruchungen an dessen Isolation.

Bild 72: quer verstringte Module mit von der Anschlussdose gegenläufiger und auf Zug befestigter Kabelführung

Bild 73: Überbeanspruchung der Kabeleinführung an der Anschlussdose

Leitungen, welche auf Zug verlegt wurden, sind in Ihrer Dauerhaftigkeit eingeschränkt. Zudem werden hier die Anschlussbereiche, d. h. Steckverbindungen, Einführungen an Modulanschlussdosen oder Generatoranschlusskästen, in unzulässiger Weise belastet. Das langsame Herausziehen der Leitungskontakte führt früher oder später unweigerlich zu einer Lichtbogenbildung und damit zu einer Brandgefahr.

Bild 74: Falsche Leitungsführungen verursachen Kabelzug an Modulanschlussdose.

Die Verlängerung von Kabeln mittels »Anflicken« und der Verwendung von Schrumpfschläuchen stellt ebenfalls eine Unzulässigkeit dar. Hier ist bereits eine kurzschlusssichere Verlegung durch das Fehlen einer doppelten Isolierung nicht mehr gegeben. Zudem stellen Krimpverbindungen immer eine Schwachstelle dar, da deren Qualität von deren fachgerechten Ausführung abhängig ist, die sich aber nicht mehr überprüfen lässt.

Bild 75: nicht statthafte Leitungsverlängerungen und Isolierung mittels Schrumpfschlauch

Probleme bereiten auch immer wieder Kabeleinführungen, sei es durch die Dachhaut oder durch Wände. Die meist ungeschützte Verlegung auf Bruchkanten wird keiner kurzschlusssicheren Verlegung gerecht, da auch hier Isolationsbeschädigungen vorprogrammiert sind.

Darüber hinaus ergeben sich bei Dachanlagen an solchen Stellen oftmals Probleme, was die Regensicherheit oder auch Wasserdichtigkeit der Dachhaut angeht.

Bild 76: durch Ziegel gequetschte Leitungen

Bild 77: So etwas tut beim Hinsehen bereits weh.

Bild 78: mangelhafte Leitungsdurchführung an Trapezblechdach

Bei Industriedächern erfolgen auch Dachdurchdringungen für die Kabeleinführungen in das Gebäudeinnere. Dabei beschränkt sich der Kabelschutz nicht selten auf den äußeren Einführungsbereich. An den Innenseiten der Dachkonstruktion, welche meist aus Trapezblechen besteht, fehlt oft ein entsprechender Schutz. Es lohnt sich also auch hier ein Blick nach oben.

Bild 79: Leitungsbündel an ungeschützten, durch Aufbohren scharfen Metallkanten anliegend

Beschädigungen an Leitungen ergeben sich jedoch nicht nur infolge einer nicht fachgerechten Installation. Insbesondere im ländlichen Bereich haben bestimmte Nagetiere eine Vorliebe für Gummi und Kunststoffe. Marder machen einer Photovoltaikanlage gerne den Garaus. Auch Mäuse und Ratten nagen oftmals gerne an den Gleichstromleitungen.

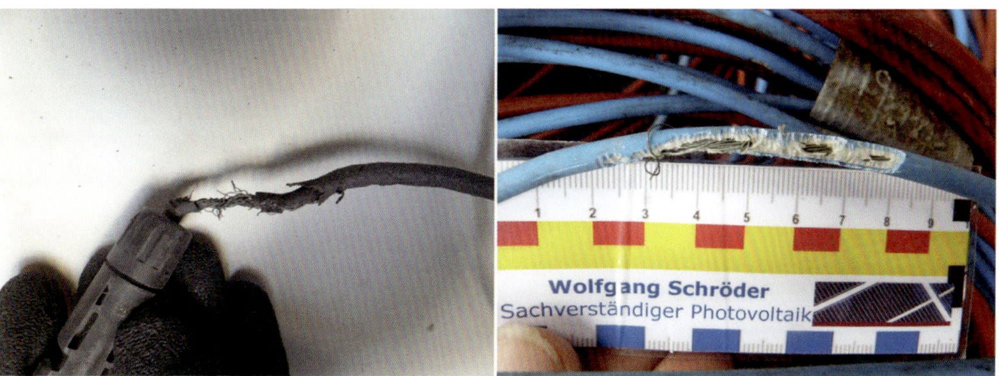

Bild 80: typischer Verbiss eines Marders (links) und Nagetierverbiss (rechts)

Problematisch sind auch immer wieder nicht geeignete Gleichstromleitungen zu sehen. Bei früheren Anlagen, zumindest bis in die Jahren 2004 oder 2005, wurden oftmals

H07RN-F Leitungen (Gummischlauchleitungen) verwendet. Diese sind nicht UV-beständig und werden auf längere Zeit hin porös. Insbesondere dann, wenn sie dazu auch noch ungeschützt auf Dachflächen liegen.

Bild 81: problematisch: Gummischlauchleitungen auf Dachflächen

Bild 82: durch Witterung aufgeplatzte Gummischlauchleitungen

Probleme bereiten in manchen Gebieten auch Tauben. Auf manchen Industriedächern oder auch landwirtschaftlichen Gebäuden nisten sich in Scharen Wildtauben unter den PV-Modulen ein. Durch den abgesonderten Taubenkot werden dann, soweit die Gleichstromleitungen auf der Dachhaut liegen, diese nicht nur verschmutzt, sondern es entsteht mit Einwirkung von Feuchtigkeit eine ätzende Masse, welche die Leitungsisolation zerstört und es hierdurch zu Lichtbögen kommen kann.

Bild 83: Taubenkot führt zu Leitungsbeschädigungen durch Verätzung

6.4.2 Generatoranschlusskästen/Überspannungsschutzkästen

Schwachpunkte bilden bei Photovoltaikanlagen immer wieder Gehäuse von Unterverteilungen, Stringverteilern, Generatoranschlusskästen und Überspannungsschutzeinrichtungen. Entweder durch fehlerhafte Installation oder unter bestimmten Witterungsbedingungen kann in solchen Gehäusen Wasser eindringen oder sich Kondenswasser bilden. Nicht immer entspricht die Material- und Konstruktionsauswahl den äußeren Anforderungen. Lösen auf der Wechselstromseite bei einem durch Feuchtigkeit bedingten Kurzschluss noch die Überstromschutzorgane aus, bleiben die Folgen eines Kurzschlusses auf der Gleichstromseite jedoch bestehen. Paradoxerweise kann sich hier selbst infolge eines von Feuchtigkeit oder Wasser ausgelösten Kurzschlusses und der meist einhergehenden Lichtbogenbildung die Gefahr einer Brandentstehung ergeben.

Bild 84: nicht verschlossene oder nicht zum Kabelquerschnitt passende Kabeldurchführungen

Bild 85: Kondenswasserbildung in Generatoranschlusskasten bei gleichzeitigen ungeschützten, exponierten Montageort

Bild 86: Korrodierte Leitungsanschlüsse (Grünspanbildung) in einem Generatorverteilergehäuse; aufgrund von angesammeltem Kondenswasser entstand ein Kurzschluss, der das Abschmoren einer Leitung zur Folge hatte.

Solche elektrischen Installationseinrichtungen müssen daher regelmäßig (!) auf Wassereindrang und Kondenswasserbildung kontrolliert werden, insbesondere wenn diese an exponierten und von der Witterung ungeschützten Stellen installiert sind. Zur Vermeidung von Kondenswasserbildung genügt meist bereits der Einbau eines Entlüftungsventils in die Gehäusewand. Zudem sollte geprüft werden, inwieweit der Witterungsschutz verbessert werden kann. Bei eindringendem Wasser muss die undichte Stelle gefunden werden. Diese ist dann fachmännisch zu beheben, z. B. entweder durch Austausch defekter Kabeleinführungstüllen, dem fachgerechten Schließen von offenen Kabeleinführungsöffnungen oder gar bei anderweitiger Beschädigung durch Austausch des Gehäuses.

Bei parallel geschalteten Generatorsystemen werden neben Spleißkabeln im Allgemeinen Generatoranschlusskästen verwendet. Diese Anschlusskästen müssen in entsprechender Weise für den Außeneinsatz geeignet sein, d. h. UV-beständig, Schutzklasse IP 65 und keine Kondensatbildung. Darüber hinaus müssen diese Kästen mit einem Warnhinweis beschriftet sein, dass auch bei abgeschalteter Anlage das Bauteil unter Spannung steht.

Dass offenbar für solche Anschlusskästen auch nicht geeignete Teile aus dem Baumarkt herhalten müssen, zeigen die nachfolgenden Bilder. Diese Ausführung grenzt an pure Fahrlässigkeit, wenn sie ein Fachbetrieb installiert hat. Weder die Aufputzklemmdose noch die Klemmen sind für eine solche Installation geeignet.

Bild 87: nicht geeignete Ausführung eines Generatoranschlusskastens mit nicht fest schließendem Deckel

Bild 88: fahrlässige Ausführung der Leitungsverteilung und Klemmverbindung

6.4.3 Steckverbindungen

Bei den Steckverbindungen kommen immer wieder Diskussionen auf, wenn es um deren Kompatibilität geht. Es gibt viele Hersteller von Steckverbindungen, welche mit einer Baugleichheit eines bestimmten Steckerformates werben. Das Problem ist jedoch, dass die Stecker zwar passgleich sind, jedoch aus unterschiedlichen Materialbestandteilen hergestellt sein können. Stellt bereits eine geringe Passungenauigkeit ein Problem dar – nicht nur was deren Haltbarkeit bzw. dem Kontaktschluss angeht, sondern im Speziellen die Gefahr der Lichtbogenbildung – so kann auch eine unterschiedliche Materialalterung zu diesen Problemen führen. Im Laufe der Zeit kann sich so durch unterschiedliche Materialeigenschaften die Passsicherheit der Stecker ändern, was entweder zu einem Lösen führt oder zu Kontaktproblemen im Innern der Stecker.

Auch die Verwendung von mehrfach gekoppelten sogenannten Y-Steckern zur Parallelschaltung von Strings stellt oftmals eine Fehler- und Schadensquelle dar. Die Verbindungen können sich bereits durch das hohe Eigengewicht öffnen, insbesondere wenn sie ungeschützt auf der Dachhaut liegen. Zudem fehlen entsprechende Absicherungen gegen gefährliche Rückströme aufgrund der Parallelverschaltung.

Bild 89: unterschiedliche Steckerfabrikate

Bild 90: nicht geeignete Parallelverschaltung mit auf der Dachhaut liegenden und unzähligen Abzweigsteckern (nachlassende Steckfestigkeit durch Eigengewicht und mechanische Beanspruchung)

6.5 Photovoltaikmodule

Mit Besichtigung der Module (Generatoren) ist festzustellen,

- ob diese äußerlich Beschädigt sind
- ob diese verschmutzt sind
- ob diese visuelle Veränderungen an den Zellen, Lötverbindungen, Laminat und EVA aufweisen
- ob diese Lageveränderungen gegenüber der ursprünglichen Befestigung aufweisen
- ob die Modulbefestigung den Herstellervorschriften entspricht und noch dauerhaft angebracht ist
- ob, soweit Funktionserdungen angebracht wurden, diese den Herstellervorschriften entsprechen und deren Verbindungen fachgerecht und dauerhaft sind.

6.5.1 Visuelle Veränderungen an Modulen

Im Hinblick auf visuelle Veränderungen oder optische Auffälligkeiten bei Modulen ist in der Regel eine spezielle Fachkenntnis gefordert. Es gibt neben den bekannten Auffälligkeiten auch eine Vielzahl von Ursachen, welche in einigen wenigen Fällen noch nicht einmal richtig erforscht sind.

Es ist hierbei zu unterscheiden zwischen altersbedingten Veränderungen, elektro-physikalischen und chemischen Veränderungen, anderweitige Qualitätsdefizite oder Beschädigung durch äußere Einwirkungen.

Browning

Gelbliche bis bräunliche Verfärbung der EVA-Folie (»Browning«) oder Rückseitenfolie.

Bild 91: Browning

Ursache:

Hier liegen qualitative Defizite bei der EVA-Folie oder der Rückseitenfolie vor; teilweise auch ungünstige Lagerung der Folie vor Verwendung. Das EVA enthält Zusatzstoffe zur Verbesserung der UV-Beständigkeit. Bei zu langer oder unsachgemäßer Lagerung kann der Zusatzstoff schnell entweichen. Fehlt dieser später nach der Modulherstellung, tritt nach wenigen Monaten infolge der UV- und Wärmestrahlung eine Vergilbung der Folie ein. Durch das Browning können Säuren freigesetzt werden, deren Folgen Zellausbleichungen, und Blasenbildung in der Rückseitenfolie sein können.

Fehlerbehebung/-vermeidung:

Fehlervermeidung nur bei der Herstellung möglich; wird seitens der Modulhersteller lediglich als »optischer« Mangel ohne Leistungseinbußen dargestellt, kann aber durchaus Spätschäden entwickeln.

TCO-Korrosion

Punktuell bis lineares milchiges Erscheinen der Zelloberfläche; d.h. deutliche visuelle Erscheinung mit gleichzeitiger irreversibler Schädigung der transparent leitenden frontseitigen Zellbeschichtung (TCO = transparent conductive oxide). Deutlich abflachende Strom-Spannungslinie mit entsprechender Leistungsdegradation.

Bild 92: TCO-Schädigung im Modulrandbereich

Bild 93: Beginnende TCO-Schädigung im Randbereich

Ursache:

Eine TCO-Korrosion ist eine chemisch-physikalische Wechselwirkung zwischen Glas und TCO aufgrund eines hohen elektrischen Potenzials der aktiven Zellen gegenüber Erde (Rahmen). Es ist eine Form der Potenzial-Induzierten Degradation (PID), bei der sich die Module anders als bei Si-Modulen, nicht mehr regenerieren, sondern es zu einer Dauerschädigung aufgrund der Zerstörung der TCO-Schicht kommt.

In Verbindung mit dem Entstehen des hohen elektrischen negativen Potenzials gegen Erde erfolgt eine Reaktion von Natrium aus dem Deckglas des Moduls, insbesondere unter Einfluss von Feuchtigkeit. Es sind ausschließlich Dünnschichtmodule betroffen und hauptsächliche solche Module im Superstrataufbau (CdTe und a-Si).

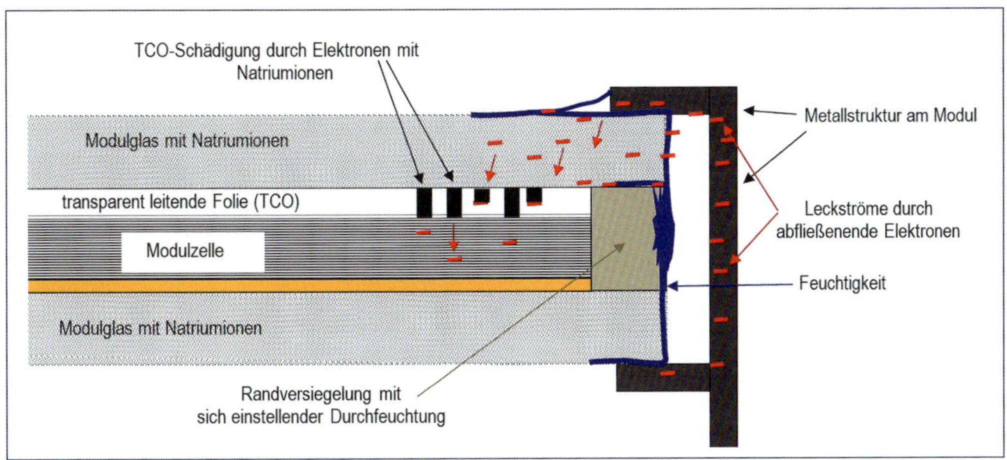

Bild 94: Systemdarstellung TCO-Korrosion

Vorbeugung:

Galvanisch trennende Wechselrichter (Trafo-Wechselrichter) und Erdung des negativen Pols.

Schneckenspuren

Schneckenspuren (Snake-Trails); dunkle, meist bräunliche linienhafte Verfärbungen auf der Zelloberfläche.

Bild 95: Schneckenspuren mit Detailaufnahme

Ursache:

Schneckenspuren werden ursächlich in den meisten Fällen Mikrorissen zugeordnet. Die optische Entstehung ist noch nicht vollständig geklärt (mögliche Reaktion von EVA-Stoffen mit Ag-Pasten und Diffusionsvorgängen). Die Ursache von Mikrorissen wird im nächsten Abschnitt behandelt.

Vorbeugung/Vermeidung:

Der Fehler ist irreparabel; soweit aktive Zellbereiche von den Frontkontakten (Busbars) nicht abgeschnitten sind, besteht keine Leistungseinbuße; entstehen jedoch Zellrisse, ergeben sich auch Minderungen in der STC-Leistung (siehe auch Abschnitt Mikrorisse).

Framing – Feuchte- und Sauerstoffkorrosion

Ähnlich wie bei den beschriebenen »Schneckenspuren« zeigen sich insbesondere bei älteren Modulen Verfärbungen an den Zellrändern.

Bild 96: Zellen mit rahmenähnlichen Verfärbungen (»Framing«) durch Sauerstoffbleiche

Ursache:

Hier ergibt sich der gleiche Effekt wie bei den »Schneckenspuren« im Bereich von Mikrorissen nur an den Zellrändern von über die Rückseite eindiffundierender Feuchtigkeit, woraus sich aus dem Grid Silberionen ablösen und sich in verfärbter Form ins EVA einlagern. Ein anderer Effekt ergibt sich dadurch, dass sich das EVA bräunlich verfärbt (Browning) und durch über die Rückseite eindringenden Sauerstoff die Zellrandbereiche oder dort, wo Mikrorisse vorhanden sind, die Verfärbung wieder ausgebleicht wird.

Vorbeugung/Vermeidung:

Da die Ursache an einem Qualitätsdefizit der Rückseitenfolie liegt, kann der Fehler nicht behoben werden. Bei einem Fortschreiten der Feuchtigkeitsdiffusion sind Delaminationen und Isolationsfehler zu erwarten.

Delamination

Lösen der Rückseitenfolie und EVA-Folie mit Eindringen von Feuchtigkeit; Modul auf der Vorderseite hat mattige, andersfarbige, meist milchige Flecken; auf der Modulrückseite ggf. Blasenbildung.

Bild 97: Delamination im Zellbereich

Bild 98: beginnende Delamination im Randbereich

Ursache:

Schlechte Modulverarbeitung, insbesondere schlechte Lamination und unzureichende Randabdichtung des Moduls; lokal nicht vernetztes EVA kann zu Delaminierung und Blasenbildung führen. Es entsteht ein Sicherheitsrisiko, wenn Modulblasen sich zum Rand ausweiten und ein offener Pfad nach außen entsteht (Isolationsfestigkeit).

Fehlerbehebung/-vermeidung:

Schaden ist nicht mehr reparabel. EVA ist nur begrenzt haltbar (ca. 6 Monate) und muss unter klimatisierten Bedingungen gelagert, geöffnet und verarbeitet werden.

Blasenbildung

Einzelne oder mehrere »Hohlstellen« an der Rückseitenfolie; können einzeln oder massiv auftreten.

Ursache:

Schlechte Modulverarbeitung, insbesondere schlechte Lamination bei ungünstigen klimatischen Verhältnissen; lokal nicht vernetztes EVA kann zu Blasenbildung führen.

Es entsteht ein Sicherheitsrisiko, wenn Modulblasen sich zum Rand ausweiten und ein offener Pfad nach außen entsteht (Isolationsfestigkeit).

Vorbeugung/Vermeidung:

Einzelblasen können repariert werden, ansonsten ist der Schaden nicht mehr reparabel. EVA ist nur begrenzt haltbar (ca. 6 Monate) und muss unter klimatisierten Bedingungen gelagert, geöffnet und verarbeitet werden. Blasenbildungen sind immer ein Zeichen schlechter Modulqualität bzw. unzureichender Qualitätssicherung bei der Modulherstellung.

Mangelhafte Rückseitenfolien

Ein Problem stellen Module dar, deren Isolationsfestigkeit nachlässt. Dabei ist häufig zu beobachten, dass die Leiterbändchen korrodieren (meist an der kurzen Modulseite), der Modulverbund vom Rand aus delaminiert oder sogar die Rückseitenfolien im Bereich der Zellzwischenräume aufreißen.

Bild 99: gerissene Rückseitenfolie im Bereich der Zellzwischenräume (links) sowie auskalkende Rückseitenfolie (rechts)

Bild 100: gerissene Rückseitenfolie mit Delamination und Korrosionen an Leiterbändchen

Ursache:

Das verwendete Material der Rückseitenfolie, in der Regel aus Polyvinylfluorid (Tedlar), ist bei bestimmten Modulen – dazu gehören auch solche von bekannten Herstellern, offensichtlich nicht beständig gegen äußere Einflüsse.

Aus Fachkreisen ist mittlerweile bekannt, dass bei bestimmten Modulherstellern ein Backsheet-Problem bei Modulen aus den »Boom-Jahren« (2009–2012) auftritt, in denen vermehrt Rückseitenfolien aus Polyamid verwendet wurden. Der Schadensmechanismus (häufig mit der Verwendung einer bestimmten Folie) wurde auch bereits vom Fraunhofer ISE und vom ZSW untersucht. Teilweise geht dies auch einher mit einer Abkalkung der Folie (kreideähnliches Abfärben beim Berühren) aufgrund photokatalytischen Reaktion des in den Folien enthaltenen TiO_2 (Titanoxid) sowie Rissbildung an der Rückseitenfolie im Bereich der Zellzwischenräume. Vom ZWE wurden über Elektronenmikroskope Schimmelpilzbildungen nachgewiesen.

Fehlerbehebung/-vermeidung:

Die Fehlerbehebung kann nur mit dem Austausch der Module erfolgen. Manche Modulhersteller reagieren noch mit Kulanz bei abgelaufener Produktgarantie. Grundsätzlich kann hier aber auch das Produkthaftungsgesetz greifen, da die zertifizierte Eigenschaft des Moduls mit nachlassender Schutzklasse II nicht mehr gegeben ist.

Glasrisse – Sprünge von Glas-Glas-Laminaten im Bereich der Befestigungsklemmen

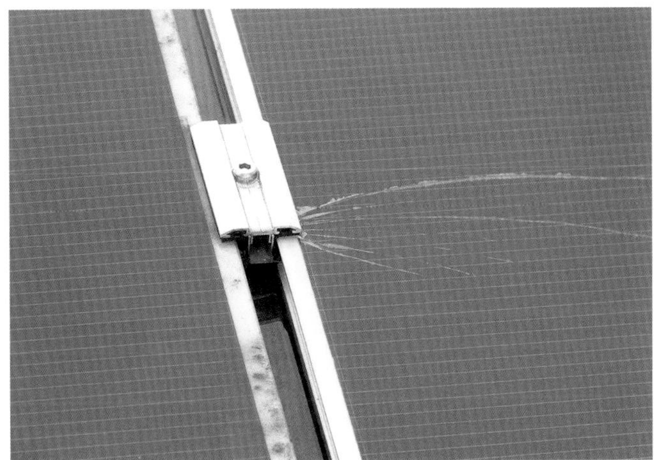

Bild 101: Spannungsriss im Glas an Klemmverbindung

Ursache:

Falscher Klemmabstand oder Klemme zu fest angezogen. Modultausch erforderlich.

Fehlerbehebung/-vermeidung:

Modultausch erforderlich

- Verwendung von für den Modultyp zugelassenen Klemmverbindungen
- Beachtung der Montageanweisung des Modulherstellers
- Befestigung durch Schraubenschlüssel mit begrenztem Drehmoment

Randverschmutzung mit Leistungseinbußen

Bild 102: Randverschmutzung

Ursache:

Ursache liegt nicht primär an Schmutzanfall, sondern hauptsächlich an geringer Dachneigung in Verbindung mit gerahmten Modulen.

Behebung/Vermeidung:

Regelmäßige Reinigung erforderlich; Modulwahl ist bereits bei der Planung im Hinblick auf die vorhandene Dachneigung mit abzustimmen.

Hotspots

Braune »Brandstellen« an den Zellen; teilweise auch auf der Modulrückseite.

Im Thermografiebild meist deutlich erkennbar (Temperaturen > 100 °C). Bei Dünnschichtmodulen silberne bis weiße linienhafte Brennspuren oder »Würmchenspuren«.

Bild 103: thermische Überbeanspruchung bei Dünnschichtmodule (leicht verwechselbar mit »TCO-Korrosion«)

Bild 104: Hotspots bei Si-Modul mit bereits deutlichen Hitzeschäden

Bild 105: Hotspot-Detail

Bild 106: an Rückseitenfolie durchgebrannte Hotspots

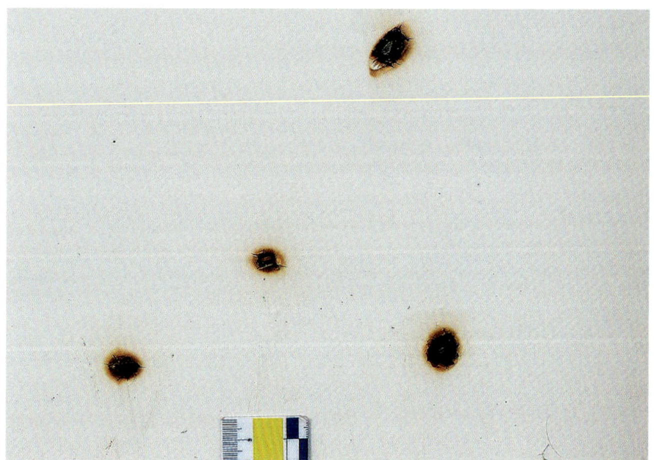

Ursache:

Als Hotspot bezeichnet man eine lokale überhitzte Stelle auf einer Modulzelle. Diese entstehen in der Regel in Abschattungssituationen, wenn die betroffene Zelle nicht mehr als Energieerzeuger tätig ist, sondern als Widerstand (Verbraucher) wirkt. In teilabgeschatteten Zellen wird die elektrische Leistung der übrigen bestrahlten Zellen eines Strings in Wärme umgesetzt. Je nach elektrischem Sperrverhalten der Zelle und Zellbeschaffenheit können sehr hohe Temperaturen (bis zu 300 °C) entstehen. Auch treten Hotspots infolge erhöhter Widerstände bei schlecht bearbeiteten Lötverbindungen im Bereich der Zellverbindungen und Busbars auf.

Vorbeugung/Vermeidung:

Hotspots treten in neueren Modulen kaum mehr auf; zudem begrenzen eingebaute Bypassdioden den Effekt einer Zellabschattung auf dem Modul. Module mit auffälliger Verschmutzung (Vogelkot, Feststoffe) sollten gereinigt werden.

Abgebrannte oder verschmorte Anschlussdosen

Bild 107: verbrannte Modulanschlussdose

Ursache:

Schlechte Lötverbindungen der Busbars an den Anschlusskabeln; teilweise als Serienfehler aufgetreten; kann erhöhtes Sicherheitsrisiko (Brandentstehung) darstellen, insbesondere bei Inndachanlagen.

Fehlerbehebung/-vermeidung:

Modultausch erforderlich. Bei Modulherstellung ist ein anderes Lötverfahren erforderlich.

Hochohmige Frontkontakte

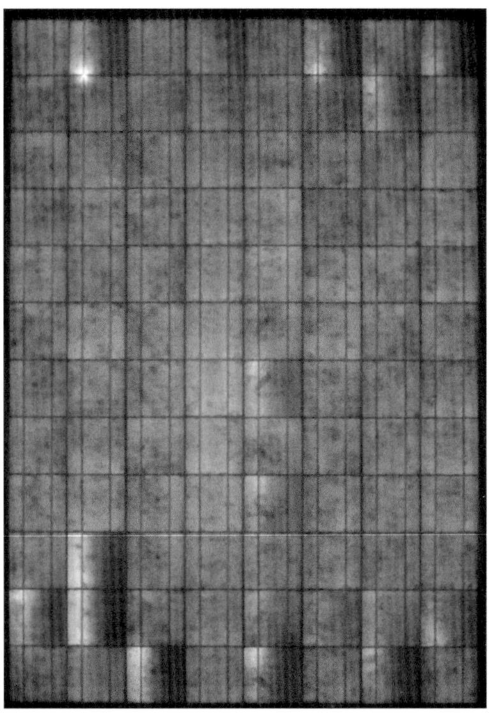

Bild 108: Hochohmiger Frontkontakt im Elektrolumineszenzbild

Ursache:

Bei PV-Anlagen mit Leistungsproblemen kann man an den Modulen mit einer Elektrolumineszenzmessung hochohmige Frontkontakte erkennen. Hier handelt es sich um schlecht gelötete Kontaktbänder mit verhältnismäßig ausgeprägter geringerer Lumineszenz im Bereich der Leiterbändchen einerseits und einer sehr hohen Stromdichte (hellleuchtend) am benachbarten Leiterbändchen andererseits, da über diesem alleine nunmehr der Strom geführt wird.

Dies weist in der Regel auf einen minderwertigen Lötprozess hin und führt zu hohen Serieninnenwiderständen und später auch zu Modulausfällen.

Vorbeugung/Vermeidung:

Das Anlöten der Kontakte an den Zellübergängen bedeutet bei der Herstellung für die Zellen sowohl eine mechanische als auch eine thermische Belastung. An den Kontakten kann es zu Fehlerentwicklungen kommen, bei denen sich diese z.B. von der Zelle ablösen. Hierbei muss der Strom dann über einen geringeren Leiterquerschnitt von der Solarzelle abgeführt werden. Das wiederum führt zu einer höheren Stromdichte bei den benachbarten Leiterbändchen bzw. Zellbereichen, was wiederum einen höheren seriellen Widerstand zur Folge hat.

Der Übergang vieler Hersteller von zwei auf drei Busbars und mittlerweile sogar auf 5 und mehr Busbars ist ein Zeichen dafür, dass hier offensichtlich Optimierungsbedarf bestand. Durch mehr Busbars wird der Weg der Elektronen vom Grid zum nächstgelegenen Busbar verkürzt. Hierdurch wird die Stromdichte durch jeden Busbar reduziert. Die geringere Stromdichte führt dann zwangsweise auch zu einer geringeren Erwärmung und somit Belastung der Zellen an den Kontakten.

Potenzialinduzierte Degradation – PID

Bild 109: typisches Elektrolumineszenzbild für PID

Ursache:

Bei manchen PV-Anlagen mit kristallinen Modulen kommt es zu einem unerklärlichen Leistungsverlust. Neben der üblichen altersbedingten Degradation gibt es weitere Degradationserscheinungen. So wurden bei Anlagen mit hohen Systemspannungen und trafolosen Wechselrichtern Leistungsverluste von bis zu 30 % beobachtet. Dieser Effekt wird als potenzialinduzierte bzw. spannungsinduzierte Degradation (PID) bezeichnet. Als Ursache gelten sogenannte Leckströme. Diese treten bei negativer Spannung gegenüber dem Erdpotenzial auf und können durch hohe Systemspannungen, hohe Temperaturen und hohe Luftfeuchtigkeit begünstigt werden. Erkennbar ist das Phänomen durch Elektrolumineszenzaufnahmen. Hier zeigen sich zumeist in Richtung des negativen Strangpols zunehmend inaktive Zellen im Modulrandbereich.

Vorbeugung/Vermeidung:

Die PI Degradation kann verhindert werden, indem ein Wechselrichter mit der Möglichkeit zur Erdung des positiven oder negativen Poles verwendet wird.

6.5.2 Beschädigungen aufgrund äußerer Einwirkungen

Beschädigungen haben meist eine unerwartete Einwirkung von außen als Ursache. Hierzu zählen u.a.

- Glasbruch
- Glas zerkratzt
- Rahmen verbogen
- Rückseitenfolie zerkratzt
- Bissspuren an Modulkabel und Stecker
- Rahmen aufgequollen
- verschmorte Stecker.

Bild 110: Schneebruch

Bild 111: Hagelschaden

Bild 112: Frostschaden am Rahmen

Bild 113: Schneedruckschaden

Bild 114: Glasbruch an Glas-Glas-Laminat

mögliche Ursachen:

- Steinwurf
- Hagel (siehe Bild 111)
- Schneedruck (siehe Bild 110 und 113)
- unsachgemäße Handhabung bei der Montage
- falsche Montage (z. B. Klemmabstände, statisch nicht ausreichender Unterbau (siehe Bild 55)
- Marderverbiss
- Frostschaden (siehe Bild 112)
- Stecker nicht ausreichend gecrimpt oder untereinander nicht kompatibel.

Vorbeugung/Vermeidung:

- Ausreichende statische Berechnung des Tragsystems
- Nur vom Modulhersteller zugelassene und geeignete Klemmverbindungen wählen.
- Montage nur nach Montageanweisung Modulhersteller
- Kabelschutz gegen Marder (feste Kabeltrassen für die Generatorhauptleitungen)
- Kabel unter Generator hochbinden.
- Bei Frostschäden an Modulrahmen fehlen in der Regel die Entwässerungsöffnungen.
- Nur kompatible Stecker (= gleicher Hersteller!) verwenden.
- Einige Schäden nicht sind vermeidbar, wie z. B. Elementarschaden bzw. Vandalismus, daher ist der Abschluss einer Allgefahrenversicherung durch den Betreiber ratsam.

Weitere von außen einwirkende Schadensbilder

Sind im Anfangsstadium nur durch eine Elektrolumineszenzaufnahme sichtbar – später können sogenannte »Schneckenspuren« auftreten, welche dann auch mit dem bloßen Auge erkennbar sind. Mikrorisse sind nicht reparabel.

Bild 115: Mikroriss in EL-Aufnahme

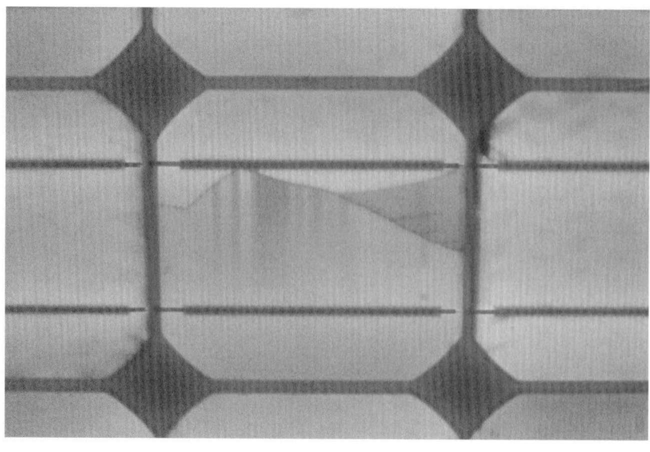

Bild 116: optisch mit dem Auge erkennbarer Zellriss, welcher sich durch Materialdiffusion erkennbar zeigt

Ursache:

- Unsachgemäße Behandlung der Zellen bei der Modulherstellung
- schlechte Transportverpackungen oder waagerechter Transport unter Erschütterungseinfluss (insbesondere Flugtransport und Straßentransport)
- unsachgemäße Handhabung der Module bei der Montage
- Betreten der Module.

Mikrorisse alleine begründen in der Regel keine Leistungseinbuße, sie können sich jedoch durch thermische Beanspruchungen (kalt/warm) weiten. Wandern Mikrorisse auseinander, entstehen sichtbare Zellrisse. Sind die Gridkontakte vom Busbar getrennt, entstehen »tote« Zellbereiche und damit einhergehende Leistungsminderungen.

Vorbeugung/Vermeidung:

- hohe Qualitätsstandards bei der Modulfertigung
- schonende Verpackung und Transport
- richtige und schonende Handhabung der Module bei der Montage
- Module nicht betreten, insbesondere nicht im Glasbereich.

Überspannungsschäden

Überspannungsschäden entstehen durch beschädigte oder durchgebrannte Dioden in der Anschlussdose.

Bild 117: beschädigte Dioden nach Überspannungsschaden

Bild 118: direkter Blitzeinschlag in Modul

Ursache:

Blitzeinschlag oder Blitznaheinschlag.

Vorbeugung/Vermeidung:

Überspannungsschutzeinrichtungen (im Generatorfeld nur begrenzt möglich).

6.6 Wechselrichter

Mit Besichtigung der Wechselrichter ist festzustellen,

- ob diese im Hinblick auf die Eigenschaften und Eigenheiten der Betriebsstätte installiert sind (z. B. feuergefährdete oder explosionsgefährdete Betriebsstätte)
- ob diese nach den Herstellerbedingungen installiert sind (Abstände untereinander und zu begrenzenden Flächen oder Bauteilen)
- ob die Wechselrichter vor direkter Erwärmung (Sonneneinstrahlung) ausreichend geschützt sind
- ob die Topologie der Wechselrichter den Vorgaben der Modulhersteller entspricht
- ob die Auslegung und Dimensionierung der Wechselrichter der Leistung und den zu erwartenden Einstrahlungsverhältnissen der an den Wechselrichtern angeschlossenen Teilgeneratoren entspricht
- ob pro MPP-Tracker-Generatoren mit den gleichen elektrischen Eigenschaften und der gleichen Ausrichtung angeschlossen wurden
- ob die Betriebsparameter der Wechselrichter den örtlichen technischen Anschlussbedingungen entsprechen oder nach den Herstellervorschriften programmiert sind
- ob die Geräte beschriftet sind und eine Zuordnung der einzelnen Teilgeneratoren möglich ist.
- ob die Geräte ohne Hilfsmittel jederzeit zugänglich sind.

Bei den Wechselrichtern ergeben sich meistens Beanstandungen bei der Nichtbeachtung herstellerbedingter Installationsvorgaben, z. B. was den Installationsort oder den Abstand der Geräte von seitlichen Begrenzungen oder untereinander angeht (Wärmebildung). Auch durch die Nichtbeachtung von einschlägigen Vorschriften der VDE-Normen zur Installation von elektrischen Geräten (Installationsort) und brandschutztechnischen Vorgaben, z. B. die Installation im Bereich feuergefährdeter Gebäude bzw. Betriebe ergeben sich nicht selten Installationsdefizite.

Anbringungsort

Nach DIN VDE 0100-530 sind elektrische Geräte so zu installieren, dass sie jederzeit ohne Hilfsmittel zu erreichen sind. Dies ist zum einen der Betriebssicherheit geschuldet, u. a. bei einer plötzlich erforderlich werdenden Notabschaltung (z. B. bei einem Brand) oder bei der Wartung und Instandsetzung. Insbesondere ungünstige, d. h. meist zu hohe und nur durch Steighilfen erreichbare Installationsorte erschweren eine Wartung und einen möglichen Wechselrichteraustausch erheblich.

Bild 119: Zugang zu den Wechselrichtern erheblich eingeschränkt

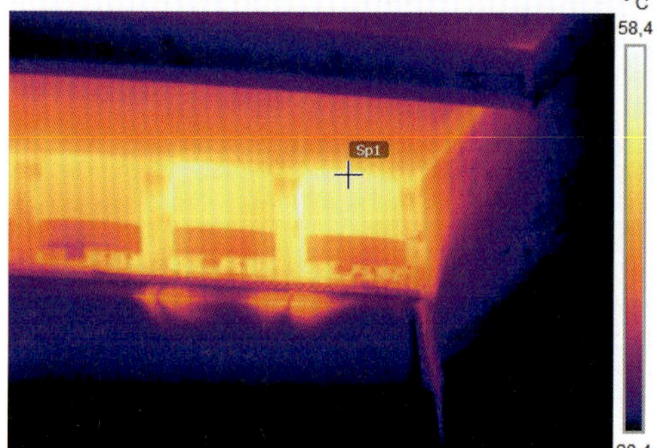

Bild 120: zu geringer Abstand zur oberen Begrenzung, dadurch erheblicher Wärmestau – in Verbindung mit Holzdecke in brandschutztechnischer Hinsicht problematisch

Im Bereich von feuergefährdeten Betriebsstätten ergeben sich immer wieder problematische Installationsbedingungen. Wechselrichter und andere elektrische Betriebsmittel, welche nicht zur Versorgung des Gebäudes gehören, haben darin nichts verloren. Grundsätzlich kann in solchen Räumen weder eine Brandentstehung noch eine mechanische Beschädigung ausgeschlossen werden. Siehe hierzu auch Kapitel 6.10 »Feuergefährdete Betriebsstätten«.

Bild 121: immer wieder problematisch: Wechselrichter in landwirtschaftlichen Gebäuden

Bild 122: Problematisches Umfeld, nicht nur für die Wechselrichter, sondern für die gesamte elektrische Anlage.

Fehlerhafte Auslegung

Bei der Auswahl der Wechselrichter ist u. a. deren Leistung an die zum Anschluss kommende Generatorleistung abzustimmen. Bei der Auswahl des sogenannten Nennleistungsverhältnisses ist neben der Generatorleistung auch deren zu erwartende Einstrahlung zu berücksichtigen. Bei manchen Anlagen findet man unterdimensionierte Wechselrichter, welche bei günstigen Einstrahlungsverhältnissen schnell an ihre Leistungsgrenzen kommen und den DC-Eingangsstrom begrenzen. Seltener aber durchaus anzutreffen sind auch völlig überdimensionierte Wechselrichter, welche aufgrund der permanenten Teilleistung kaum einen vernünftigen Wirkungsgrad erreichen.

Solche Defizite resultieren in den meisten Fällen aus Installationsjahren, in denen Wechselrichter Mangelware waren und man notgedrungen schlechte Kompromisse eingehen musste.

Fehlerhafte Verschaltung

Darüber hinaus sind Situationen anzutreffen, bei denen unterschiedlich ausgerichtete Generatorteilfelder zusammen auf einen MPP-Tracker angeschlossen sind. Insbesondere bei der Belegung von Ost-West-Dachflächen oder Dachgauben mit geringer Modulanzahl ergeben sich solche, ertragsschmälernde Konstellationen.

Auch wurden Wechselrichter oftmals unter Missachtung des minimalen Mpp-Spannungseinganges oder des maximal zulässigen Mpp-Stroms verschaltet, so dass es jeweils zu Leistungsminderungen kommt.

Bild 123: bereits optisch von außen erkennbare Probleme mit der Stringverschaltung bei unterschiedlicher Dachneigung

6.7 Verkabelung Wechselstromseite (AC)

Mit Besichtigung der Wechselstromseite ist festzustellen,

- ob an den Leitungen und sonstigen Betriebsmitteln (z. B. Verteilerschränke, Schutzrohre etc.) äußere Beschädigungen vorhanden sind
- ob die Betriebsmittel verschmutzt sind
- ob auf der Wechselstromseite Vorrichtungen zum Trennen der Wechselrichter vorgesehen sind
- ob die Betriebsmittel den in den Errichtungsnormen enthaltenen zusätzlichen Festlegungen für Betriebsstätten, Betriebsräume und Anlagen besonderer Art noch entsprechen
- ob der Schutz gegen direktes Berühren aktiver Teile elektrischer Betriebsmittel noch vorhanden ist
- ob die Schutzmaßnahmen bei indirektem Berühren noch den Errichternormen entsprechen

- ob Schutzleiter, Erdungsleiter und Potenzialausgleichsleiter den geforderten Querschnitt haben
- ob diese richtig verlegt und angeschlossen sind
- ob Schutzleiter und Neutralleiter nicht verwechselt wurden
- ob Schutz-, Neutral- und PEN-Leiter richtig gekennzeichnet sind
- ob in Schutz- und PEN-Leiter keine Überstromschutzeinrichtungen vorhanden sind oder diese schaltbar sind
- ob Überstromschutzeinrichtungen in der nach der Errichternorm geforderten Auswahl getroffen wurde und den Leiterquerschnitten noch richtig zugeordnet sind
- ob Fehlerstromschutzeinrichtungen in der nach der Errichternorm geforderten Auswahl getroffen wurden
- ob Überspannungsschutzableiter in der nach der Errichternorm geforderten Auswahl getroffen wurden und noch richtig eingestellt sind
- ob Beschriftungen, dauerhafte Kennzeichnungen der Stromkreise, Schaltpläne, Gebrauchs- und Betriebsanleitungen vorhanden und noch zutreffend sind
- ob im Hinblick auf Unfallverhütung und Brandbekämpfung entsprechende Schutzeinrichtungen, Hilfsmittel, Sicherheitsschilder, Schottungen von Leitungs- und Kabeldurchführungen richtig bemessen, vollständig, richtig ausgewählt und ohne Schäden und Mängel sind
- ob der Potenzialausgleich durchgängig vorhanden ist und alle erforderlichen Schutzleiteranschlüsse einbezogen wurden.
- ob die elektrischen Betriebsmittel jederzeit und ohne Hilfsmittel zugänglich sind.

Ein besonderes Augenmerk gilt hierbei auf Räume mit besonderen Anforderungen zu lenken, wie z. B. landwirtschaftliche Gebäude, öffentliche Gebäude oder Versammlungsstätten (wie z. B. Schulen) und Industriegebäude.

Die wechselstromseitige Verkabelung ab Wechselrichteranschluss über Unterverteilung, Zählereinheit und Netzanschluss sollte prinzipiell bei der Ausführung durch ein Fachunternehmen keine Probleme bereiten, da sie ja in ähnlicher Form wie bei einer Hausinstallation zum elektrischen Standard gehört. Aber auch hier finden sich oftmals Probleme, da sich zum einen der Installationsort oftmals von der Standard-Hausinstallation unterscheidet und darüber hinaus auch erweitertes Wissen und Erfahrung gefordert sind.

Hieraus ergeben sich nicht selten Beanstandungen:

- bei der EMV-gerechten Installation; d. h. Trennung von Leitungen unterschiedlicher Spannung und Funktion, wie z. B. Gleichstromleitungen/Wechselstromleitungen/Datenkabel
- bei der Auswahl der richtigen Leitungen
  - ausreichender Querschnitt (Spannungsfall)
  - Adernzahl (je nach Netzform und Installationsort, z. B. Landwirtschaft und Thema »PEN-Leitung«)

- bei der Auswahl der richtigen Schutzeinrichtungen und deren Installation
  - richtige Bemessung für den Fehlerfall (Kurzschlussstrom/Fehlerstrom)
  - Beachtung der Wärmeentwicklung
- und deren Verlegung und Anschluss
  - zulässige Verlegeart (Biegeradien, Leitungsschutz)
  - besondere Verarbeitungsbedingungen bei der Verwendung von ALU-Leitern.

Gemäß den Richtlinien zur elektromagnetischen Verträglichkeiten müssen Leitungen mit unterschiedlichen Bemessungsspannungen und Betriebsspannungen physikalisch getrennt verlegt werden. Dies gilt für die Gleichstromleitungen (bis 1000 V), für die Wechselstromleitungen (bis 400 V) und Datenleitungen (12/24 V). Die erforderliche getrennte Verlegung ergibt sich auch nach DIN VDE 0100-520.

Bild 124: vermischte Leitungsverlegung (DC-AC-Datenleitung)

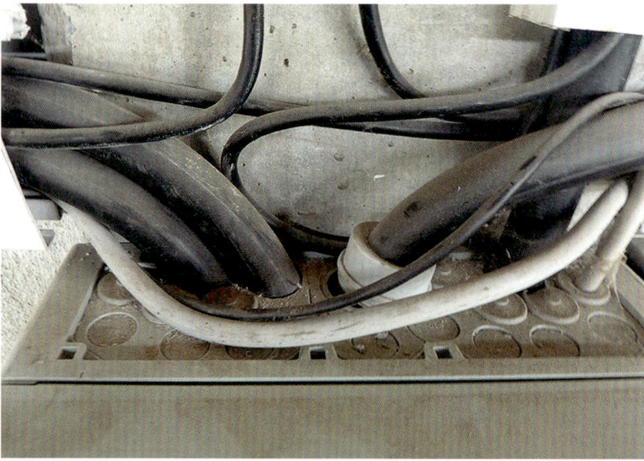
Bild 125: unsachgemäße Kabeleinführungen heben die Schutzklasse des Verteilergehäuses auf

Sicherungskästen für die Absicherung der Wechselrichter sind oftmals zu klein dimensioniert. Hierbei entstehen bereits Probleme mit der Verdrahtung. Auch werden all zu oft die Sicherungen ohne ausreichenden Abstand installiert. Bei einer üblichen Elektroinstallation ergeben sich in der Regel nur zyklische Belastungen mit einem Gleichheitsfaktor von 0,3 bis 0,6. Bei einer Photovoltaikanlage muss aufgrund der Dauerbelastung, insbesondere im Sommer, von einem Gleichheitsfaktor von 1,0 ausgegangen werden. Aufgrund der Dauerbelastung kommt es zu einer erheblichen Erwärmung der Sicherungen. Bei dicht an dicht angeordneten Sicherungselementen kann es hierbei durchaus auch zu einer Brandentstehung kommen, was abgebrannte Verteilerkästen bei Photovoltaikanlagen belegen. Zudem sind Schraubsicherungen als einzelne Absicherungen ungeeignet, da sich diese im Betrieb durch Temperaturausdehnungen lockern können und es beim Lösen und Einschrauben zu Störungen kommen kann.

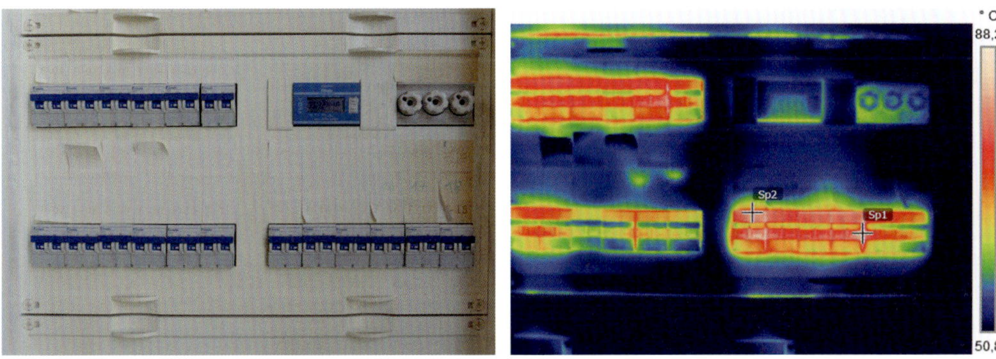

Bild 126: fehlende Abstände der Lasttrennschalter mit deutlicher Überwärmung der Sicherungen > 80°C

Leitungsverlegung

Leitungen und Kabel sind während der Montage und im Betrieb verschiedenen Belastungen ausgesetzt. Hierzu zählen:

- mechanische Beanspruchung
- thermische Beanspruchung
- äußere Einflüsse.

Bei der mechanischen Belastung zählen Zug- und Biegebelastung zu den häufigsten Beanspruchungen. Die Zugbelastung elektrischer Leiter beim Verlegen darf nach DIN VDE 0298 (Teil 3) 50 N/mm² für feste Installationen und 15 N/mm² für ortsveränderliche Betriebsmittel nicht überschreiten. Zu hohe Zugkräfte führen zum Fließen des Leitermaterials. Veränderungen im Materialgefüge und Leiterquerschnittsverringerung führen zu einer höheren Stromdichte und Erwärmung der Leiter und damit zur vorzeitigen Alterung der Leiterisolierung.

In der DIN VDE 0100-520 sind die zulässigen Biegeradien für elektrische Leitungen in Abhängigkeit des Leitungsdurchmessers festgelegt. Zulässige Biegeradien:

- für mehradrige Leitungen kunststoffisolierter Kabel
  4 × DU (DU = Leitungsdurchmesser) für flexible Leitungen bei freier Bewegung
  - DU = 8 bis 12 mm: 4 × DU
  - DU = 12 bis 20 mm: 5 × DU
- für flexible Leitungen bei fester Verlegung
  - DU = 8 bis 12 mm: 3 × DU
  - DU = 12 bis 20 mm: 4 × DU.

Werden Biegeradien bei der Leitungsverlegung nicht eingehalten, kommt es durch Materialstreckungen und Stauchungen zu Veränderungen im mechanischen Aufbau der Kabel mit der Folge einer Beeinträchtigung der elektrischen Eigenschaften.

Bild 127: zu geringer Biegeradius mit Faltenbildung am Leitungsmantel

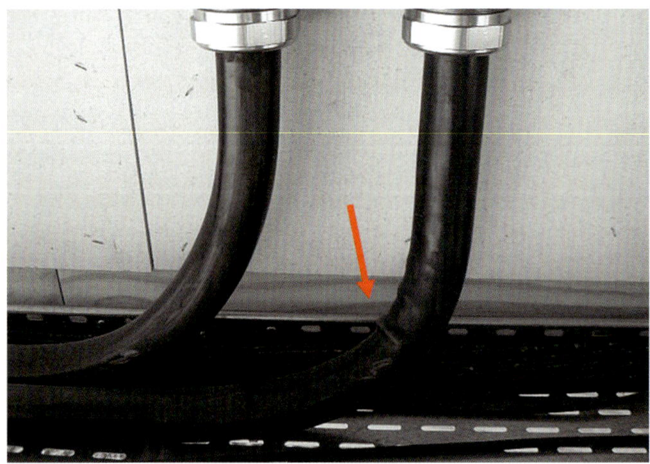

Befestigung von Leitungen

Die Befestigung von Leitungen hat nach DIN VDE 0100-520 in erster Linie durch Kabelkanäle, Kabelpritschen, Schellen, Kabelbinder, Zugentlastungen etc. zu erfolgen. Sie muss so durchgeführt werden, dass die elektrischen Eigenschaften der Kabel und Leitungen bei den im Betrieb zu erwartenden Beanspruchungen (einschließlich Überlastungs- und Kurzschlussfall) nicht verloren gehen. Z. B. ist die lose Verlegung einer Leitung auf einem Dachboden nicht statthaft.

PEN-Leiter

Die unzulässige Verwendung von PEN-Leitern, d. h. nur 4-adrigen Leitungen ohne getrennten Neutral- und Schutzleiter wird immer wieder heftig diskutiert. Grundsätzlich erlaubt die DIN VDE 0100-410 die Verwendung von PEN-Leitern in TN-Systemen – auch bei Photovoltaikanlagen. Gleichwohl gibt es jedoch erhebliche Probleme im Bereich landwirtschaftlicher Betriebe. In der DIN 0100-705 wird die Trennung des Neutral- und Schutzleiters ab dem Speisepunkt der elektrischen Anlage gefordert. Dieser Punkt ist in der Regel in der Zählerverteilung zu sehen. Eine Verbindung der Zählerverteilung und Unterverteilung mit einem PEN-Leiter ist daher nicht zulässig. Gleiches gilt auch für die Bereiche feuergefährdeter Betriebsstätten außerhalb landwirtschaftlicher Betriebe. Auch dort ist die Durchquerung mit einem Kabel mit PEN-Leiter nicht zulässig, es sei denn, es handelt sich um ein mineralisoliertes Kabel oder es ist erd- und kurzschlusssicher verlegt. Liegt ein TT-Netz vor, müssen Schutz- und Neutralleiter immer getrennt sein, soweit eine Schutzleiterverbindung auf anderem Wege nicht dauerhaft sichergestellt und nachgewiesen wird.

Bild 128: problematisch: PEN-Leiter an einer PV-Unterverteilung in einem landwirtschaftlichen Betrieb; dazu noch fehlende Kennzeichnung

Aluminiumleiter

Die Verwendung von kostengünstigeren Aluminiumkabeln anstelle von Kupferkabeln hat gerade bei der Photovoltaik-Installation zugenommen. Die fachgerechte und sichere Verarbeitung von Aluminiumleitern ist jedoch arbeitsintensiver und erfordert entsprechend mehr Aufmerksamkeit. Unsachgemäße Installation von Aluminiumkabeln führt zu gefährlichen Betriebszuständen und zu erheblichen Schäden in der Leitungsanlage.

Bei Beachtung aller Verarbeitungshinweise und dem Einsatz geeigneter Installationsmaterialien ist die Installation von Aluminiumkabeln genauso sicher wie die Installation von Kupferkabeln. So sind z. B. die Aluminiumleiter entsprechend zu präparieren, bevor sie verklemmt werden. Das bedeutet, dass die Leiterenden unmittelbar vor dem Kontaktieren mechanisch von der Oxid-Schicht befreit und mit säure- und alkalifreiem Fett behandelt werden müssen. Auf keinen Fall darf hier mit Schmirgelpapier, Bürsten oder Feilen gearbeitet werden. Auf dem Leiter könnten kleine Eisenpartikel verbleiben, die aufgrund der elektrochemischen Spannungsreihe zu einer Zersetzung des unedleren Leitermaterials und einer unzulässigen Erwärmung der Klemmstelle führt.

Aufgrund der Fließneigung von Aluminium sind die Klemmen vor der Inbetriebnahme und nach den ersten 200 Betriebsstunden nachzuziehen. Diese Arbeitsgänge sind jedes Mal erforderlich, wenn der Leiter abgeklemmt und wieder neu angeklemmt wird.

Die verwendeten Klemmen für Aluminiumleiter müssen vom Hersteller für diese Anwendung geprüft sein. Das verwendete Material muss unter Berücksichtigung der elektrochemischen Spannungsreihe so gewählt werden, dass eine Zersetzung des unedleren Materials verhindert wird. Weiterhin muss die Klemme im Bereich des Stromübergangs eine entsprechende Oberfläche haben, um die Fettschicht und eine trotz korrekter Leiterbehandlung vorhandene sehr geringe Oxidschicht beim Anschluss zu durchbrechen.

Bei einer Inspektion bzw. Anlagenprüfung sind deshalb insbesondere bei vorhandenen Aluminiumleitern die oben genannten Punkte vor Ort genau zu prüfen.

Bild 129: Brand einer Niederspannungshauptverteilung wegen falsch geklemmter, mehradriger Aluminiumleiter

6.8 Schutzeinrichtungen

Die Anforderungen an die Besichtigung von Schutzeinrichtungen wurden bereits in den vorangegangenen Kapiteln bei den Wechselrichtern und den wechselstromseitigen Betriebsmitteln erläutert. Darüber hinaus muss bzw. kann eine Photovoltaikanlage verschiedene weitere Schutzeinrichtungen haben. Das »Muss oder Kann« richtet sich in der Regel nach dem Anbringungsort, der Netzform, dem Netzbetreiber, bereits anderweitig vorhandenen Schutzeinrichtungen sowie der Risikoeinschätzung des Anlagenbetreibers.

Nachfolgend sind die einzelnen Schutzeinrichtungen genannt und deren Erfordernis und Aufgabe beschrieben. Im Zuge der Inspektion bzw. Besichtigung der Anlage sind, soweit möglich, deren Zustand und Funktion zu prüfen.

6.8.1 Wechselrichter

6.8.1.1 Selbsttätige Freischaltstelle

Bereits der Wechselrichter als »aktives« Bauteil einer Photovoltaikanlage hat bestimmte Schutzfunktionen zu erfüllen. Er muss z. B. dann abschalten, wenn die Netzspannung einbricht oder das Netz komplett ausfällt. Hier ist zu prüfen, ob die zutreffenden Parameter nach den Netzanschlussbedingungen noch eingestellt sind oder angepasst werden müssen.

6.8.1.2 Frequenzüberwachung

Bei Schwankungen der Netzfrequenz muss der Wechselrichter nach den aktuellen Anwendungsregeln der VDE A-RN-4105 »aktiv« mitwirken. D. h. er muss netzstabilisierend in der Form mitwirken, dass er seine Leistung stufenweise reduziert, bis sich die Netzfrequenz wieder stabilisiert und danach erst wieder stufenweise seine Leistung erhöht. Bei älteren Wechselrichtern fehlt diese Eigenschaft. Bei ihnen gibt es nur starre Abschaltwerte bei einer Unter- oder Überschreitung der Netzfrequenz mit der Folge, dass beim Verlassen des eingestellten Frequenzfensters alle Wechselrichter einer Anlage oder aller Anlagen im Netzbereich schlagartig abschalten und bei Frequenzstabilisierung auch wieder schlagartig zuschalten. Dabei besteht die Gefahr, dass das strapazierte Netz sich durch die pulsive Ent- und Belastung durch die »harte« Schaltung der Wechselrichter »aufschaukelt« und die Gefahr eines kompletten Zusammenbruchs besteht. Hier wurden in der Vergangenheit entsprechende technische Maßnahmen nachgerüstet oder je nach Wechselrichtertyp unterschiedliche Abschaltfrequenzen eingestellt. Ziel dieser Maßnahmen war es, dass sich bei einer Frequenzschwankung nicht plötzlich alle Wechselrichter einer Region abschalten und nach der Frequenzstabilisierung wieder schlagartig zuschalten, was weitere Kettenreaktionen im Netz auslösen könnte. Bei vor Ort eingestellten Abschaltfrequenzen müssen ergänzende Hinweise zum vorhandenen Typenschild des Wechselrichters angebracht sein. Wechselrichter neuerer Generation wirken bei Frequenzstörungen aktiv mit; d. h. sie reduzieren ihre Leistung nur stufenweise und erhöhen diese auch wieder nur stufenweise und tragen somit zu einer Netzstabilisierung bei.

6.8.1.3 Spannungsüberwachung

Wird das Netz durch übermäßige Einspeisung von regenerativen Energiequellen belastet, steigt die Netzspannung an. Wechselrichter müssen darauf reagieren und ab einem gewissen Grenzwert abschalten. Hier ist zu prüfen, ob die zutreffenden Parameter nach den Netzanschlussbedingungen noch eingestellt sind oder angepasst werden müssen.

6.8.1.4 Phasenüberwachung

Insbesondere bei kleineren und älteren Photovoltaikanlagen sind Wechselrichter einphasig mit unterschiedlicher Leistung ans Netz angeschlossen. Auch wenn die Differenz der Anschlusswerte aller drei Phasen < 4,6 kVA beträgt, kann sich dieser Wert bei Ausfall eines Wechselrichters erheblich vergrößern. Um hierbei eine Phasenschieflast zu vermeiden, werden Phasenüberwachungsrelais installiert, welche bei einer Schieflast von > 4,6 kVA alle Wechselrichter ausschalten.

6.8.2 Überstromschutzeinrichtungen

Alle Stromkreise sind generell mit Überstromschutzeinrichtungen auszustatten. Diese müssen in Ihrer Bauweise und Art nach dem maximal möglichen Kurzschlussstrom bemessen sein und im Kurzschlussfall sicher auslösen.

Bei der Anordnung der Überstromschutzeinrichtungen ist zu beachten, dass diese auf einen ausreichenden Abstand untereinander gesetzt wurden, damit sie sich im Dauerbetrieb nicht erwärmen. Kritisch zu betrachten sind Schraubsicherungen. Zum einen können sie sich temperaturbedingt lockern, zum anderen sind sie bei manchen Wechselrichterhersteller nicht zugelassen.

6.8.3 Fehlerstromschutzschalter

In der Regel ist der Fehlerstromschutzschalter, kurz RCD genannt, eine zusätzliche Schutzeinrichtung für den Fehlerfall. Er wird bei Photovoltaikanlagen dann erforderlich, wenn

- offene Stromkreise vorhanden sind (z. B. Steckdosen)
- ein TT-Netz besteht
- die Betriebsstätten feuergefährdet sind (z. B. Landwirtschaft).

Grundsätzlich ist hierbei ein RCD Typ A (pulsstromsensitive Fehlerstromschutzeinrichtung) ausreichend, zumindest wenn durch galvanische Trennung bei den Wechselrichtern sichergestellt ist, dass keine Gleichstromfehlerströme auf die Wechselstromseite gelangen können. Soweit trafolose Wechselrichter verwendet werden, welche seitens des Herstellers keine Bescheinigung darüber besitzen, dass auf der Gleichstromseite keine Fehlerströme auftreten können, ist ein RCD Typ B (allstromsensitiver Fehlerstromschutzschalter) vorzusehen.

6.8.4 Hauptschalter

Hauptschalter oder Notausschalter sind dort anzubringen, wo Wechselrichter nicht durch Laien anderweitig abgeschaltet werden können (z. B. über Sicherungsautomaten) sowie in brandgefährdeten Betrieben, insbesondere in der Landwirtschaft.

6.8.5 Jederzeit zugängliche Freischaltstelle/NA-Schutz

Nach früheren Anschlussbedingungen benötigte jede Photovoltaikanlage ab 30 kWp Anlagenleistung eine für den Netzbetreiber jederzeit zugängliche Freischaltstelle, um die Photovoltaikanlage bei Netzstörungen oder Netzarbeiten abschalten zu können. Bei neueren Anlagen > 30 kVA wurde diese Freischaltstelle in der aktuellen Anwendungsregel VDE-AR-N 4105 durch einen zentralen Netz und Anlagenschutz (NA-Schutz) ersetzt. Dieser wird am Zählerplatz realisiert, überwacht Spannung und Frequenz und schaltet im Fehlerfall zwei in Reihe geschaltete galvanisch trennende Kuppelschalter ab.

6.9 Blitz- und Überspannungsschutz

6.9.1 Grundlagen

Bei Anlagenbesichtigungen stößt man immer wieder auf die Situation, dass bei einem bestehenden Blitzschutzsystem dieses bei der Planung und der Montage der Photovoltaikanlage schlichtweg ignoriert wurde. Dies äußert sich in der Form, dass der Blitzschutz größtenteils überbaut oder auf erforderliche Trennungsabstände nicht geachtet wurde. Bei einigen Photovoltaikanlagen hat man sich offensichtlich etwas dabei gedacht, weil zumindest das PV-Gestell mit dem Blitzschutzdraht verbunden wurde. Es stellt sich aber meist schnell heraus, dass dieser Gedanke nicht zu Ende gedacht wurde, insbesondere was den inneren Blitzschutz angeht. Nicht selten erlebt man auch Diskussionen über Sinn und Unsinn einer Blitzschutzanlage. Es darf in diesem Zusammenhang deshalb auf einige grundlegende Planungs- und Ausführungsbestimmungen hingewiesen werden.

Bei einer Blitzschutzanlage unterscheidet man den äußeren sowie den inneren Blitzschutz. Der äußere Blitzschutz besteht aus den Fang- und Ableiteeinrichtungen (Blitzschutzdraht). Der innere Blitzschutz besteht aus dem Blitzschutzpotenzialausgleich sowie Überspannungsschutzgeräten mit unterschiedlichen Wirkungsgraden, je nach Blitzschutzzone und zu schützendem Bereich.

Die Installation einer Blitzschutzanlage (BSA) auf einem Gebäude kann sich aus verschiedenen Situationen heraus ergeben:

- Bauordnungsrechtliche Forderungen: Auf bestimmte Gebäude muss kraft Gesetzes bereits eine Blitzschutzanlage installiert werden (z. B. Schulen, Verkaufsstätten, Hochhäuser). Darüber hinaus können baugenehmigungsrechtliche Auflagen einen Blitzschutz beinhalten.
- Versicherungsrechtliche Forderungen: In der VDS 2010 wird ab 10 m² Solarfläche ein Blitzschutz empfohlen. Hieraus ergeben sich ausschließlich versicherungsrechtliche Forderungen, welche jedoch nicht alle Versicherer fordern.
- Private Forderungen: Wenn der Anlagenbetreiber nach seiner Risikoeinschätzung sein Gebäude als entsprechend schützenswert hält. Dies gilt sowohl im Privatbereich als auch im gewerblichen Bereich.

Soweit auf einem Gebäude kein äußerer Blitzschutz installiert ist, wird für die Installation einer Photovoltaikanlage auch keine BSA erforderlich, es sei denn, es ergeben sich dennoch Forderungen aus den zuvor genannten Punkten.

Ist auf einem Gebäude bereits eine BSA vorhanden, so hat dies seinen Grund. Bei der Errichtung einer Photovoltaikanlage auf einem solchen Dach muss dieser Umstand bei der Planung und Ausführung zwingend berücksichtigt werden. Dies ergibt sich bereits aus den normativen Forderungen, insbesondere der DIN VDE 0185-305 Teil 3, Beiblatt 5. Wichtig zu wissen ist, dass weder der Teil 3 der DIN VDE 0185-305 noch das Beiblatt 5 einen Blitzschutz für Photovoltaikanlagen fordern, wie dies oft fälschlicherweise in Werbebroschüren von Blitzschutzanbietern dargestellt wird. Dieser Teil der Norm regelt ausschließlich die Ausführung des Blitzschutzes, soweit für dessen Errichtung ein Erfordernis besteht.

Bild 130: oftmals anzutreffen: überbauter äußerer Blitzschutz

Auch der innere Blitzschutz bzw. Überspannungsschutz (SPD – Surge Protection Device) richtet sich nach Erfordernis und Umfang, nach der Örtlichkeit und den normativen Forderungen, insbesondere der DIN VDE 0100-712 und VDE 0185-305 Teil 3, Beiblatt 5.

Ist kein äußerer Blitzschutz vorhanden und auch nicht erforderlich, muss nicht unbedingt ein SPD eingebaut werden. Klar muss aber auch sein, dass es alleine durch einen Naheinschlag eines Blitzes noch bis 1000 m vom Objekt entfernt zu elektrischen und magnetischen Feldkopplungen kommen kann, welche z. B. die installierten Wechselrichter beschädigen können.

Ist ein äußerer Blitzschutz vorhanden oder erforderlich, gilt es zu prüfen, ob mit der Photovoltaikanlage der erforderliche Trennungsabstand zur Blitzschutzanlage eingehalten werden kann. Ist dies der Fall, muss bereits ein SPD eingebaut werden. Hier reicht ein SPD Typ 2 unmittelbar vor dem zu schützenden Gerät. Kann der Trennungsabstand nicht eingehalten werden, z. B. bei einem Blechdach, ist unmittelbar am Gebäudeeintritt der Stringleitungen ein SPD Typ 1 (Blitzstromableiter) anzuordnen. Unter Umständen wird unmittelbar am zu schützenden Gerät noch ein SPD Typ 2 erforderlich. Näheres hierzu regeln die entsprechenden VDE-Normen.

Bild 131: Trennungsabstand?

Bei einer in den BSA eingebundenen Photovoltaikanlage ist ein Überspannungsschutz vom Typ 2 vor den Wechselrichtern in der Regel ausreichend. Es können aber auch mehrere SPDs erforderlich werden, wenn sich die Anlage vom Generatorfeld bis zu den Wechselrichtern sehr lange ausdehnt.

Die Einhaltung des Trennungsabstandes der Photovoltaikanlage zur äußeren BSA soll oberstes Ziel sein. Ansonsten ergeben sich erhebliche Aufwendungen für den Blitzschutzpotenzialausgleich und den inneren Blitzschutz.

Bild 132: viele Fehler auf einmal (Leitungsschutz, Leitungsbefestigungen, Trennungsabstand?)

Kann der Trennungsabstand nicht eingehalten werden (zum Beispiel bei einem Metalldach), muss das metallene Gestell an die vorhandene BSA angebunden werden. Dieser Blitzschutzpotenzialausgleich hat die Aufgabe, eine gefährliche Funkenbildung und somit Brandentstehung bei einem Blitzüberschlag von der BSA auf die Photovoltaikanlage zu vermeiden. Besteht die Möglichkeit, dass durch die erforderliche Anbindung an die BSA Blitzteilströme auch durch die Photovoltaikanlage und insbesondere durch die Leitungen fließen können, bedarf es eines zusätzlichen und höheren Überspannungsschutzes vom Typ 1 zur Blitzstromableitung unmittelbar am Gebäudeeintritt.

6.9.2 Prüfung vor Ort

Bei einer Inspektion vor Ort muss eine vorhandene Blitzschutzanlage zumindest visuell mit geprüft werden, wenn die Photovoltaikanlage in diese eingebunden oder angebunden ist. Es darf darauf hingewiesen werden, wenn die Photovoltaikanlage das erste Mal fachmännisch geprüft wird, dass schätzungsweise bei 80 bis 90 % der Photovoltaikanlagen mit Blitzschutzeinrichtung zum Teil erhebliche Ausführungsmängel vorhanden sind. Es bedarf deshalb gerade hier einer erfahrenden Fachkraft, welche die Ausführung bereits augenscheinlich fachlich beurteilen kann.

In die Prüfung mit einzuschließen ist hierbei

- der Zustand des äußeren Blitzschutzes (Korrosion, Verbindungen)
- die Einbindung der Photovoltaikanlage in den äußeren Blitzschutz (Trennungsabstände, Schutzbereiche)
- die Maßnahmen bei einem fehlenden Trennungsabstand (Blitzschutzpotenzialausgleich, innerer Blitzschutz).

Bild 133: Trotz Brücke des Blitzableiters kein Trennungsabstand, da Dachblech auf dem gleichen Potenzial wie Blitzschutz liegt.

Soweit Überspannungsschutzeinrichtungen vorhanden sind, ist zu prüfen,

- ob die eingesetzten Sicherungen für Photovoltaikanlagen zugelassen sind
- ob eine oder mehrere Sicherungen ausgelöst haben
- ob bei der Leitungsführung »saubere« und »schmutzige« Leitungen getrennt verlegt sind (mit »schmutzigen« Leitungen sind diejenigen vor dem Überspannungsableiter gemeint, welche mit Überspannung behaftet sein können; mit »sauberen Leitungen diejenigen nach dem Überspannungsableiter).

Bild 134: Vermischte Verlegung von Leitungen vor dem Überspannungsschutz (»schmutzige Leitungen«) und nach dem Überspannungsschutz (»saubere Leitungen«) können die Schutzwirkung durch Spannungseinkopplung wieder aufheben.

6.10 Feuergefährdete Betriebsstätten

Nachdem in den bereits vorangegangen Kapiteln mehrfach von Brandentstehungen bei elektrischen Anlagen die Rede war, muss diesbezüglich in Bereichen, in welchen von Grund auf leicht Brände entstehen können eine besondere Aufmerksamkeit erfolgen, insbesondere im Bereich der feuergefährdeten Betriebsstätte.

Zuerst stellen sich jedoch die Fragen, was eine feuergefährdete Betriebsstätte ist, wo eine solche definiert wird und welche Kriterien dabei eine Rolle spielen?

In der DIN VDE 0100-420 (Vorgängerversion: DIN VDE 0100-482) wird die Auswahl und die Errichtung von elektrischen Anlagen in Räumen oder Orten mit besonderem Brandrisiko beschrieben. Das sind solche, bei denen das Brandrisiko durch die Art der verarbeiteten oder gelagerten Materialien einschließlich der Ansammlung von Staub, wie in Scheunen, Holzverarbeitungswerkstätten, Papier- und Textilfabriken, oder Ähnlichem verursacht wird. Demzufolge geht es um die Lagerung oder Herstellung leicht entzündlicher Stoffe.

Die Definition von leicht entzündlichen Stoffen gibt ebenfalls die DIN VDE 0100-420 vor. Hierbei handelt es sich um brennbare feste Stoffe, die, der Flamme eines Zündholzes 10 Sekunden ausgesetzt, nach Entfernen der Zündquelle von selbst weiter brennen und weiter glimmen.

Diese allgemeinen normativen Aussagen werden ergänzt durch die Anmerkung, dass in Deutschland die Einstufung in feuergefährdeten Betriebsstätten vom Betreiber/Nutzer der elektrischen Anlage unter Berücksichtigung von gegebenenfalls DGUV Vorschrift 1 vorzunehmen ist. Er sollte für die Einstufung einen Sachkundigen/Sachverständigen hinzuziehen.

Hieraus ergibt sich ein wichtiger Hinweis: Verantwortlich für die Gefährdungsbeurteilung ist der Betreiber der elektrischen Anlage. Nicht unwichtig ist aber auch der Umstand, dass ein Planer oder Installateur eine Prüfungs- und Hinweispflicht hat. Wenn er der Meinung ist, dass die Einstufung nicht richtig vorgenommen wurde, so muss er den Betreiber schriftlich darüber in Kenntnis setzen. Installiert ein Errichter eine elektrischen Anlage so, als gäbe es keine feuergefährdete Betriebsstätte, obgleich hierfür Anzeichen bestehen, so handelt er grob fahrlässig. Das Gleiche gilt auch für denjenigen, der eine Inspektion an der Anlage durchführt und die entsprechenden Kriterien außer Acht lässt.

Nicht unproblematisch ist oftmals die Konstellation, wenn Dachflächen für eine Photovoltaikanlage angemietet wurden. Ist üblicherweise der Betreiber der Photovoltaikanlage und somit der elektrischen Anlage auch Eigentümer des Daches bzw. Gebäudes, so liegt es in seinem Ermessen, was die Einstufung für eine feuergefährdete Betriebsstätte angeht. Bei angemieteten Dächern verlagert sich dieses unweigerlich alleine auf den Anlagenbetreiber. Ist der Anlagenbetreiber darüber hinaus auch noch technischer Laie, so überwiegt die Verantwortung beim Installateur im Zuge der Anlagenerrichtung bzw. später bei der Servicefachkraft im Zuge der Inspektion und Anlagenprüfung.

Bei der Installation von Photovoltaikanlagen werden nicht selten die Anforderungen der örtlichen Gegebenheiten meist ausschließlich der Photovoltaikanlage untergeordnet. Dies bedeutet: so viel Leistung wie möglich auf das Dach, möglichst kurze Leitungswege und einen geschützten Anbringungsort für die Wechselrichter. Die Eigenheiten und Eigenschaften des betreffenden Gebäudes werden oftmals völlig ausgeblendet.

Es gibt durchaus bereits objektive Kriterien, ein Gebäude einer feuergefährdeten Betriebsstätte zuzuordnen, z. B. in der Landwirtschaft: Scheune mit Strohlagerung. Darüber hinaus gibt es jedoch auch Grenzfälle und durchaus auch Gebäude, welche auf den ersten Blick gar nicht mit feuergefährdeten Betriebsstätten in Bezug gebracht wird. Die genannte Norm gibt hierzu noch weitere Hilfen. So verweist sie auf die Richtlinien zur Schadensverhütung VdS 2033 »Feuergefährdete Betriebsstätten und diesen gleichzustellende Risiken« des Gesamtverbandes der deutschen Sachversicherungen.

Danach sind feuergefährdete Betriebsstätten Räume oder Orte in Räumen oder im Freien, bei denen die Gefahr besteht, dass sich nach den örtlichen und betrieblichen Verhältnissen leicht entzündliche Stoffe in gefahrbedrohender Menge den elektrischen Betriebsmitteln so nähern können, dass höhere Temperaturen an diesen Betriebsmitteln oder Lichtbögen eine Brandgefahr bilden. Durch entsprechende Fallbeispiele lassen sich bestimmte Räumlichkeiten, Gebäude oder Orte hierzu einstufen:

- holzverarbeitende Betriebe
- landwirtschaftliche Betriebsstätten
- Lager (Speditionslager).

Bei der landwirtschaftlichen Betriebsstätte sind im Übrigen nicht nur die Scheune oder der Stall gemeint. Es zählt die gesamte Betriebsstätte, d. h. auch Lagerhallen mit Maschinen und Wohngebäude dazu. Dabei gibt es viele Beispiele, nicht nur in der Landwirtschaft, bei denen elektrische Betriebsmittel der Photovoltaikanlage in feuergefährdeten Betriebsstätten installiert wurden.

Bild 135: oftmals anzutreffen: problematische Wechselrichtermontagen in landwirtschaftlichen Gebäuden

Bild 136: nicht nur wegen des Brandschutzes und schwierigen Zugangs zu den Wechselrichtern problematisch – Tiere können sehr neugierig sein

6.11 Baulicher Brandschutz

Mit dem Thema Brandschutz und Photovoltaikanlage wird meist die Thematik des Löscheinsatzes bei Bränden an Gebäuden mit Photovoltaikanlagen gemeint. Ein sehr ernst zu nehmendes Thema ist der eigentliche bauliche Brandschutz. Insbesondere bei weit ausgedehnten Photovoltaikanlagen auf großflächigen Dächern, zumeist auf Gewerbe- bzw. Industriegebäuden, tangieren in vielen Bereichen den baulichen Brandschutz, dessen Nichtbeachtung erhebliche Folgen haben kann. Ungeachtet der meist hohen Sachschäden als Folge eines Brandes erfordert der Brandschutz eines Gebäudes, in dem sich regelmäßig Personen aufhalten, eine weitaus größere Aufmerksamkeit, da Personenschäden zivil- und strafrechtlich erhebliche Konsequenzen nach sich ziehen können.

Es gibt unter § 306 ff. Strafgesetzbuch das fahrlässige Herbeiführen einer Brandgefahr. Er greift bereits bei Begründung einer Brandgefahr einschlägig, wenn besonders feuergefährdete Betriebe oder Anlagen, Anlagen oder Betriebe der Land- und Forstwirtschaft etc. in Brandgefahr gebracht werden. Dies gilt möglicherweise auch in Verbindung mit § 13 StGB durch Unterlassen einer Handlung nach Begründung der von einem Produkt ausgehenden Gefahr.

Auszug aus Strafgesetzbuch (§ 306d Fahrlässige Brandstiftung):

»(1) Wer in den Fällen des § 306 Abs. 1 (Anmerk.: Brandstiftung an fremden Gebäude, Betriebsstätten, technischen Einrichtungen ... etc.) oder des § 306a Abs. 1 (Anmerk.: u. a. Gebäude in denen sich Menschen aufhalten) fahrlässig handelt oder in den Fällen des § 306a Abs. 2 (Anmerk.: Menschengefährdung nach § 306) die Gefahr fahrlässig verursacht, wird mit Freiheitsstrafe bis zu fünf Jahren oder mit Geldstrafe bestraft.

(2) Wer in den Fällen des § 306a Abs. 2 fahrlässig handelt und die Gefahr fahrlässig verursacht, wird mit Freiheitsstrafe bis zu drei Jahren oder mit Geldstrafe bestraft.«

Nach der Musterbauordnung und den Landesbauordnungen werden Gebäude je nach Größe (Gebäudehöhe, Stockwerke, Grundfläche) und Nutzung unterschiedlich eingestuft. Bei großflächigen Gebäudekomplexen handelt es sich meist um bauliche Anlagen und Räume besonderer Art und Nutzung (Sonderbauten). Hierzu gehören z. B. Gebäude mit mehr als 1600 m^2 Brutto-Grundfläche des Geschosses mit der größten Ausdehnung. Nach der Definition der Landesbauordnungen sind für solche Sonderbauten Brandschutzkonzepte zu erstellen.

Eine Photovoltaikanlage – insbesondere auf großflächigen Dächern – verändert die brandschutztechnische Infrastruktur in und auf einem Gebäude bzw. Dach. Deswegen müssen solche Anlagen zwingend in ein Brandschutzkonzept mit eingebunden werden. Darüber hinaus kann auch nicht ausgeschlossen werden, dass sich durch die Änderungen der Brandlast auch eine Nutzungsänderung des Gebäudes ergibt, welche einer baurechtlichen Genehmigung bedarf.

Auch die Musterindustriebaurichtlinie legt im Hinblick auf den baulichen Brandschutz einheitlich zu beachtende Regeln fest. Hierbei ergeben sich auch Pflichten für den Betreiber. Die Musterindustriebaurichtlinie gibt hier unter Ziff. 9 folgenden Hinweis:

»9 Pflichten des Betreibers

Änderungen der brandschutztechnischen Infrastruktur sowie eine Erhöhung der Brandlast erfordern eine Überprüfung des Brandschutzkonzeptes. Ergibt sich daraus eine niedrigere Sicherheitskategorie, eine höhere äquivalente Branddauer $t_ä$ *oder eine höhere rechnerisch erforderliche Feuerwiderstandsdauer erf.* t_F *oder eine höhere Brandschutzklasse nach Tabelle 2, so liegt einen Nutzungsänderung vor. Solche Nutzungsänderungen bedürfen dann eines Bauantrages und einer Baugenehmigung, wenn sich aus ihnen höhere Anforderungen ergeben. Dies gilt auch bei Änderungen und Ergänzungen des Brandschutzkonzeptes nach Erteilung der Baugenehmigung.« [Quelle: Musterindustriebaurichtlinie, herausgegeben von der Fachkommission Bauaufsicht der Bauministerkonferenz, Fassung Mai 2019]*

Ein besonderes Augenmerk gilt sowohl den bereits vorhandenen brandschutztechnischen baulichen als auch konstruktiven Gegebenheiten am, im und auf dem Gebäude. Dies betrifft u. a. Brandwände, Entrauchungsanlagen, Rettungswege, stationäre Löscheinrichtungen, etc.

So müssen nach landesbaurechtlichen Vorschriften Dachaufbauten einen Mindestabstand von 1,25 m zu Brandwänden einhalten. Dies gilt vorwiegend für Dachaufbauten aus brennbaren Baustoffen. PV-Module sind in der Regel normal entflammbar, soweit sie keine bauaufsichtliche Zulassung als schwer entflammbar oder nicht brennbar haben.

Das ungeschützte Überführen von Leitungen oder gar Leitungsbündel über bestehende Brandwände ist nicht gestattet. An solchen Stellen müssen entweder brandschutztechnische Maßnahmen (Kabelschottungen, Brandschutzisolierungen) getroffen oder die Leitungstrassen so verlegt werden, dass diese innerhalb eines Brandabschnittes verbleiben.

Bild 137: ohne zusätzlichen Schutz überführte Kabelbündel bei einer Brandschutzwand

Gemäß der Musterindustriebaurichtlinie gelten Dachflächen ab einer Größe von 2.500 m² als großflächig. Für solche Dächer werden in der Regel bereits Brandschutzkonzepte erstellt. Sie beinhalten u. a. Löschwege für die Feuerwehr, Rettungs- und Fluchtwege, Rauchgas- und Wärmeabzugsanlagen. Diesbezüglich ist bei solchen Dachflächen die DIN 18234 zu beachten. Diese regelt u. a. bei großflächigen Dächern den Brandschutz »von unten«. Darin ist als Ziel geregelt, dass eine Brandweiterleitung innerhalb eines Brandabschnittes über das Dach behindert wird.

Dies bedeutet, dass z. B. bei Dachdurchdringungen besondere Maßnahmen zum Brandschutz durchgeführt werden müssen – unabhängig der Zuordnung von Brandabschnitten. Bei kleinen Durchdringungen (bis 30 × 30 cm oder Durchmesser 30 cm), welche üblicherweise für Kabeleinführungen ins Innere des Gebäudes hergestellt werden, ist um die Durchdringung herum die Wärmedämmung von mind. 1,00 m × 1,00 m aus A1-Dämmmaterial (nicht brennbar, z. B. Mineralwolle mit einem Schmelzpunkt von mind. 1000 °C) herzustellen. Die Profilhohlräume (z. B. im Bereich eines Unterdaches) sind mit Profilfüller (Sickenfüller) abzuschotten. Gleiches gilt auch für die Hohlräume innerhalb des Kabelschutzrohres.

Bei der Verwendung von thermoplastischen Produkten bei Dachdurchdringungen (Schutzrohre) kommt es beim Brandfall zum Wegschmelzen. Insofern wären an solchen Stellen selbstschließende Systeme (Rohrabschottung EI 90 nach DIN EN 13501 oder Feuerschutzklappe) einzubauen. Aufgrund der Leitungsdurchführungen ist dies jedoch technisch nicht möglich. Dementsprechend sind nicht brennbare Rohrdurchführungen und Kabelabschottungen zu verwenden.

Zugänge zu verschiedenen Dachebenen, welche z. B. auch für den Einsatz von Rettungskräften und mögliche Fluchtwege gedacht sind, dürfen nicht mit Anlagenteilen der Photovoltaikanlage verbaut werden. Gleiches gilt auch für Öffnungsflächen von sich automatisch öffnenden Entrauchungsöffnungen (z. B. Oberlichter mit pneumatischer Öffnung) und stationär installierten Löschwasserzuführung.

Bild 138: mit Modulen zugebauter Dachzugang mit stationärer Löschwasserzufuhr

Dachflächen aus Bitumenbahnen sind im Hinblick auf den baulichen Brandschutz als problematisch anzusehen. Bitumen ist ohne weiteren Schutz oder ohne Zusätze als brennbar in der Klassifizierung E gemäß DIN EN 13501-1 einzustufen. Bezüglich der Klassifizierung bedeutet dies, dass es bei Bitumenbahnen unter Umständen zu einem Flash-over kommen kann. Hierbei beginnt der Werkstoff nach einem bestimmten Zeitraum schlagartig vollständig zu brennen. Harte Bedachungen müssen jedoch mind. den Anforderungen nach DIN EN 13501-5 nach Klassifizierung B_{roof}(t1) entsprechen, d. h. normal entflammbar. Dies kann einerseits erreicht werden durch ein bauaufsichtliches Prüfzeugnis oder bei Bitumenbahnen wenn diese durch mineralische oder keramische Bestreuung oder durch eine durchgehende mind. 50 mm starke Kiesschicht mit der Körnung 16/32 geschützt sind. Wurde aufgrund der Gewichtsersparnis bei der Installation der Photovoltaikanlage die Kiesschicht entfernt oder befinden sich die Bitumenbahnen in einem abgewitterten Zustand, ist die Bedachung in ihrer Eigenschaft als harte Bedachung eingeschränkt bzw. nicht mehr gegeben. Soweit die Klassifizierung einer Photovoltaikanlage nicht den Eigenschaften einer harten Bedachung entspricht, z. B. nur B2, kann in der Folge hieraus auch die B1-Eigenschaft des Daches erloschen sein.

Dachflächen über 2 500 m² sind nach Industriebaurichtlinie so auszubilden, dass eine Brandausbreitung über das Dach behindert wird. Großflächige Photovoltaikanlagen sind daher auf ebenso großflächigen Dächern räumlich zu begrenzen und mit entsprechenden Abständen zu installieren. Soweit kein direkter Zugang zu dem Dach gegeben ist, ist ein Zugang über einen Freistreifen an der längeren Seite zu schaffen. Bei großen Flachdächern sollte für jeden Brandabschnitt (in der Regel 40 × 40 m) umlaufend um die Generatoren eine Zugangsmöglichkeit gegeben sein. Laufwegbreiten sollten 1 m nicht unterschreiten.

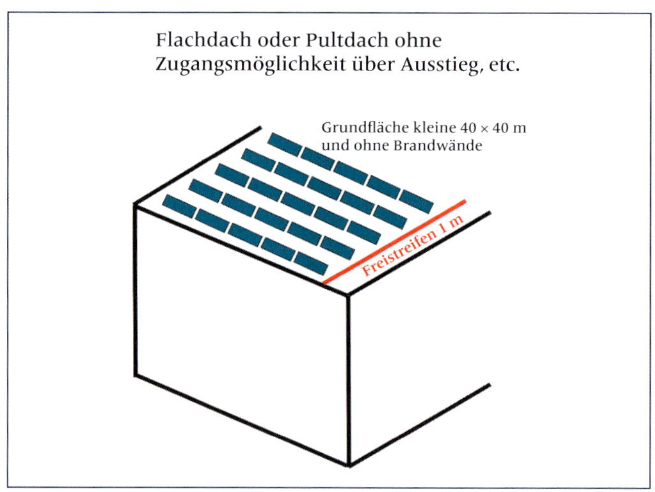

Bild 139: Freistreifen bei fehlendem direkten Zugang zum Dach; das Bild zeigt ein Flachdach oder Pultdach ohne Zugangsmöglichkeit über Ausstieg o. ä. bei einer Grundfläche von kleiner 40 × 40 m

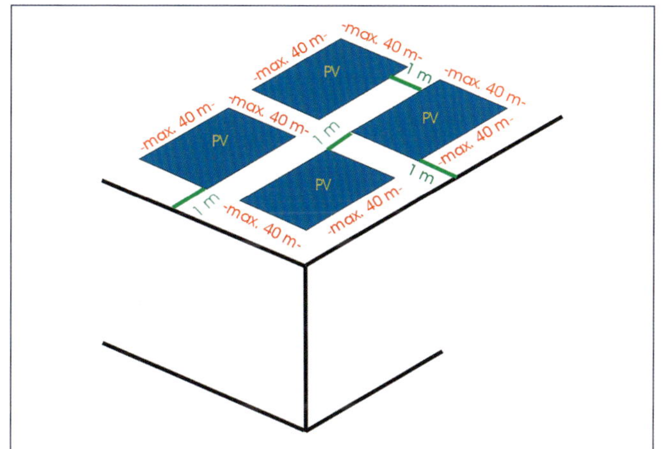

Bild 140: Trennung von großflächigen Generatorfeldern mit Umlaufmöglichkeit

Bei Dacheinbauteilen sind entsprechende Abstände für eine sichere Wartung und deren Zugang einzuhalten. Insbesondere bei mechanischen Rauchabzugsanlagen (RWA) gilt es, deren Funktionsfähigkeit nicht zu beeinflussen. Der Fachverband Tageslicht und Rauchschutz e.V. empfiehlt hierbei Abstände von mind. 2,00 m bei max. Bauhöhengleichheit zwischen Photovoltaikanlage und Entrauchungsöffnung. Soweit die Konstruktion der Photovoltaikanlage die Bauhöhe der Entrauchungsöffnung überragt, sind mind. 5,00 m Abstand einzuhalten. Dies auch im Hinblick auf die aerodynamische Wirksamkeit des Rauchabzuges.

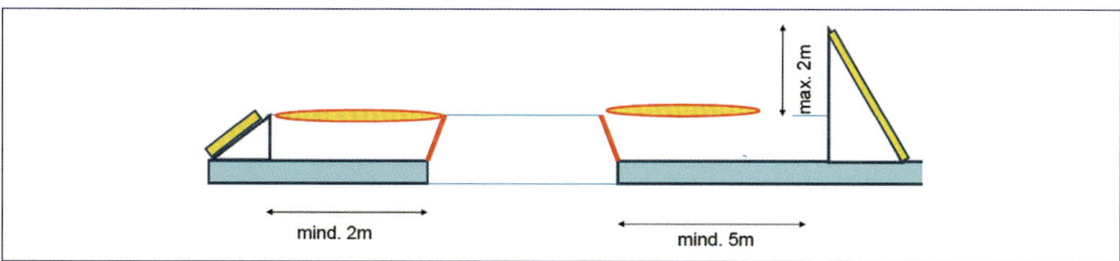

Bild 141: Abstand zu Entrauchungsanlagen [Quelle: Fachverband Tageslicht und Rauchschutz e.V.]

6.12 Anlagenkennzeichnung

Wie bereits bei einigen Bauteilen der Photovoltaikanlage angesprochen, sind bestimmte Anlagenteile dauerhaft zu kennzeichnen. Probleme bei Prüfungen und Fehlersuche bereiten immer wieder fehlende oder unzureichende Anlagenkennzeichnungen. Dies gilt auch für handbeschriftete Klebestreifen, welche nach einiger Zeit weitgehend abgewittert sind oder von alleine abfallen. Schwierig wird dies insbesondere bei größeren Anlagen mit Stringverteilerkästen und/oder mehreren Wechselrichtern mit mehreren Stringanschlüssen.

Man kann zwar später Messungen vornehmen, tut sich aber in den meisten Fällen schwer, diese richtig zu interpretieren. Auch eine Fehlersuche ist fast unmöglich, wenn die genaue Stringbezeichnung fehlt. Man muss dann notgedrungen auf dem Dach einzelne Generatoren abdecken, um anhand wiederholter Messungen herauszufinden, welcher String aus welchem Generatorfeld zu dem Wechselrichter gehört. Sollte dann noch ein Stringplan in der Dokumentation fehlen, wird die Fehlersuche nahezu ein Ding der Unmöglichkeit.

Bild 142: nicht entzifferbare Stringbeschriftung

Bild 143: So sollte es sein.

Gemäß DIN 0100-510 sowie DIN 0126-23-1 in Verbindung mit DIN EN 81346 (Industrielle Systeme, Anlagen und Ausrüstungen und Industrieprodukte – Strukturierungsprinzipien und Referenzkennzeichnungen) und der DIN EN 61439-1 (Niederspannungs-Schaltgerätekombinationen) sind Anlagenteile dauerhaft und sichtbar zu kennzeichnen. Ergänzende Anlagenkennzeichnungen für Photovoltaikanlagen sind auch in der Anwendungsregel VDE-AR-E 2100-712 erwähnt.

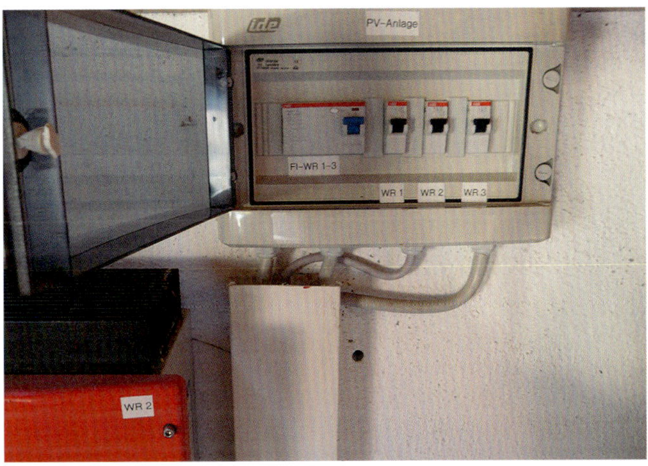

Bild 144: einfache aber übersichtliche Anlagenkennzeichnung

Auch sind bestimmte Anlagenbauteile auf der Gleichstromseite, wie z. B. Überspannungsschutz- oder Generatoranschlusskästen, dauerhaft mit einem Warnhinweis zu versehen, da auch bei abgeschalteter Photovoltaikanlage die Anlagenteile noch aktiv sind und eine Stromschlaggefahr besteht.

Bild 145: Kennzeichnungsschild z. B. auf Generatoranschlusskästen oder Freischaltern

Bild 146: zuvor genannter Warnhinweis fehlt hier

Auch der nunmehr genormte Hinweis, dass sich auf dem Gebäude eine Photovoltaikanlage befindet, ist nach der neuen Anwendungsregel vorzusehen. Es dient gleichzeitig als Hinweis für die Feuerwehr im Einsatzfall (siehe auch Kapitel 6.13).

Bild 147: Anlagenkennzeichnung nach Anwendungsregel VDE-AR-E 2100-712 [Quelle: www.solarwirtschaft.de]

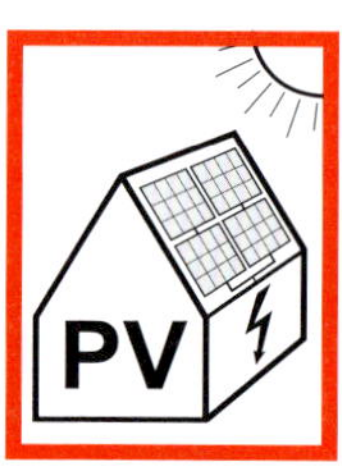

Bei größeren und ausgedehnten Dachanlagen empfiehlt es sich grundsätzlich vor Ort einen Feuerwehreinsatzplan vorzuhalten, in dem die wesentliche Flächenausdehnung der Photovoltaikanlage, der Verlauf der Gleichstromhauptleitungen und der Wechselrichterstandort in einem Lageplan eingezeichnet sind. Entsprechende Muster wurden vom Bundesverband der Solarwirtschaft (BSW) erarbeitet und sind in die Anwendungsregel VDE-AR-E2100-712 mit eingeflossen.

Bild 148: Muster Feuerwehreinsatzplan nach Anwendungsregel VDE-AR-E 2100-712 [Quelle: www.solarwirtschaft.de]

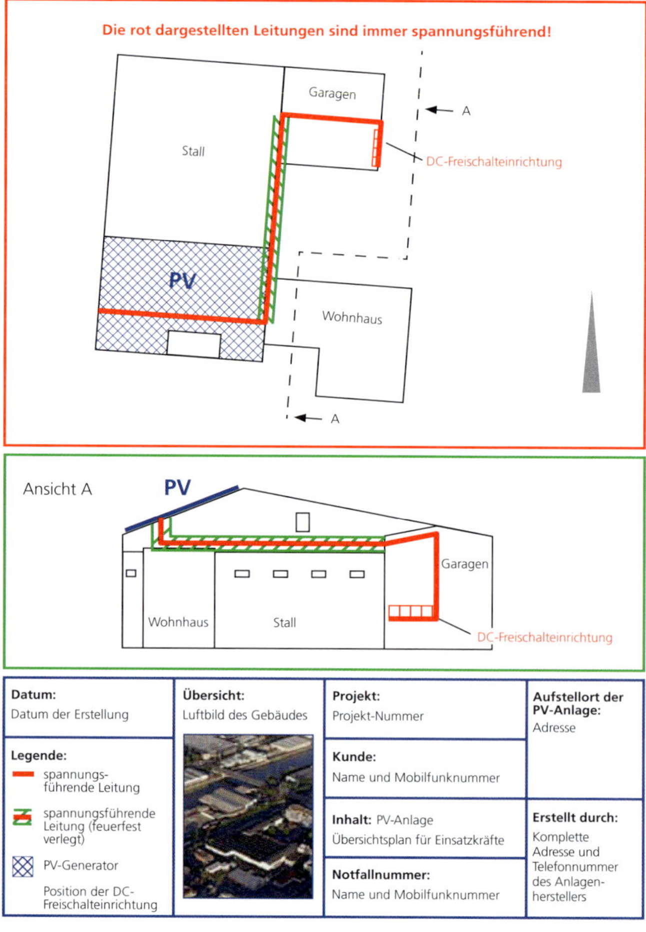

6.13 Notausschalter/Feuerwehrschalter

Das Thema Brandschutz im Sinne des Schutzes der Einsatzkräfte vor den Risiken (Stromschlag) einer Photovoltaikanlage sorgt seit längerer Zeit für Diskussionsstoff sowohl in der Branche als auch bei Feuerwehren. Es wurde bereits in der Vergangenheit über mögliche sinnige und unsinnige Lösungen diskutiert. Im Mai 2013 trat die VDE-AR-E 2100-712 als Anwenderregel zur Brandabschaltung in Kraft. Sie wurde gemeinsam mit dem TÜV Rheinland und dem Fraunhofer-Institut für Solare Energiesysteme ISE vorbereitet. Diese Regel ist nicht verbindlich wie z. B. eine Norm nach DIN EN. Sie richtet sich auch vielmehr an die Entwickler von Abschaltsystemen, die bisherigen Erkenntnisse und mögliche Schutzziele zukünftig zu berücksichtigen. Demzufolge besteht derzeit auch noch keine Verpflichtung, solche Abschalteinrichtungen zu installieren oder nachzurüsten. Es existiert noch nicht einmal eine Produktnorm.

In VDE-AR-E 2100-712 werden Teile der Solaranlage mit Schutzziel 1 und Teile mit Schutzziel 2 klassifiziert. Ob das sinnvoll ist, wird sich zeigen. Denn im Brandfall muss die Photovoltaikanlage von der Feuerwehr als Ganzes abgeschaltet werden können. Den Einsatzkräften bleibt in der Regel keine Zeit, sich mit Details an der Photovoltaikanlage auseinander zu setzen, um verschiedene Maßnahmen zu ergreifen.

Als bisherige Standardlösung sind sogenannte Feuerwehrschalter im Gespräch und werden teilweise bereits eingesetzt. Im Brandfall schalten solche Feuerwehrschalter die Leitung von den Solarmodulen zum Wechselrichter spannungslos. Eine Gefährdung der Einsatzkräfte im Brandfall – aufgrund spannungsführender Gleichstromleitungen – ist somit gänzlich ausgeschlossen; verspricht zumindest die Werbung diverser Hersteller.

Es bleiben aber zumindest zwei Risiken: Erstens in den Leitungen innerhalb der Generatoren – hier ist keine Abschaltung vorgesehen, wobei es auch Entwicklungen gibt, welche die Module untereinander trennen sollen; zweitens müssen solche Trennvorrichtungen, d. h. auch ein Feuerwehrschalter, im Ernstfall auch funktionieren. Durch das reine Verlassen auf die technische Funktion solcher Einrichtungen besteht die Gefahr, dass entsprechende Vorsichtsmaßnahmen bei den Einsatzkräften womöglich ausgeblendet werden. Dies bedeutet, dass bei einer Anlageninspektion auch die Funktion solcher Trennsysteme überprüft werden muss. Soweit Fehlfunktionen oder Störungen festgestellt werden, hat es durchaus Sinn, am Bedienschalter einen Hinweis anzubringen »wegen Funktionsstörung außer Betrieb«.

6.14 PV-Anlagen auf Flachdächern

Nachdem die Mehrzahl der Photovoltaikanlagen auf Gebäuden installiert sind, soll nachfolgend im Speziellen auf diverse Eigenheiten von Dachkonstruktionen eingehen, welche auch bei einer Wartung und Inspektion einer Photovoltaikanlage nicht außen vor gelassen werden sollten. Denn auch die Feststellung von etwaigen Schäden am Dach in

Verbindung mit der installierten Photovoltaikanlage gehört zu einer Inspektion bei einer Photovoltaikanlage dazu.

Bei der Installation von Photovoltaikanlagen auf Dachflächen kollidieren Planung und Ausführung oftmals mit den Regeln des Dachdeckerhandwerks und der Flachdachrichtlinie. Das Anbringen, Befestigen oder Aufstellen von PV-Elementen an oder auf Dachflächen beeinflusst die Eigenschaften von Dachhaut und Dachkonstruktion. Soweit bei der Montage der Photovoltaikanlage das Verständnis für die Regeln des Dachdeckerhandwerks fehlt oder vernachlässigt wird, sind Schäden vorprogrammiert.

6.14.1 Eignung der Dächer für Photovoltaikanlagen

Die Eignung von Dächern für Photovoltaikanlagen hängt, unabhängig von den solargeografischen Eigenschaften und den Möglichkeiten der unmittelbaren Netzeinspeisung in der Regel im Wesentlichen von drei Faktoren ab:

- Lastreserven
- Dachkonstruktion (Dachhaut) und deren Zustand
- Installationsaufwand.

Bleiben hier einige Aspekte bereits bei der Planung unberücksichtigt, können deren mögliche nativen Auswirkungen später im Anlagenbetrieb nur sehr schwer korrigiert werden.

Nicht unwesentlich ist auch der Zustand der Dachhaut und der Dachkonstruktion zum Zeitpunkt der Installation einer Photovoltaikanlage. Hier ergeben sich im Ergebnis zwei Faktoren: zum einen ein Wirtschaftlichkeitsfaktor für die Photovoltaikanlage im Hinblick eines dauerhaften und ungestörten Betriebes bei einem möglichen Erfordernis einer im geplanten Betriebszeitraum notwendigen Dachsanierung; zum anderen im Hinblick auf die Dauerhaftigkeit der Dachdeckung im Hinblick auf einen dauerhaften Schutz des Gebäudes gegen Niederschläge und eindringende Feuchtigkeit. Weiterhin sind die einschlägigen Regelwerke des Zentralverbandes des Deutschen Dachdeckerhandwerks sowie der Flachdachrichtlinie und deren zugeordnete DIN-Normen zu beachten.

6.14.2 Besonderheiten beim Flachdach

Im Gegensatz zu einem Steildach sind an ein Flachdach erhöhte Anforderungen gestellt. Z.B. muss es im Gegensatz zu einem Ziegeldach wasserdicht sein. Gerade diese Anforderung macht ein Flachdach relativ »verwundbar«, insbesondere dann, wenn sich auf einem Flachdach (z.B. bei Zweck- bzw. Industriebauten) eine Vielzahl von Aufbauten und Durchdringungen befinden, die gewisse Schwachstellen darstellen. Flachdächer genießen deshalb nicht immer den besten Ruf, weil es sehr häufig zu Schäden kommt. Daher müssen gerade Flachdächer sorgfältig geplant und auch ausgeführt werden, um spätere Probleme auszuschließen.

Die Normen unterscheiden weiterhin zwischen genutzten und ungenutzten Flachdächern. Ungenutzte Flachdächer haben lediglich die Aufgabe, das Gebäude vor Niederschlag und Durchnässung zu schützen. Neben einer normalen Begehbarkeit für Wartungs- und Instandsetzungsarbeiten werden neben den üblichen Lastannahmen für Schnee und Wind keine besonderen Anforderungen für die Aufnahme von zusätzlichen Lasten gestellt.

Genutzte Flachdächer sind in der Form von begrünten Dächern, Terrassen oder Parkdecks anzutreffen. Hier muss bereits bei der Planung nicht nur den erhöhten Anforderungen bei der tragenden Dachkonstruktion, sondern insbesondere auch bei den einzelnen Schichten des Dachaufbaues und der Wahl der entsprechenden Baustoffe Rechnung getragen werden.

Da eine Photovoltaikanlage auf einem Flachdach gegenüber der Dachkonstruktion eine besondere Nutzung darstellt, welche durch ihre Zusatzlast und häufigere Frequentierung wegen Wartungsarbeiten einer höheren Nutzung nahekommt, ist ein solches Dach grundsätzlich dem eines genutzten Flachdaches zuzuordnen.

Bei genutzten Flachdächern erfolgt die Lasteinleitung je nach Konstruktionstyp in unterschiedlicher Weise:

Bei einem sogenannten Warmdach (Wärmedämmung liegt unterhalb der Abdichtung bzw. oberhalb der Tragschale) geschieht dies in der Regel über eine lastverteilende Schicht in Form eines Estrichs oder flächiger Betonplatten. Auch eine Lastabtragung über eine Kies- oder Splittschicht mit darunterliegender Bautenschutzmatte ist möglich. Zu beachten ist jedoch, dass gemäß DIN 4108-10 (Wärmeschutz und Energie-Einsparung in Gebäuden – Teil 10: Anwendungsbezogene Anforderungen an Wärmedämmstoffe – Werkmäßig hergestellte Wärmedämmstoffe) Wärmedämmplatten bei einem Warmdachaufbau zum Anwendungsgebiet DAA (Außendämmung von Dach oder Decke, vor Bewitterung geschützt, Dämmung unter Abdichtungen) gehören und eine Druckbelastbarkeit von mind. »dh« (genutzte Dachflächen, Terrassen) nachweisen müssen.

Bei einem Umkehrdach (Wärmedämmung liegt außen, oberhalb der Abdichtung, meist mit Kiesschicht beschwert) erfolgt die Lastabtragung über ein Kies- oder Splittbett, da hier Mörtelbette ungeeignet sind. Auch hier müssen die Wärmedämmplatten den Anforderungen von mind. »dh« entsprechen.

Bei ungünstigen Lasteinleitungen ergeben sich unzulässige Spannungen für die Abdichtung sowie unzulässige Kräfte, bei denen die Wärmedämmung versagen kann. Hierbei sind zu geringe lasteintragende Flächen und Punktlasten problematisch. Diese können zum Perforieren der Abdichtung führen. Die DIN 18195-5 (Bauwerksabdichtungen – Teil 5: Abdichtungen gegen nichtdrückendes Wasser auf Deckenflächen und in Nassräumen, Bemessung und Ausführung) nimmt Bezug auf die Wechselwirkungen zwischen Dämmschicht und Abdichtung. Bei einem Warmdach versagt im Falle einer deutlichen und häufigen Spannungsüberschreitung nicht nur die Wärmedämmschicht, sondern meistens auch die Abdichtung, die mit der Dämmschicht fest verbunden ist. Beispiele zeigen, dass sich an derselben Stelle eines schadhaften Dachbelages mit zeitlicher Verschiebung Risse im Belag und in der darunterliegenden Abdichtung sowie Eindrückungen und Risse in der Wärmedämmung bilden.

In einem Umkehrdachaufbau entstehen bei Überschreiten der Langzeitdruckfestigkeit ebenfalls Verformungen und Risse in der Dämmung, nicht aber in der Abdichtung, da diese entkoppelt, d. h. ohne festen Verbund, mit den Dämmplatten unterhalb der Dämmschicht liegt.

Schon relativ kurz nach Errichtung der ersten Flachdächer wurde klar, dass diese Dachart zu den wartungs- und instandsetzungsintensivsten Dacharten zählt. Gegenüber einem Steildach fehlt dem Flachdach die Eigenschaft, Niederschlagswasser schnell und gezielt abzuführen, weshalb es wasserdicht sein muss.

Bei einem Flachdach beträgt das Oberflächengefälle < 5°. Darüber hinaus ist zwangsläufig eine Vielzahl von Anschlussbereichen (Einläufe, Dachdurchdringungen, Dachaufbauten) vorhanden, welche einen potenziellen Schwachpunkt bei der Abdichtung darstellen. Daneben fehlt dem Dach die harte Bedachung, wie z. B. bei einem Ziegel- oder Blechdach, welches gegen Verwitterung erheblich resistenter ist als weiches Bitumen oder Kunststofffolien.

Sicherlich haben sich bis heute die Qualitätskriterien und Abdichtungsmaterialien aus den Schadenserfahrungen der vergangenen Jahre verbessert, allerdings bleibt es Fakt, dass Flachdächer Schwachstellen haben und im Laufe der Nutzungsdauer des Daches mit Instandsetzungen zu rechnen ist.

Neben bereits erheblichen Qualitätsverbesserungen, insbesondere mit dem Einsatz von Kunststoffbahnen und deren Verbesserung gegen Weichmacheraktivierung (Versprödung) und Kalanderschrumpf (Schrumpfung der Bahnlängen nach Austrag auf dem Dach), ergeben sich zusätzliche neue Probleme, deren Ursachen weitgehend noch gar nicht geklärt sind. So reißen z. B. beim »Shattering« ohne Vorwarnung Kunststoffbahnen in kleine Streifen oder es bilden sich Rotalgen, die die Kunststoffbahnen regelrecht abschmirgeln.

In einer Erhebungsstudie der Stadt Zürich von 2007 [Pöll] wurden insgesamt 371 Flachdächer verschiedenster Bauarten und Abdichtungen erfasst und ausgewertet. Die Anzahl der Schadenshäufigkeit im Verlauf der Nutzungsdauer von Flachdächern wird in der nachfolgenden Grafik veranschaulicht. Bereits kurze Zeit nach Errichtung bzw. nach dem Bau der Flachdächer steigt die Schadenswahrscheinlichkeit weitgehend kontinuierlich an. Innerhalb der ersten 15 Jahre ist bereits mit einer Schadenswahrscheinlichkeit von 30 bis etwas mehr als 50 % zu rechnen, wobei erstaunlicherweise das »modernere« Kunststoffdach gegenüber Bitumen eine höhere Schadenswahrscheinlichkeit aufweist.

Bei Kunststoffbahnen als Dachabdichtung ist zu bemerken, dass deren Haltbarkeit unmittelbar von der Foliendicke abhängig ist. Einer Untersuchung von Götze an Abdichtungen von PVC-Kunststoffdachbahnen nach, ist die Haltbarkeit (praktische Nutzbarkeit) der

PVC-Dachbahnen von ihrer Dicke abhängig und beträgt bei 0,8 mm dicken Bahnen 10 Jahre, bei 1,2 mm dicken Bahnen 18 Jahre, bei 1,5 mm 23 Jahre und bei 1,8 mm 28 Jahre.[6]

Der Grund dieses nahezu linearen Verhältnisses zwischen Dicke und Haltbarkeit liegt im Alterungsverhalten begründet. Kunststoffe altern von der Oberfläche her. Alterung und Versprödung schreiten von außen nach innen fort. Dieses Verhalten zeigen im Wesentlichen alle Kunststofferzeugnisse.

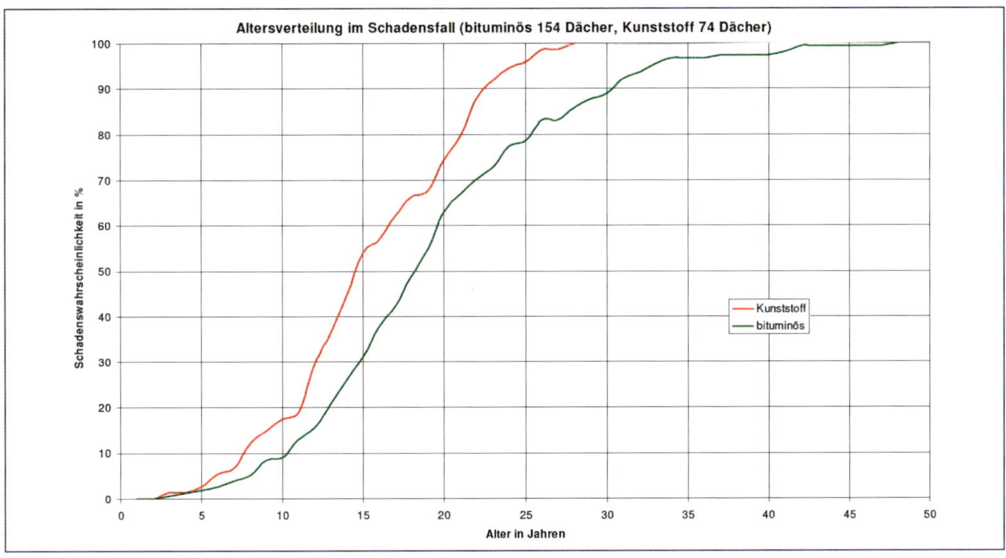

Bild 149: Altersverteilung im Schadensfall [Quelle Stadt Zürich]

Zu beachten ist, dass bei Alterung und Versprödung die Riss- und Kerbempfindlichkeit zunimmt. Dies ist der Grund, weshalb ältere Bahnen bei örtlicher Überlastungen Kerbbrüche und Risse aufweisen. Hiervon betroffen sind in erster Linie Brüche im Bereich von Dehnzonen, Eckstücken und Lüfteranschlüssen.

Daraus folgernd lassen sich mit dem Wissen der Dicke der Dachbahn und des Baujahres der Abdichtung aussagekräftige Rückschlüsse auf die Restnutzungsdauer des Flachdaches ziehen. Auch die wirtschaftlichen Risiken beim Bau einer Photovoltaikanlage auf dem betreffenden Dach und die Wahrscheinlichkeit eines Rückbaus bei erforderlicher Dachsanierung können so bestimmt werden.

In Anbetracht der bisher erörterten Lebenszyklen eines Flachdaches blieb bis jetzt der Umstand unberücksichtigt, dass die auf einem solchen Dach installierte Photovoltaik-

6 Walter Holzapfel. Dächer – Erweitertes Fachwissen für Sachverständige und Baufachleute. Stuttgart: Fraunhofer IRB Verlag. 2009

anlage ebenfalls noch Einfluss auf die Lebensdauer der Flachdachabdichtung haben kann, sodass das Risiko einer erforderlichen Dachsanierung sich hierbei möglicherweise noch erhöht. Zugleich können nachträglich auf ein bereits bestehendes Flachdach aufgebrachte Photovoltaikanlagen die ursprünglich dem Flachdach zugedachte Funktion ändern, was nicht unerhebliche Auswirkungen mit sich bringen kann.

Bild 150: kritischer Zustand einer Flachdachabdichtung – zumindest in diesem Zustand nicht für den Bau einer Photovoltaikanlage geeignet

Dachkonstruktionen haben grundsätzlich die Aufgabe, das Gebäude vor der Witterung, insbesondere dem Niederschlag, und gegen Wärmeaustritt zu schützen. Dächer bestehen also immer aus den Komponenten »Wärmedämmung« und »Schutz vor Niederschlag« bzw. beim Flachdach aus der »Abdichtung«. Je nach Konstruktionstyp ergeben sich, wie bereits ausgeführt, somit unterschiedliche Reihenfolgen von Dämmung und Abdichtung.

Wird z. B. auf einem bisher nicht genutzten Foliendach mit weicher Dämmung eine Photovoltaikanlage »oben aufgestellt, so ergeben sich je nach Flächenverteilungslast der Photovoltaikanlagen-Konstruktion unterschiedliche Belastungen auf die Wärmedämmung, welche zu einem mehr oder weniger starken Eindrücken führen können. Linienlasten bzw. Punktlasten erhöhen diesen Effekt. Die Folge hieraus ist auch eine erhebliche Beanspruchung in Form einer Dehnung der Abdichtung bzw. Folienbahn.

Je nach Belastungsstärke und Belastungsart kann es zu einer Überdehnung mit Rissen oder zu einem Abreißen infolge Dehnung an Anschlussbereichen kommen. Die bisher und nachfolgend dargestellten Risiken bezwecken nicht, grundsätzlich gegen eine sinnvolle und ökologische Nutzung von Flachdächern für regenerativen Strom aus Solarenergie zu werben. Sie will jedoch – gerade wegen der oftmals hohen Investitionssummen und langen Nutzungszeit von Solarstromanlagen – auf wichtige Prüfungen und eine umfängliche Planung vor der Realisierung hinweisen, damit es später nicht zu Aufwendungen kommt, mit denen sich die Wirtschaftlichkeit solcher Investitionsprojekte infrage stellen lässt. Führten bereits in der Vergangenheit Nachlässigkeiten bei der Planung und Montage von Photovoltaikanlagen auf »normalen« Gebäudedächern zu Schäden, so wird aufgrund der Eigenheiten eines Flachdaches sicherlich noch sensibleres Terrain betreten.

Bild 151: Punktuelles Auflager im Abdichtungsrandbereich führt früher oder später zu Schäden.

Es wurde bereits festgestellt, dass die propagierte Nutzungsdauer einer Photovoltaikanlage von mehr als 30 Jahren und die hierbei abgebildete Wirtschaftlichkeitsberechnung über 20 Jahre im Hinblick auf die gesetzliche Einspeisevergütung oftmals nur auf dem Papier existent ist. Viele Mängel und Instandsetzungsmaßnahmen schmälern das wirtschaftliche Ergebnis. Was die Dauerhaftigkeit der Investition angeht, laufen bei der Installation einer Photovoltaikanlage auf einem Flachdach nunmehr zwei wirtschaftliche Risiken zeitlich parallel:

- die Dauerhaftigkeit der Photovoltaikanlage und
- die Dauerhaftigkeit des Daches, auf dem die Photovoltaikanlage installiert wurde.

Wenn die entsprechenden Normen genutzte und ungenutzte Flachdächer unterscheiden, dann heißt dies bei der Nutzung von Flachdächern für Photovoltaikanlagen, dass ein bisher ungenutztes Flachdach nunmehr zu einem genutzten Flachdach umgewidmet wird.

Gleichzeitig muss aber bedacht werden, dass das bisher unbenutzte Flachdach ursprünglich wahrscheinlich nur als solches geplant war – vielleicht auch im baurechtlichen Sinn. Bei einer Nutzungsänderung können sich somit nicht nur die statischen Anforderungen, sondern auch die Anforderungen an die einzelnen Konstruktionsteile, wie z.B. Abdichtung und Wärmedämmung, ändern, was gleichzeitig mit der Frage verbunden ist, ob diese die nunmehr erhöhten Anforderungen auch weiterhin erfüllen können.

In vielen Fällen wurde dies zumindest in der Vergangenheit nicht bedacht; oder es wurde aus wirtschaftlich verständlichen Gründen auf zusätzliche Maßnahmen, den Austausch gegen geeignete Materialien oder sogar eine grundlegende Dachsanierung vor Installation einer Photovoltaikanlage verzichtet.

Genau hier besteht die Gefahr, dass bestehende Konstruktionen und Materialien durch eine Nutzungsänderung überbeansprucht werden, je nachdem, welches Montagesystem für die Photovoltaikanlage angewendet wurde und ob diese für diesen Zweck konzipiert waren. Dies wird dann unweigerlich zu einer Beeinträchtigung der Dauerhaftigkeit des Daches führen, was bei erforderlichen Instandsetzungsarbeiten auch unweigerlich Einfluss auf die Betriebssicherheit der Solarstromanlage haben wird.

Was die Wahl der Wärmedämmeigenschaften anbelangt, so können für nicht genutzte Flachdächer Dämmstoffe mit einer mittleren Druckbelastbarkeit (dm) verwendet werden. Für genutzte Flachdächer sind jedoch Dämmstoffe mind. mit der Eigenschaft hohe Druckbelastbarkeit (dh) nach DIN 4108-10 (Wärmeschutz und Energie-Einsparung in Gebäuden – Teil 10: Anwendungsbezogene Anforderungen an Wärmedämmstoffe – Werkmäßig hergestellte Wärmedämmstoffe) zwingend gefordert. Die Flachdachrichtlinie fordert bei Flachdächern mit PV-Anlagen für Mineralwolle-Dämmung eine Druckbelastbarkeit von mindestens 70 kPa (kN/m^2).

Vor einer Nutzung eines Flachdaches für eine Photovoltaikanlage sollten deshalb die Eigenschaften der vorhandenen Dämmschicht hinterfragt werden. Problematisch wird es, wenn aufgrund des Gebäudealters keinerlei Informationen mehr über die verwendeten Dämmstoffe existieren. Hier sind örtliche Erhebungen teilweise unumgänglich, soweit dabei überhaupt genauere Feststellungen getroffen werden können.

Darüber hinaus widersprechen einige normative und in Regelwerken erfasste Vorgaben erstmal grundsätzlich dem Bau einer Photovoltaikanlage auf einem Flachdach. Im Abschnitt 1.4 der Flachdachrichtlinie wird unter Absatz 9 gefordert:

> *»... sind Aggregate und Anlagen (...) so anzuordnen, dass ein ausreichender Abstand für Ausführung, Wartung und Pflege zwischen Anlage und Abdichtung vorhanden ist. Dabei sollte der Mindesthöhenabstand über Oberflächenbelag 0,50 m betragen.«*

Eine weitere Forderung ist in Absatz 16 beschrieben. Hier wird erstmals in diesem Punkt eine freie Zugänglichkeit von An- und Abschlüssen an Flachdachabdichtungen zu Wartungszwecken gefordert.

Angesichts solcher Forderungen stellt sich die Frage, wie überhaupt Photovoltaikanlagen auf einem Flachdach installiert werden können. Das bloße Aufstellen von Modulreihen, wie oftmals üblich, entspricht zumindest nicht den Richtlinien der Flachdachausführungen und somit auch nicht den allgemein anerkannten Regeln der Technik.

Gemäß Flachdachrichtlinie müssen Flachdächer gewartet werden. Zur Möglichkeit der Wartung muss also die Dachfläche frei zugänglich sein, insbesondere alle Nähte und Anschlüsse. Weiterhin wird in der Flachdachrichtlinie verlangt, dass Anlagen und Aggregate so anzuordnen sind, dass ein ausreichender Abstand für die Ausführung, Wartung und Pflege zwischen Anlage und Abdichtung vorhanden ist. Dabei sollte der Mindesthöhenabstand über Oberflächenbelag 0,50 m betragen. Alle An- und Abschlüsse müssen eine freie Zugänglichkeit aufweisen. Bereits die Forderung bzw. Empfehlung bezüglich eines ausreichenden Abstandes zum Oberflächenbelag ist im Hinblick auf eine auf einem Flachdach direkt aufgestellte Photovoltaikanlage als problematisch zu betrachten.

Bild 152: überbaute Dachabläufe – keine Chance auf Wartung

6.14.3 Dachflächen mit Bitumenbahneindeckungen

Dacheindeckungen mit Bitumenbahnen werden hauptsächlich aus wirtschaftlichen Gründen für Zweckbauten (Industriehallen) verwendet. Sie sind relativ kostengünstig, dafür in Ihrer Haltbarkeit auch eingeschränkt. Daher unterliegen sie einer regelmäßigen Wartung und regelmäßiger Instandsetzung. Nach einer Studie im Auftrag der städtischen Wohnungsbaugesellschaft Stadt und Land Berlin [Quelle: Dipl.-Ing.-Architekt Jens Drefahl; Dachreport 3/2008 »Flachdachabdichtungen«] an ca. 30 000 m² Dachflächen wurde für Bitumenbahnen bereits nach 3 bis 5 Jahren erster Reparaturbedarf festgestellt und teilweise bereits nach 10 Jahren eine Sanierung erforderlich. Die max. Haltbarkeit wurde mit 17 Jahren bei geneigten Dächern (>5 Grad) angegeben.

Wird nun auf einem solchen reparaturbedürftigen oder altersbedingt vorgeschädigten Dach eine Photovoltaikanlage installiert, tritt plötzlich eine erhöhte Belastung des Daches auf, in Form

- von erhöhten Trittbelastungen infolge der Montagetätigkeit
- von erhöhter Belastung infolge gelagerten Materials
- linienhafter und/oder punktueller Belastungen aufgrund des gewählten Tragsystems der Photovoltaikanlage.

Es ergibt sich hieraus die Konsequenz, dass sich durch diese zusätzlichen sowohl statischen als auch mechanischen Belastungen die altersbedingten Vorschädigungen weiter verschlechtern und somit auch die Restlebenszeit der Dacheindeckung.

Diese Faktoren haben grundsätzlich Einfluss auf den Betrieb einer Photovoltaikanlage, da man bei einer solchen Situation, wenn sie vor Ort vorgefunden wird, zwangsläufig mit einer Dachsanierung innerhalb der kalkulierten Betriebszeit einer Photovoltaikanlage rechnen muss.

Unabhängig vom wirtschaftlichen Einfluss einer eintretenden Dachsanierungen besteht, wie bereits erläutert, allein aufgrund der Montage der Photovoltaikanlage immer das erhöhte Risiko von Undichtigkeiten, was letztendlich deren Eignung zumindest im unsanierten Zustand infrage stellt.

Ein weiterer Aspekt ergibt sich aus dem Brandschutz. Bitumen ist ohne weiteren Schutz oder ohne Zusätze als brennbar in der Klassifizierung E gemäß DIN EN 13501-1 einzustufen. Bezüglich der Klassifizierung bedeutet dies, dass es bei Bitumenbahnen zu einem Flashover kommen kann. Hierbei beginnt der Werkstoff nach einem bestimmten Zeitraum schlagartig vollständig zu brennen.

Problematisch ist dies im Zusammenhang mit der Installation einer Photovoltaikanlage dann, wenn Fehler an der Anlage auftreten, welche einen Brand begünstigen. Dies kann z. B. eine defekte Anschlussdose am Modul sein, oder eine Lichtbogenbildung bei einer defekten Leitung. Insbesondere die festgestellten Installationsfehler mit potenzieller Brandgefahr erhöhen die Entstehung eines Brandes und die Brandausbreitung unter Beteiligung der Dacheindeckung erheblich.

6.14.4 Befestigungen der Photovoltaikanlage

Bei den Befestigungen oder Aufständerungen von Photovoltaikanlagen auf Bitumendacheindeckungen oder generell auf Flachdächern werden immer wieder Fehler gemacht, welche gegen die vorgenannten Kriterien und Eigenarten der Dachkonstruktionen verstoßen und mit denen grundsätzlich bei einer Anlagenprüfung zu rechnen ist.

6.14.4.1 Lastverteilung

Eine Lastaufbringung auf einem Flachdach oder auf einem mit bituminösen Dachbahnen gedeckten Dach ist nur statthaft, wenn das Dach bzw. die Dacheindeckung nebst den darunter liegenden Konstruktionsschichten hierfür bemessen und konstruiert sind. Das ist grundsätzlich dann der Fall, wenn es sich um genutzte Dachflächen (z. B. genutzte Flachdächer, hier Terrassen) handelt.

In vielen Fällen fehlen z. B. lastverteilende und schützende Schichten unterhalb der Konstruktion, um eine Beeinflussung bzw. Schädigung der weichen Bedachung zu verhindern. Durch die direkte Auflage von Halteschienen oder punktuellen Befestigungen, ergeben sich Linienlasten bzw. Punktlasten auf den weichen Bedachungen. Hierbei werden die Dachbahnen eingedrückt, beschädigt und verlieren ihre Regensicherheit bzw. Wasserdichtigkeit.

Bild 153: immer kritisch: punktuelle Auflager auf Bitumenbahnen

Bild 154: Punktuelle und linienförmige Auflasten führen unweigerlich zu Schäden an der Abdichtung.

6.14.4.2 Befestigung

Eine direkte Befestigung in Form des Durchbohrens oder der Einbringung von Schrauben durch die Dachbahnen widerspricht bereits einer logischen Überlegung im Hinblick auf die Anforderung der Dachbahn in Bezug auf die Regen- und Wasserdichtigkeit. Sie sind dennoch anzutreffen. Solche Befestigungen entsprechen weder den Richtlinien des Deutschen Dachdeckerhandwerks noch der Flachdachrichtlinie. Da sich die Befestigungen ausschließlich im Wasserlauf befinden, ist auch eine nachträgliche Eindichtung technisch nicht möglich.

Bild 155: direktes Durchschrauben einer Abdichtungsbahn; der darunter gelegte Elastomerstreifen ist hier nur Kosmetik, das Dach ist undicht

Verklebungen als dauerhafte Befestigung gegen Wind- und Schneelasten sind grundsätzlich höchst problematisch. Dies wurde bereits in Kapitel 6.3 angesprochen. Solarkollektoren müssen nach der aktuellen Bauregelliste des Deutschen Instituts für Bautechnik (DIBt) auch die Anforderungen nach dem deutschen Bauproduktgesetz erfüllen. Photovoltaikanlagen gelten auch nach dem DIBt als bauliche Anlagen im Sinne des Baurechts und fallen damit unabhängig vom Anlagentyp (Gebäudeinstallation oder gebäudeunabhängig), wie bereits erwähnt, unter die Landesbauordnungen. Alle nicht geregelten Bauprodukte bedürfen demnach einer bauaufsichtlichen Zulassung. Dabei stehen Standsicherheit und Brandschutz im Mittelpunkt.

Darin ausgenommen sind ausdrücklich Befestigungen im Klebeverfahren. Somit bedürfen Klebeverfahren grundsätzlich einer bauaufsichtlichen Zulassung.

Dies ergibt sich bereits daraus, dass Montagesysteme ohne zusätzlichen Verwendungsnachweis eingesetzt werden dürfen, wenn der Nachweis auf Grundlage eingeführter Normen (z. B. DIN 1055) rechnerisch geführt werden kann. Das Gleiche gilt auch für Befestigungsmittel. Auf die Dachhaut aufgebrachte Klebestreifen und deren Lasteinleitung in die Dachkonstruktion können grundsätzlich nicht nach Eurocode 1 (ehemals DIN 1055) nachgewiesen werden.

6.15 Fassadenanlagen

In den Anfangsjahren des Erneuerbare-Energien-Gesetzes wurden Fassadenanlagen gesondert mit einem erhöhten Vergütungssatz gefördert. Aus den früheren Jahren sind deshalb einige Modulbefestigungen an Gebäudefassaden in Form von abgewinkelten Generatorreihen anzutreffen. Auch wenn Fassadenanlagen seit geraumer Zeit nicht mehr gesondert vergütet werden, ist die bauwerksintegrierte Photovoltaik an Fassadenflächen auf dem Vormarsch.

Hierbei ergeben sich erhöhte Anforderungen an die Wartung und Prüfung, insbesondere wenn bei Fassadenverkleidungen nicht alle Bauteile (z. B. Verkabelung) zugänglich sind. Bei großen Fassadenflächen sind nicht selten Spezialhebebühnen erforderlich, um die Modulflächen überprüfen zu können.

Fragen müssen sich auch hinsichtlich der Zulässigkeit von Überkopfverglasungen und einer bauaufsichtlichen Zulassung ergeben. Bei von den geregelten Bauprodukten abweichenden Verwendungen (wie z. B. bei Verwendung über Verkehrsflächen, die durch herabfallende Glasteile gefährdet sind, bei Neigungen > 75 Grad – d. h. bei Fassadenanlagen – oder gebäudeunabhängigen, öffentlich zugänglichen Anlagen) ist ein Verwendbarkeitsnachweis durch eine allgemeine bauaufsichtliche Zulassung (abZ) erforderlich, sofern er nicht auf Grundlage der eingeführten technischen Regelwerke des Glasbaus geführt werden kann.

Bei einer Anlagenprüfung sollten die entsprechenden Nachweise zumindest in den Dokumentationsunterlagen enthalten sein.

6.16 Freifeldanlagen

Freiflächenanlagen bieten neben ihrer Besonderheit als fest in den Boden montierte Generatorfelder eine Reihe von besonderen Anforderungen, welche bei der Inspektion und Prüfung zu beachten sind. Diese können sein:

- Setzungen (Deponie)
- Bewuchs
- Diebstahlüberwachung
- Sicherheitseinrichtungen (Schild, abgesperrter Zugang).

Aber auch bei der konstruktiven Ausführung, wie z. B. der Kabelführung, sind oftmals Mängel festzustellen. Auf diesen Zusammenhang wurde bereits im Kapitel 6.4 hingewiesen.

Bild 156: ein nicht seltener Anblick bei Freifeldanlagen: hängende Leitungen mit Überbeanspruchung im Bereich der Modulanschlussdose

Da Freifeldanlagen in ihrer Mehrzahl fernab einer regelmäßigen visuellen Kontrolle stehen, ist eine konzeptionelle regelmäßige Prüfung und Überwachung umso wichtiger. Störungen oder Anlagenausfälle in dieser Größenordnung können sich wirtschaftlich schnell negativ summieren.

Am Beispiel von Freifeldanlagen soll nachfolgend ein mögliches und empfehlenswertes Überwachungs- und Prüfungskonzept vorgestellt werden. Einzelheiten zu den Prüfungen und Messungen werden auch in den nachfolgenden Abschnitten beschrieben.

6.16.1 Überwachungs- und Prüfungskonzept

Monitoring

Bei Großanlagen ist ein Monitoring unerlässlich. Ein visuell auf einem PC aufbereitetes Leistungsdiagramm der Wechselrichter erleichtert die regelmäßige Kontrolle. Automatisierte Fehlermeldungen (Vergleichsabweichungen, Teilausfälle, Komplettausfall) ergänzen eine gesicherte Anlagenüberwachung und ermöglichen somit auch eine relativ kurze und zeitnahe Reaktion.

Ob das regelmäßige Monitoring vom Anlagenbetreiber selbst oder einer Servicefirma übernommen wird, richtet sich nach den technischen und fachlichen Voraussetzungen/Kenntnissen des Anlagenbetreibers sowie den Kosten. Bei Übertragung an eine Servicefirma ist zumeist auch ein Servicedienst beim Auftreten von Fehlern mit enthalten, um Anlagenstörungen innerhalb einer kurzen Reaktionszeit zu beseitigen.

Visuelle Überwachung / Diebstahlschutz

In Ergänzung zu dem Monitoring sind installierte Kameras eine weitere Hilfe für eine weitgehend permanente visuelle Anlagenüberwachung. Dies insbesondere im Hinblick auf einen Diebstahlschutz. Hierbei sind auch nachttaugliche Kameras empfehlenswert.

Wöchentliche Anlagenprüfung

Zumindest mit Augenschein sollte man einmal in der Woche die Anlage besichtigen. Hierbei geht es weniger um Detailprüfungen an der Anlage, sondern mehr um den groben Überblick, d. h.: Ist die Zaun- und Toranlage unbeschädigt? Sind die Zugänge verschlossen? Steht alles noch an seinem rechten Platz? Auch hier kann dies entweder der Anlagenbetreiber selbst tun oder eine Servicefirma im Zuge eines Servicevertrages.

Jährliche Anlagenprüfung

Bei der jährlichen Inspektion bzw. Prüfung der Anlage erfolgt:

- genaue Sichtprüfung Module, Unterkonstruktion
- genaue Sichtprüfung Verkabelung und Wechselrichter

- stichprobenartige Messung DC-Leitungen, Wiederholungsmessungen nach DIN VDE 0105-100
- Säubern der Wechselrichter und Gebläseöffnungen
- Prüfen und Warten der Übergabe- und Trafostation(en)
- genaue Sichtprüfung Zaunanlage, Beschriftungen, Hinweisschilder, Überwachungssysteme.

Die Prüfung erfolgt in Anlehnung an die DIN EN 62446-1, VDE 0126-23-1: 2016-12 (Netzgekoppelte Photovoltaik-Systeme Mindestanforderungen an Systemdokumentation, Inbetriebnahmeprüfung und wiederkehrende Prüfungen) sowie gemäß DGUV Vorschrift 3 bzw. DIN VDE 0105-100 für die Unterverteilungen, Übergabe- und Trafostationen.

Besondere Hinweise und Prüfkonzepte, insbesondere zur vorbeugenden Instandhaltung ergeben sich aus der DIN VDE 0126-23-2 (Photovoltaik(PV)-Systeme – Anforderungen an Prüfung, Dokumentation und Instandhaltung – Teil 2: Netzgekoppelte Systeme – Instandhaltung von PV-Systemen sowie die VDI-Richtlinie VDI 2883 Blatt 1, Instandhaltung von PV-Anlagen (Fotovoltaikanlagen) – Grundlagen. Hieraus können in Abstimmung mit dem Betreiber in Abhängigkeit der spezifischen Eigenart der PV-Anlage Konzepte zur Wartung/Prüfung und Inspektion sowie deren Umfang definiert werden, die sich dann in einem »Wartungsvertrag« wiederfinden.

Alleine aus dem sich ergebenden Aufgabenumfang ist hier eine Fachkraft zur Ausführung der Inspektion unumgänglich.

Für Prüfarbeiten im Mittelspannungsbereich ist eine besondere fachliche Qualifikation bzw. Eignung des Prüfenden erforderlich.

Bewuchspflege

Da Freifeldanlagen zum Großteil auf Grünflächen erstellt sind, müssen diese regelmäßig gepflegt werden. Je nach Bewuchs und auch Abstand der Modultische vom Boden sind ein oder zwei Grünschnitte pro Jahr erforderlich. Beim Einsatz von Weidetieren (Schafe) ist sicherzustellen, dass von der elektrischen Anlage keine Gefahr ausgeht; d.h. alle Leitungen müssen in für die Tiere unerreichbarer Höhe angebracht bzw. gegen Anknabbern geschützt sein.

Sonderprüfungen/Sondermessungen

Zur Wahrung der Gewährleistungs- und Garantieansprüche kann es empfehlenswert sein, die jährliche Inspektion mit etwaigen Sonderprüfungen auszuweiten. Dies kann mithilfe thermografischer Bildaufnahmen und/oder Kennlinienmessungen erfolgen.

Bereits bei der ersten jährlichen Inspektion oder unmittelbar nach der technischen Abnahme nach Erstinbetriebnahme empfiehlt es sich, in ausgewählten Bereichen von einigen Strings eine Kennlinienmessung durchzuführen, um später bei Wiederholungsmessungen entsprechende Vergleichswerte zu haben. Örtlich durchgeführte Kennlinienmessungen unterliegen im Hinblick auf die Umrechnung der STC-Werte gewissen Fehlergrenzen. Dennoch sind Vergleichsmessungen unter annähernd gleichen Bedingungen vor Ort zur Bestimmung zeitlicher Veränderungen der Modulleistung trotz (gleicher) Fehlertoleranzen durchaus aufschlussreich.

6.16.2 Konzeptionelle Empfehlung von Messperioden

Kennlinienmessung:

- erste Vergleichsmessung nach Inbetriebnahme
- zweite Messung vor Ablauf der Gewährleistungsfrist (bei Freifeldanlagen fünf Jahre)
- dritte Messung vor Ablauf der Modulgarantie (fünf Jahre oder 10 Jahre – je nach Modulanbieter und Garantievereinbarung). Diese Messung kann deshalb mit der Gewährleistungsmessung zusammen fallen.

Weitere Messungen können im Zuge der Leistungsgarantie, je nachdem wie diese ausgestaltet ist, zusätzlich durchgeführt werden. Bei gestaffelten Garantien (z. B. 10 Jahre 90 %; 25 Jahre 90 %) empfiehlt sich eine Messung im 10. Jahr und 15. Jahr. Bei linearer Leistungsgarantie können kürzere Messzyklen sinnvoll sein.

Bei den Messungen muss nicht die komplette Anlage vermessen werden, es reichen hierbei repräsentative Stichproben von 10 % bis 15 % der Module bzw. Strings. Wichtig hierbei ist, dass bei allen Messungen immer die Referenzmessung (erste Vergleichsmessung) mit einbezogen wird.

Als guter Vergleichsindikator rückt immer mehr die Dunkelkennlinie in den Fokus. Hierbei werden Modulstrings nachts mit einem Netzgerät rückbestromt und dabei durch variable Strom- und Spannungswerte eine Kennlinie erzeugt. Der Vorteil hierbei liegt darin, dass gegenüber der Hellkennlinie der Störfaktor Einstrahlung und Zelltemperatur entfällt und man so unter gleichen Bedingungen Werte erhält, die Wiederholungsprüfungen vergleichbar machen.

Thermografie

Die Prüfabstände bei Thermografiemessungen können sich an die Zyklen der Kennlinienmessung anschließen. Empfehlenswert sind zumindest Stichprobenmessungen vor Ablauf der Gewährleistung und Modulgarantie. Bei auftretenden Fehlern oder Leistungsdefiziten ist die Thermografie zudem eine effiziente Methode zur Fehlererkennung (siehe auch nachfolgende Kapitel zu »Sondermessungen«, Kapitel 8.2.1)

Kontrollmessungen Deponie

Viele Freifeldanlagen sind auf sogenannten Konversionsflächen[7] anzutreffen. Hierzu gehören auch Deponien. Bei Deponien kann es wegen des aufgefüllten Geländes zu Setzungen kommen. Bereits geringe Setzungen führen in den verbundenen Modulreihen zu Spannungen und möglichen Beschädigungen.

Es ist daher empfehlenswert, bereits im 1. Betriebsjahr eine Kontrollmessung durchzuführen und deren Ergebnisse mit einer zweiten Kontrollmessung z. B. im zweiten oder dritten Betriebsjahr zu vergleichen. Weitere Messungen sollten von den Ergebnissen dieser ersten beiden Kontrollmessungen abhängig gemacht werden. Sie können bei festgestellten Erdbewegungen je nach Bedarf alle zwei Jahre oder bei nicht feststellbaren Setzungen z. B. alle fünf Jahre durchgeführt werden.

Zur Dokumentation ist vor Ort ein geeignetes Höhensystem zu erstellen und vermessungstechnisch ein Messraster, vorzugsweise bei markierten Punkten an den Modultischen anzulegen.

Prüfung bei besonderen Ereignissen

Durch besondere Umstände (z. B. Diebstahl) oder Ereignisse (z. B. Unwetter, wie Sturm, Hagel, starke Regenfälle und starker Schneefall) ist es erforderlich bzw. empfehlenswert, die Anlage zu prüfen, auf

- weitere Beschädigung im Zuge eines Diebstahlereignisses
- Beschädigungen durch Sturm, Hagel an den Modulen und sonstigen Einrichtungen
- erforderliche Schneeräumung, insbesondere bei den tiefer liegenden Modulreihen nach abgerutschtem Schnee.

Die aufgeführten Prüfungen und deren Perioden gehen über die normativen und aus Vorschriften ableitbaren Prüffristen und deren Inhalte hinaus. Sie obliegen daher alleine einer Risikobetrachtung in Bezug auf die Verfügbarkeit der Anlage und möglichen Ansprüchen gegenüber Gewährleistung und Garantien. Darüber hinaus können sie auch zu einer Risikominimierung des Versicherers beitragen.

7 Konversion (= »Umwandlung«); bei Konversionsflächen handelt es sich um ehemalige, jetzt brach liegende Militär-, Industrie- oder Gewerbeflächen, die zum Zweck der baulichen Wiedernutzung eine Umwandlung erfahren.

6.17 Speichersysteme

6.17.1 Allgemeine Hinweise

Der Preisverfall am Solarmarkt, die in den letzten Jahren hierbei verstärkte Reduzierung der gesetzlichen Einspeisevergütung und der gleichzeitige Strombezugspreisanstieg brachten zwangsläufig die Überlegungen in den Vordergrund, den durch Photovoltaik erzeugten Strom letztendlich verstärkt zum Eigenverbrauch zu nutzen. Insbesondere für Eigenheimbesitzer scheint dies sehr interessant zu sein. Aber auch für Gewerbebetriebe kann sich Eigenverbrauch lohnen.

Eine deutliche Steigerung der Eigenverbrauchsquote ist hierbei mit Speichersystemen möglich. Hier wird neben dem zeitlichen Direktverbrauch überschüssige eigenerzeugte Energie zuerst zwischengespeichert, bevor der Restüberschuss ins öffentliche Netz eingespeist wird. Die gespeicherte Energie steht dann zusätzlich außerhalb der Leistungsspitzen der Photovoltaikanlage zur Verfügung oder auch dann, wenn keine Sonne scheint. Hiermit lässt sich nach Berechnungen der Hochschule für Technik und Wirtschaft Berlin ein Autarkiegrad in Deutschland von bis zu 80 % mit vertretbarem Aufwand erreichen. Dies setzt jedoch hocheffiziente Speichermedien voraus.

Speichersysteme erfüllen aber noch einen anderen Zweck: die Entlastung der Netze. So kann z. B. überschüssiger Strom in zeitlichen Bereichen einer drohenden Netzüberlastung zwischengespeichert werden. Ein Abschalten oder eine Leistungsregulierung von Photovoltaikanlagen wäre dann nicht mehr erforderlich.

Der Markt ist der Nachfrage an Speichersystemen in den letzten Jahren gefolgt, und somit sind bereits eine Vielzahl von Speichersystemen installiert worden, insbesondere in Verbindung mit Anlagenneuerrichtungen bei Eigenheimen. Die Wahrscheinlichkeit steigt daher, dass man bei der einen oder anderen Prüfung einer Photovoltaikanlage auch auf Speichermedien trifft. Solche Speichermedien müssen ebenfalls gewartet bzw. geprüft werden.

Es gibt sehr unterschiedliche Speichermedien. Die Bekanntesten und auch im Strombereich Üblichen sind Bleiakkumulatoren und Speicher auf Basis von Lithium-Ionen-Technologien.

Im Zuge des technischen Fortschritts in der Mobilfunk- und Computertechnik beherrschen Lithium-Ionen-Akkus den Markt. Lithium-Ionen-Akkumulatoren sind Speicher auf der Basis von Lithium. Sie weisen im Vergleich zu anderen Akkumulatortypen eine hohe Energiedichte auf, erfordern jedoch in den meisten Anwendungen elektronische Schutzschaltungen.

Da Lithium-Ionen-Akkumulator den Oberbegriff für eine Vielzahl an möglichen Kombinationen von Materialien für Anode, Kathode und Separator darstellt, ist es schwierig, allgemeingültige Aussagen zu treffen. Je nach Materialkombination unterscheiden sich die Eigenschaften teilweise deutlich. Hinzu kommt die fortwährende Verbesserung durch die Batteriehersteller, die in den letzten Jahren insbesondere bei den auf Lithium basierenden Systemen liegt.

Der Lithium-Polymer-Akku ist eine Verbesserung des Lithium-Ionen-Akkus. Er kann im Aufbau mit Lithium-Ionen-Zellen verglichen werden. Der entscheidende Unterschied ist, dass der Elektrolyt nicht flüssig ist, sondern ist in Polymerform (gelartig bis fest). Der Vorteil dieser Polymerform ist, dass der Lithium-Polymer-Akku schon bei Zimmertemperatur volle Leistung erbringt und damit eine höhere Energiedichte besitzt. Der Nachteil ist, dass er sehr empfindlich auf Überladung, Tiefentladung und zu hohe oder zu niedrige Temperaturen reagiert. Um das zu verhindern sind handelsübliche Lithium-Polymer-Akkus mit einer Schutzschaltung versehen.

Vielfach auf dem Markt durchgesetzt haben sich Systeme aus Lithium-Eisen-Phosphat. Diese haben den Vorteil einer besseren thermischen und chemischen Stabilität gegenüber Lithium-Ionen-Kathoden-Materialien. Die Batteriezellen sind daher sehr sicher. Lithium-Eisen-Phosphat-Zellen haben auch eine längere Lebensdauer (> 5 000 Zyklen) und können mit hohen Ladeströmen (bis zu 3C) geladen werden. Allerdings haben sie wegen ihrer niedrigen Nennspannung von 3,2 V eine niedrigere Energiedichte als viele andere Kathodenmaterialien.

Bei Akkumulatoren ist vielen auch der sogenannte »Memory-Effekt« bekannt. Insbesondere bei Lithium-Eisenphosphat-Zellen tritt dieser Effekt durch die unterschiedliche Verteilung von geladenen und ungeladenen Partikeln in der Elektrode auf. Lithium-Eisenphosphat hat nämlich eine besonders flache Ladekurve, weshalb dieser Akku über weite Teile der Kapazität mit nahezu identischer Spannung geladen wird. Beim sofortigen Wiederaufladen des Akkus interpretiert die Ladeelektronik daher eine minimale Änderung der Spannung von der vorgegebenen Kennkurve möglicherweise bereits als nahezu vollen Akku und bricht den Ladevorgang ab. Der Effekt ist aber nicht mit dem allgemein bekannten »Memory-Effekt« bei NiCd- und NiMH-Akkumulatoren vergleichbar. Er lässt sich bei Lithium-Eisenphosphat-Zellen durch Warten bei entladenem Akku wieder neutralisieren.

Während bei Bleiakkumulatoren das Gefahrenrisiko relativ gering ist und sich eher auf die in den Behältern enthaltene Schwefelsäure konzentriert, gibt es bei den Lithium-Ionen-Akkus verschiedenen Gefahrenpotenziale, welche trotz Herstellungsverbesserungen zu beachten sind.

Bei verschiedenen Lithium-Ionen-Akkus mit flüssigen oder polymeren Elektrolyten kann es ohne spezielle Schutzmaßnahmen wegen der hohen Energiedichte zum thermischen »Durchgehen«, sprich Überhitzung kommen. Insbesondere bei »Billig-Akkus« mit mangelhafter Qualität mehren sich solche Meldungen.

Mechanische Beschädigungen können zu inneren Kurzschlüssen führen. Die hohen fließenden Ströme führen zur Erhitzung des Akkumulators. Gehäuse aus Kunststoff können schmelzen und entflammen. Unter Umständen ist ein mechanischer Defekt nicht unmittelbar zu erkennen. Auch längere Zeit nach dem mechanischen Defekt kann es noch zum inneren Kurzschluss kommen.

Lithium ist ein hochreaktives Metall. Zwar liegt es in Lithiumbatterien nur als chemische Verbindung in Ionenform vor, allerdings sind die Komponenten eines Lithium-Ionen-Akkus oft leicht brennbar. Ausgleichsreaktionen beim Überladen, z. B. die Zersetzung von Wasser zu Knallgas wie bei anderen Akkus, sind nicht möglich. Lithium-Ionen-Akkus sind hermetisch gekapselt. Dennoch sollten sie nicht in Wasser getaucht werden, insbesondere in voll geladenem Zustand. Brennende Akkus dürfen daher nicht mit Wasser, sondern sollten z. B. mit Sand gelöscht werden. In den meisten Fällen besteht im Falle eines Brandes lediglich die Möglichkeit, auftretende Folgebrände zu löschen und den Akkumulator kontrolliert abbrennen zu lassen. Die Elektrolytlösung ist meist brennbar. Ausgelaufene Elektrolytlösung eines Li-Ionen-Akkus kann fern vom Akku mit Wasser abgewaschen werden.

Bei thermischer Belastung kann es bei verschiedenen Lithium-Ionen-Akkus (Lithium-Polymer-Akkumulator) zum Schmelzen des Separators und damit zu einem inneren Kurzschluss mit schlagartiger Energiefreisetzung (Erhitzung, Entflammung) kommen. Zum Vergleich: Die Energiedichte eines Lithium-Ionen-Akkus liegt zwischen 0,5 und 0,9 MJ pro kg; die von TNT bei ca. 4,6 MJ/kg. Ein beispielsweise ca. 5 kg schwerer Lithium-Ionen-Akku hat demnach die Energiedichte von rd. 1 kg TNT.

Neuartige Akku-Entwicklungen ($LiFePO_4$) oder keramische, temperaturbeständigere Separatoren gewähren eine erhöhte Sicherheit. Interne Schutzschaltungen oder Batteriemanagementsysteme (BMS) mit Temperatursensoren, einer Spannungsüberwachung und Sicherheitsabschaltungen sollen bei Überladung oder Überlastung eine Erhitzung bzw. Entzündung verhindern.

Lithium-Ionen-Akkus dürfen, wie andere Akkumulatoren auch, nicht kurzgeschlossen werden. Durch Kurzschluss (auch mit Werkzeugen) können wegen der hohen Ausgleichströme Feuer oder Verbrennungen verursacht werden.

Bezüglich der Gefahren von Speichermedien ist nicht nur auf einen richtigen Betrieb, sondern auch auf einen richtigen Umgang beim Transport und der Installation zu achten. Blei- und Lithium-Batterien gelten im Transport als gefährliche Güter. Die Vorschriften für den Transport gefährlicher Güter sind in der ADR (Europäisches Übereinkommen über die internationale Beförderung gefährlicher Güter auf der Straße, Accord européen relatif au transport international des marchandises Dangereuses par Route) festgehalten. Hier gibt es zwar Ausnahmen in der Form, dass z. B. Bleibatterien im Straßentransport nicht als Gefahrgut behandelt werden müssen, wenn sie unbeschädigt, fest verpackt gegen Verrutschen und Kurzschluss gesichert sind. Anders sieht es aber bei Lithium-Ionen-Batterien aus.

[Quelle: https://blog.seton.de/gefahrzettel-lithium-batterie.html]

Lithiumbatterien sind Gefahrgut. Sie unterliegen daher den Gefahrgutvorschriften. Lithiumbatterien werden im ADR und RID als Gefahrgut der Klasse 9 (verschiedene gefährliche Stoffe und Gegenstände) folgenden UN-Nummern zugeordnet:

- UN 3090: Lithium-Metall-Batterien (einschließlich Batterien aus Lithiumlegierung)
- UN 3091: Lithium-Metall-Batterien in Ausrüstungen (einschließlich Batterien aus Lithiumlegierung)
- UN 3091: Lithium-Metall-Batterien, mit Ausrüstungen verpackt (einschließlich Batterien aus Lithiumlegierung)
- UN 3480: Lithium-Ionen-Batterien (einschließlich Lithium-Ionen-Polymer-Batterien)
- UN 3481: Lithium-Ionen-Batterien in Ausrüstungen (einschließlich Lithium-Ionen-Polymer-Batterien)
- UN 3481: Lithium-Ionen-Batterien, mit Ausrüstungen verpackt (einschließlich Lithium-Ionen-Polymer-Batterien) Die UN-Nummer beschreibt neben der Gefahrenklasse (hier Gefahrenklasse 9 – »verschiedene gefährliche Stoffe und Gegenstände«) das Transportgut bzw. die Stoffgruppe, von der eine Gefährdung ausgeht.

Die UN-Nummer beschreibt neben der Gefahrenklasse (hier Gefahrenklasse 9 – »verschiedene gefährliche Stoffe und Gegenstände«)das Transportgut bzw. die Stoffgruppe, von der eine Gefährdung ausgeht.

Ergänzend hierzu benötigt der Fahrer ein Beförderungsdokument, mit allen gefahrgutrelevanten Daten. Am Transportfahrzeug ist eine orangefarbene Warntafel anzubringen und der Fahrer muss eine Schulung für den Transport von Gefahrengut nachweisen.

Lithium-Ionen-Batterien reagieren auf unsachgemäße Behandlung recht sensibel. Durch mechanische Beschädigungen, z.B. Fallenlassen oder thermischer Belastung durch Überhitzung, können, wie bereits ausgeführt, Kurzschlüsse und Brände entstehen. Auch für die Lagerung von Lithium-Ionen-Batterien gibt es Vorschriften, u.a. in der Richtlinie VdS 3103 (Lithium-Batterien).

Nicht nur für die Montage, sondern auch für die Wartung von Speichersystemen wird dringend eine Schulung empfohlen. Ein unsachgemäßer Umgang kann erhebliche Folgen nach sich ziehen. Die Gefahr durch elektrische Spannung und Kurzschlüsse besteht bei allen Batterietypen. Bei Bleibatterien besteht zudem die Gefahr von Verätzung durch austretenden Elektrolyt. Alle Bleibatterien entwickeln beim Betrieb vor allem aber beim Laden Wasser- und Sauerstoffgas (Knallgas). Die für eine Zündung von Knallgas erforderliche Energie ist sehr gering. Hierzu reichen bereits elektrostatische Aufladungen. Besonders wichtig beim Betrieb und Wartung von Bleibatterieanlagen ist daher die Lüftung. Die Batterie darf auch nicht mit einem trockenen Lappen oder Lappen aus synthetischem Material abgewischt werden. Auch Kleidung, z.B. Wolle, sollte sich nicht an der Batterie reiben. Gleichfalls dürfen auch keine Etiketten ohne Sicherheitsvorkehrung von der Batterie gerissen werden. Dies kann alles zu elektrostatischen Entladungen führen. Auch dürfen keine Metallteile oder Werkzeuge auf der Batterie abgelegt werden. Hier besteht die

Gefahr der Spannungsübertragung und Kurzschlussbildung. Isolierte Werkzeuge – auch isolierte Schraubenschlüssel oder Ringschlüssel – sind Pflicht.

Weitere Hinweise geben die aktuellen Vorschriften für das Arbeiten an Bleibatterien

- DIN VDE 0510 Teil 2 (DIN EN 50272) »Sicherheitsanforderungen an Batterien und Batterieanlagen – Teil 2: Stationäre Batterien«
- DIN VDE 0105-1 (DIN EN 50110-1) »Betrieb von elektrischen Anlagen«
- ZVEI-Merkblatt »Vorsichtsmaßnahmen beim Umgang mit Elektrolyt für Bleiakkumulatoren«
- ZVEI-Merkblatt »Sicherheitsdatenblatt für Bleisäure (verdünnte Schwefelsäure)«.

Aus den vorgenannten Umständen ist daher auch eine Wartung und Überprüfung der Speichermedien dringend geboten. Geschlossene Batterien (Blei-Säure-Akkus) sind wartungsintensiver als verschlossene Batterien (Blei-Gel) oder Lithium-Ionen-Akkus. Bei der Prüfung der Batterieanlage gilt nicht nur das Augenmerk auf die Batterie selbst zu lenken, sondern auch auf die Umgebung, d.h. der Aufstellungsort bzw. die Räumlichkeiten, in denen sich die Batterie befindet.

6.17.2 Sichtprüfung

Bei der Sichtprüfung einer Batterie ist zu prüfen,

- ob die Batterie sauber ist
- ob die Batterie trocken ist
- ob an den Polen Korrosion vorhanden ist
- ob die Pole noch ausreichend befestigt sind oder sich bereits durch Korrosion gelöst haben
- ob Zellgefäße und Deckel unbeschädigt sind
- ob die Batterie noch dicht ist (Säure-Auffangwanne)
- ob an der Außenseite Beschädigungen vorhanden sind
- ob der Berührungsschutz nach DGUV Vorschrift 3 noch wirksam ist
- ob die Belüftungsanlage des Raumes noch funktionstüchtig ist.

Soweit Batterien mit durchsichtigen Zellgefäßen vorhanden sind, kann auch das Innere der Batterie geprüft werden, auf

- Plattenkorrosion
- Plattenwachstum
- Abschieferungen an den Polschäften
- Farbveränderungen an den Platten
- Abschlämmungen.

Beim Umgang mit säurehaltigen Batterien ist auf eine ausreichende Schutzkleidung zu achten. Diese muss mindestens bestehen aussäurefesten Handschuhen und Schutzbrille. Auch sollte eine Augenspülflasche nicht fehlen.

Lithium-Ionen-Batterien

Im Hinblick auf Leistung und Langlebigkeit setzen sich immer mehr Lithium-Ionen-Batterien durch. Diese Batterien sind sicherlich wartungsarm, bedürfen jedoch eines sorgfältigen Umgangs, um Beschädigungen und eine damit bedingte thermische Reaktion zu vermeiden. Für die Wartung sind hierbei unbedingt die Herstellerangaben zu beachten.

Ein Hauptaugenmerk ist darauf zu legen, ob sich die Zellgehäuse äußerlich verändert haben. Insbesondere Ausbauchungen und Verformungen der Zellblöcke deuten auf eine Beschädigung hin, welche die Betriebssicherheit bereits erheblich beeinträchtigen.

Es gelten die gesetzlichen und normativen Vorgaben, u. a. der Unfallverhütungsvorschriften sowie u. a.

- VDE-AR-E 2510-50 »Stationäre Energiespeichersysteme mit Lithium-Batterien – Sicherheitsanforderungen«
- VDE-AR-E 2510-2 »Stationäre elektrische Energiespeichersysteme vorgesehen zum Anschluss an das Niederspannungsnetz«
- PV-Speicherpass (BSW Solar / ZVEH)

Es ist sicherzustellen, dass die prüfende Elektrofachkraft für das Arbeiten an Lithium-Batterietechnik und für Arbeiten unter Spannung ausreichend qualifiziert ist und ob die Qualifizierungsnachweise noch aktuell sind.

6.17.3 Messungen

Die Zellspannung der geladenen Batterie beträgt bei Blei-Akkumulatoren ca. 2,08 V pro Zelle, bei 2 Volt Nennspannung. Sie ist zudem abhängig von der Säuredichte.

Um den Zustand einer verschlossenen Batterie beurteilen zu können, kann der Innenwiderstand gemessen werden. Hierzu gibt es verschiedene Messverfahren. Ein Kapazitätstest gibt Aufschluss über die gespeicherte Energie, jedoch kann eine bereits vorgeschädigte Batterie durch den hohen Entladestrom während des Tests weiter geschädigt werden.

Zur Messung der Säuredichte gibt es verschiedene Messgeräte. Am gebräuchlichsten ist die sogenannte Senkwaage (Aräometer).

Der Isolationswiderstand zu spannungsführenden Bauteilen muss nach DIN VDE 0510-2 > 100 Ohm/Volt betragen.

6.17.4 Batterieräume

Batterien sind in geschützten Räumen unterzubringen. Je nach Batterieart und Menge sind ggf. auch abgeschlossene Räume vorzusehen.

Bild 157: Kennzeichnung Batterieraum

Die baulichen Gegebenheiten für die Aufstellung von Batterien sollten nicht unterschätzt werden. Bei Nachrüstungssystemen von Speichersystemen oder auch bei Neuanlagen werden nicht selten Batterien dort platziert, wo eben Platz ist. Blei-Batterien benötigen jedoch z. B. einen trockenen und entlüfteten Raum (Knallgasbildung). Für Lithium-Ionen-Batterien werden derzeit sogar brandsichere Räume diskutiert. Wahrscheinlich sind hier die Hersteller gefragt, die Entflammbarkeit und Selbstzündung von Batterien konstruktiv zu lösen, z. B. durch geeignete Materialien für Kathoden und die Vermeidung von Kobalt in den Zellen. Kalte Aufstellräume (z.B. Garage, unbeheiztes Nebengebäude) sind ebenso wenig geeignet, wie zu warme Aufstellorte (z.B. Heizungsraum).

Für die Wartung der Batterien ist eine gute Zugänglichkeit zu schaffen. Sind mehrere Batterien vorhanden, sollten diese in spezielle Batteriegestelle oder Stufengestelle untergebracht sein. Da Batterien mit Chemikalien gefüllt sind (insbesondere Blei-Säure/Blei-Gel), müssen entsprechende Auffangwannen vorhanden sein. Batteriegestelle und Batterieschränke müssen bei Batteriespannungen > 120 Volt geerdet sein. Bei den Polen muss ein Berührungsschutz vorhanden sein. Batterieräume zählen zu den besonders zu kennzeichnenden elektrischen Betriebsräumen.

Besonders beachtet sollte bei einem Aufstellort im Keller werden, dass selbst bei kleineren Überschwemmungen bodennah aufgestellte Batteriemodule irreparabel beschädigt werden können.

Bild 158: Schadensfall aus Überschwemmung bei bodennah aufgestellten Batteriemodulen

7 Erprobung

Der nächste Schritt nach der visuellen Inspektion bzw. Besichtigung einer Photovoltaikanlage ist die Erprobung. Sie ist Teil der Inspektion. Darin sind auch alle Funktionsprüfungen an der Photovoltaikanlage enthalten.

Erprobungen sollen über den thermischen, elektrischen und mechanischen Zustand der elektrischen Anlagen und Betriebsmittel Aufschluss geben. Die Funktionalität folgender Betriebsmittel und Schutzvorrichtungen wird beim Erproben untersucht:

- Elektrische Schutzeinrichtungen, wie Not-Ausschalter, Verriegelungen oder Schutzrelais,
- Isolationsüberwachungsgeräte,
- Melde- und Anzeigeeinrichtungen, wie zum Beispiel Melde-(Warn-)leuchten.

Die erprobenden Tätigkeiten bei einer Photovoltaikanlage sind vom Umfang her relativ begrenzt. Erprobt wird die Wirksamkeit von Betriebsmitteln, die der Sicherheit dienen, z. B. Schutzrelais, Energiefreischaltung des Systems z. B. mit einem Druckknopf (Not-Aus-Schaltungen), Netz- und Anlagenschutz-(NA)-Schutzeinrichtungen, Abschalten der Wechselrichter bei Netzunterbrechung, Fehlerstromschutzschalter (RCD) durch betätigen der Prüftaste.

Soweit die entsprechenden Betriebsmittel bzw. Schutzeinrichtungen in ihrer Funktion eingeschränkt sind oder keine Funktion zeigen, sind diese auszutauschen.

Beim Fehlerstromschutzschalter gibt es unterschiedliche Fristen für die Funktionsprüfung. Bei stationären elektrischen Anlagen, zu denen auch die Photovoltaik gehört, sind diese alle sechs Monate mit dem Betätigen der Prüftaste durchzuführen. Dies kann auch durch den Anlagenbetreiber selbst erfolgen.

Ähnliches Vorgehen empfiehlt sich bei allen Schalteinrichtungen, wie z. B. DC-Freischalter. Durch eine permanente Schalterstellung bilden sich Übergangswiderstände an den Kontakten. In der Folge können sich die Kontakte bzw. gesamten Schalter erwärmen und es dadurch zu Hitzeschäden kommen. Durch das Betätigen der Schalter werden die Kontakte »mechanisch gereinigt«.

8 Messungen

8.1 Messungen nach VDE

In Anlagen mit Nennspannungen bis 1000 V AC und 1500 V DC sind die Werte zu ermitteln, welche eine Beurteilung des Schutzes unter Fehlerbedingungen ermöglichen. Hierzu gehören:

- Durchgängigkeit der Leiter
- Isolationswiderstand der elektrischen Anlage
- Schutz durch SELV, PELV oder Schutztrennung
- Widerstand/Impedanz von isolierenden Wänden und Fußböden
- Schutz durch automatisches Abschalten der Stromversorgung
- Wirksamkeit zusätzlicher Schutzmaßnahmen
- Spannungspolarität
- Phasenfolge der Außenleiter
- Funktions- und Betriebsprüfungen
- Einhaltung des maximal zulässigen Spannungsfalls.

Bei einer Photovoltaikanlage ist demzufolge zu messen: der Schleifenwiderstand, Schutzleiterwiderstand, Auslösefehlerstrom, Erdungswiderstand sowie bei Fehlerstromschutzeinrichtungen deren Abschaltzeiten.

Die Nachweise sind unter Anwendung der in der DIN VDE 0100-600 aufgeführten Messverfahren zu erbringen. Da die Messungen ausschließlich durch eine hierzu befähigte Person (Elektrofachkraft) durchzuführen ist, werden nachfolgend keine Anleitungen zur Messung gegeben, da vorausgesetzt wird, dass die befähigte Person mit der Durchführung der erforderlichen Messung erfahren ist. Es werden daher nur die eigentlichen Messungen benannt und diese mit ihren Eigenheiten kurz beschrieben.

Die durchzuführenden Messungen nehmen einen erheblichen Teil der Anlagenprüfung und Wartung sowie zeitlichen Aufwand ein. Dies bereits deshalb, weil unter Umständen die elektrische Anlage freigeschaltet und mögliche Leitungsverbindungen aufgetrennt werden müssen. Messungen nach VDE sind ebenfalls Teil der Inspektion.

Die zum Einsatz kommenden Messgeräte und Messmethoden müssen die Anforderungen der DIN VDE 0413 erfüllen.

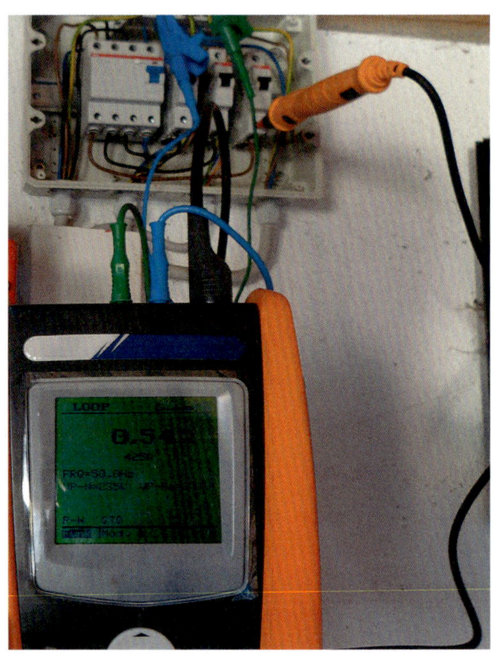

Bild 159: Messungen nach DIN VDE 0105-100

8.1.1 Durchgängigkeit der Leiter

Die Prüfung der elektrischen Durchgängigkeit umfasst die Schutzleiter und Schutzpotenzialausgleichsleiter mittels Gleichstrommessung. Ein ausdrücklicher Grenzwert wird in den Normen nicht genannt. Die Erfahrungswerte liegen bei Schutzleitersystemen bei < 1,0 Ohm und bei Potenzialausgleichsleiter < 0,1 Ohm.

8.1.2 Isolationswiderstand

Bei der Messung des Isolationswiderstandes bei Anlagen bis 1000 V Nennspannung (Wechselstrom) wird der Isolationswiderstand zwischen jedem aktiven Leiter (Außen- und Neutralleiter) und Erde bzw. Schutzleiter festgestellt. In TN-C und TN-C-S-Systemen darf die Messung auch gegen den PEN-Leiter durchgeführt werden, hierzu müssen jedoch die Verbindungen zu Neutralleitern aufgetrennt werden.

Um den Messaufwand zu minimieren, dürfen für die Messung alle aktiven Leiter miteinander verbunden werden. Dies gilt jedoch nicht in Bereichen von feuergefährdeten Betriebsstätten und Ex-Bereichen.

Soweit die Messung mit angeschlossenen und eingeschalteten Verbrauchern durchgeführt wird, muss der Isolationswiderstand hinter den Überstromschutzeinrichtungen der angeschlossenen Verbraucher mind. 300 Ohm je Volt Nennspannung betragen; bei Anlagen im Freien mind. 150 Ohm je Volt Nennspannung.

Sofern die Messung ohne Verbraucher durchgeführt wird, muss der Isolationswiderstand hinter der Überstromschutzeinrichtung bei geschlossener Schalteinrichtung mind. 1 000 Ohm je Volt Nennspannung betragen; bei Anlagen im Freien gilt ein Wert von mind. 500 Ohm je Volt Nennspannung.

Die Messungen des Isolationswiderstandes sind mit Gleichspannung durchzuführen. Die Messspannung muss mind. gleich der Nennspannung der Anlage sein.

Zu beachten ist:

- Die Isolationsmessung darf nur im spannungsfreien Zustand durchgeführt werden.
- Bei Wiederholungsprüfungen ist mit L+N gegen PE zum Schutz elektronischer Betriebsmittel zu messen. Alternativ ist eine Messung mit 250 V DC durchzuführen.
- Bei Messungen im TN-Netz ist die N-PE-Brücke zu öffnen.
- Bei Messungen im TT-Netz ist der Neutralleiter aufzutrennen.
- Bei Messungen in Anlagen mit Überspannungsableitern sind diese während der Isolationsmessung erdseitig zu trennen.
- In feuergefährdeten Betriebsstätten ist zusätzlich zwischen den Außenleitern zu messen.

Die Mindestwerte des Isolationswiderstandes müssen nach DIN VDE 0100-600 bei den üblichen Nennspannungen des Stromkreise bis einschl. 500 V mit einer Messgleichspannung von 500 V bei > 1,0 M Ohm liegen.

Sofern die Messungen mit angeschlossenen und eingeschalteten Verbrauchsmitteln durchgeführt werden, muss der Isolationswiderstand hinter den Überstrom-Schutzeinrichtungen einschließlich der angeschlossenen Verbrauchsmittel mindestens 300 Ohm je Volt Nennspannung betragen. Wird der vorgeschriebene Wert bei der Messung nicht erreicht, so ist die Messung ohne angeschlossene Verbrauchsmittel zu wiederholen.

Sofern die Messungen ohne angeschlossene Verbrauchsmittel durchgeführt werden, muss der Isolationswiderstand hinter den Überstrom-Schutzeinrichtungen, aber – bei geschlossenen Schalteinrichtungen – mindestens 1 000 Ohm je Volt Nennspannung betragen.

Bei Anlagen im Freien sowie in Räumen oder Bereichen, deren Fußböden, Wände und Einrichtungen zu Reinigungszwecken abgespritzt werden, muss der Isolationswiderstand bei angeschlossenen Verbrauchsmitteln mindestens 150 Ohm je Volt Nennspannung, ohne angeschlossene Verbrauchsmittel mindestens 500 Ohm je Volt Nennspannung betragen.

8.1.3 Auslösestrom/Auslösezeit des Fehlerstromschutzschalters

Ebenfalls mit einem Messgerät ist die Auslösezeit und der Auslösefehlerstrom des RCD (Fehlerstromschutzschalter) zu prüfen. Es gibt hierbei das Messverfahren mit einem fest eingestellten Prüfstrom oder das Messverfahren mit einem stetig ansteigenden Prüfstrom. Der Auslösewert muss zwischen 50 % und 100 % des Bemessungswertes liegen. In der Praxis lösen RCD im Auslieferungszustand bei ca. 75 % des Bemessungswertes aus.

Kürzere Auslöseströme bei RCD sind zwar für den Personenschutz erwünscht, können aber auch zu unerwünschten Anlageausfällen führen. Wichtig zu wissen ist, dass Geräte – hier die Wechselrichter der Photovoltaikanlage – bereits geringe Ableitströme produzieren können (bis zu 100 mA). Soweit mehrere Wechselrichter auf einem RCD angeschlossen sind, kann es deshalb bereits zu Störauslösungen kommen, obgleich kein Fehlerfall vorliegt. Die Anzahl der Wechselrichter, welche auf einen RCD zugeordnet werden, sind daher zu begrenzen.

Entsprechende Grenzwerte ergeben sich nach den Bedingungen der DIN VDE 0100-410 (Errichten von Niederspannungsanlagen – Teil 4-41: Schutzmaßnahmen – Schutz gegen elektrischen Schlag). Die maximalen Abschaltzeiten betragen hierbei:

System	120 V < U_0 ≤ 230 V		230 V < U_0 < 400 V	
	AC	DC	AC	DC
TN	0,4 s	5 s	0,2 s	0,4 s
TT	0,2 s	0,4 s	0,07 s	0,2 s

Tab. 8.1: Maximale Abschaltzeiten

8.1.4 Schleifenimpedanz und Kurzschlussstrom

Die Anschaltbedingungen im TN-Netz mit Überstromschutzeinrichtungen müssen durch Prüfung der Schleifenimpedanz nachgewiesen werden. Diese ist zwischen dem Außenleiter und Schutzleiter bzw. Außenleiter und PEN-Leiter zu ermitteln.

Die Ermittlung des Wertes erfolgt durch Messung mit einem Messgerät und einem Belastungsstrom. Die Messergebnisse sind sorgfältig zu bewerten. Dabei ist zu berücksichtigen, dass nicht nur alleine vom Prüfgerät Messfehler von bis zu ± 30 % zugelassen sind, sondern dass auch Netzschwankungen (Spannung und Blindstromverbrauch) das Messergebnis erheblich verfälschen können.

In der Regel lassen die relativ kurzen Leitungen zwischen Wechselrichter und Überstromschutzeinrichtung einen hohen Auslösestrom zu.

Wird der Schutz nach DIN VDE 0100-410 durch automatische Abschaltung mit einer Fehlerstromschutzeinrichtungen mit $I\Delta N \leq 500$ mA realisiert, so ist die Anforderung an den Schleifenwiderstand immer erfüllt. Das bedeutet, dass die Schleifenimpedanzmessung entfallen kann, jedoch muss der Fehlerstromschutzschalter geprüft werden.

8.1.5 Messung des Spannungsfalls

Die Bestimmung des Spannungsfalls dient zur Beurteilung des Zustandes und der Qualität der elektrischen Anlage, insbesondere der Kabel, Leitungen und Klemmen.

Dies kann erfolgen durch Anwendung von Diagrammen gemäß Anhang zur DIN VDE 0100-600 oder durch Messung der Netzimpedanz.

Bei üblichen Niederspannungsanlagen sollte der Spannungsfall nicht größer als 3 % sein. Bei Photovoltaikanlagen sollte der Spannungsfall aufgrund der Begrenzung der Verluste nicht höher als 1 % liegen.

8.1.6 Erdungsmessung

Eine Erdungsmessung ist bei allen Schutzsystemen erforderlich, welche eine Abschaltung oder Meldung bewirken. Der Erdwiderstand ist somit für die automatische Abschaltung von Anlagenteilen im Fehlerfall von hoher Bedeutung. Er muss niederohmig sein, damit im Fehlerfall ein hoher Kurzschlussstrom fließt und die Fehlerstromschutzschalter die Anlage sicher abschalten.

Für die Messung des Erdwiderstandes gibt es mehrere Messverfahren, welche in der DIN VDE 0413-5 beschrieben sind:

- Messung mit Strom-Spannung-Messverfahren in Netzen mit geerdetem Sternpunkt
- Messung nach dem Strom-Spannung-Messverfahren mit eigener Stromquelle
- Messung mit Erdungsmessgerät nach dem Kompensationsverfahren.

Die geforderten Grenzwerte sind von der Netzform abhängig und ferner von dessen Abschaltbedingungen unter Berücksichtigung der maximalen Berührungsspannung. Generell sollen die Widerstände sehr niedrig sein. In der Regel gelten Werte < 10 Ohm als gut.

8.1.7 Messung Gleichstromseite

Es sind alle Stränge auf der Gleichstromseite zu messen. In der Regel bedient man sich hier eines speziellen PV-Testgeräts, welches in einem Messvorgang die Polarität des Stranges, die Leerlaufspannung, den Kurzschlussstrom und den Isolationswiderstand misst.

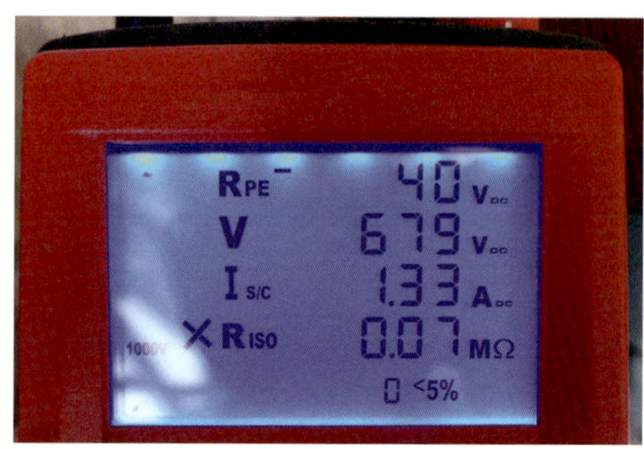

Bild 160: PV-Testgerät mit Multifunktionsanzeige, bei diesem Beispiel gemessener Isolationswert zu niedrig

Hierbei sind folgende Punkte zu beachten:

Freischalten

Bevor an den Gleichstromleitungen Messungen durchgeführt werden können, müssen diese freigeschaltet werden, ansonsten besteht die Gefahr eines Lichtbogens beim Ziehen der Steckverbindungen.

Problematisch ist, dass bei vielen Wechselrichtermodellen kein einfacher Zugang zu den Steckverbindungen vorhanden ist. Das Lösen der Stecker mit speziellem Werkzeug erschwert zudem die Arbeit. Insbesondere bei älteren Anlagen kommt es daher vor, dass Steckbverbinder am Wechselrichter abbrechen. Insofern ist es ratsam, entsprechende Einbaustecker als Ersatz mitzuführen. Bei manchen Wechselrichtern ist der Stranganschluss direkt aufgeklemmt. Hier bedarf es einer speziellen Adapterklemme, um Messungen durchführen zu können. Achtung: Die Messung erfolgt hier unter anstehender elektrischen Spannung!

Messung Leerlaufspannung

Die Leerlaufspannung soll Aufschluss darüber geben, ob

- der Strang durchgängig ist,
- der Strang richtig gepolt ist,
- die Messwerte plausibel mit den zu erwartenden Werten sind.

Zu Letzterem ist es erforderlich, zum einen richtig zu messen und zum anderen die Messergebnisse richtig zu werten und zu interpretieren. Ein Messvorgang und die bloße Dokumentation der Messergebnisse greifen hier zu kurz.

Richtiges Messen bedeutet zum Beispiel, dass bei größeren Anlagen mit einer Referenz zu messen ist. Bei beispielsweise 50 Strängen bei einer größeren Anlage dauert die Messung eine gewisse Zeit. Ändern sich hierbei zwischenzeitlich Sonneneinstrahlung, Bewölkung oder Windverhältnisse, ergeben sich während der Messvorgänge unterschiedliche

Zelltemperaturen. Diese führen aufgrund des Temperaturkoeffizienten der Zellspannung auch zu unterschiedlichen Messwerten, obgleich die einzelnen Stränge mit der gleichen Modulanzahl bestückt sind.

Beispiel: Ein 60-Zeller-Modul, poly mit 280 Wp hat eine Leerlaufspannung von 38 Volt und einen Temperaturkoeffizienten von –0,30 %/K. Bei einer Zelltemperatur von 25 °C und 20 in Reihe verschalteten Modulen ist eine Sollspannung von rd. 760 Volt zu erwarten. Ändert sich die Sonneneinstrahlung und werden die Zellen um 10 °C wärmer, so verändert sich der Sollwert der Leerlaufspannung auf rd. 737 Volt. Aus diesem Wert ist, wenn dieser sich aus der vierten oder zehnten Stringmessungen ergibt, jetzt nicht mehr alleine erkennbar, ob dessen Veränderung sich durch einen Temperaturunterschied ergeben hat oder ob in diesem Strang womöglich ein oder zwei defekte Substrings in Modulen mit fehlenden je ca. 12,5 Volt (z. B. durch defekte Bypassdioden) ergeben. Daher ist es ratsam, immer den ersten gemessenen Strang gleichzeitig nochmals mitzumessen und die Ergebnisse zu vergleichen. Dies kann auch mit einem üblichen Multimeter erfolgen.

Messen Isolationswiderstand

Immer wieder anzutreffen sind protokollierte Messergebnisse mit dem Grenzwert des vom Messgerät erfassten Maximalwertes (z. B. >199 MOhm). Dies kann in der Regel nie zutreffend sein. Selbst wenn ausnahmsweise ein neues Modul einen sehr guten Isolationswert von > 200 MOhm haben sollte, so reduziert sich der Wert spätestens bei der Verschaltung der Module im Verhältnis zur verschalteten Modulfläche. Übliche Messwerte liegen daher bei grob ca. 10 MOhm bis 80 MOhm. Bei nicht plausiblen hohen Werten soll man daher genau die Anschlussvoraussetzungen des Messgerätes prüfen.

8.2 Sondermessungen

8.2.1 Thermografie

8.2.1.1 Grundlagen

Mit Thermografieaufnahmen lassen sich schnell und effizient Fehler bei elektrotechnischen Anlagen und auch PV-Modulen lokalisieren und dokumentieren. Elektrotechnik erzeugt in der Regel Wärme. Bei Fehlern in elektrischen Anlagen erhöht sich meist durch den sich bildenden Widerstand lokal die Wärmeentwicklung, sodass diese durch eine thermografische Aufnahme schnell und berührungslos erfasst werden kann. Wichtig ist aber zu wissen, dass eine Thermografiemessung niemals die Messungen nach DIN VDE 0100-600 oder VDE 105-100 ersetzt, sondern immer ein ergänzendes Messinstrument darstellt.

Bei PV-Modulen macht man sich die Thermografie ebenfalls zunutze, da auch hier Fehler im Bereich der Zellen, Anschlussdose und Verlötungen bei entsprechender Einstrahlung Wärme erzeugen.

Bild 161: Wärmebildaufnahme bei Photovoltaikanlagen

Die Thermografie bei Photovoltaikanlagen bringt gleich mehrere Vorteile: Zum einen können Anomalien bei PV-Modulen schneller erfasst werden, als dies mit anderen Verfahren möglich ist; zudem können Wärmebildkameras zur Untersuchung bereits montierter Module verwendet werden, auch wenn diese im Betrieb sind. Zum anderen können mit einer Wärmebildkamera zeitsparend großflächige Bereiche erfasst werden. Sie gehört daher fast schon zur klassischen Messmethode bei Anlageninspektionen.

Grundlage für thermografische Messungen ist die DIN 54191 Teil 1,2 und 3 (Zerstörungsfreie Prüfung – Thermografische Prüfung von elektrischen Anlagen). Für die Thermografiemessung an PV-Anlagen werden in der DIN VDE 0126-23-1 unter Abschnitt 7 »Prüfverfahren – Kategorie 2« entsprechende Verfahrensweisen beschrieben.

Kenntnisse und Fertigkeiten in Elektrothermografie sind Voraussetzung für eine effektive und fehlerfreie Messung sowie Bewertung der Messergebnisse. Wer mit einer Thermografiekamera nicht nur schöne bunte Bilder machen, sondern die Handhabung bei den Aufnahmen richtig durchführen und auch deren Ergebnisse richtig interpretieren möchte, dem sei dringend mindestens eine Schulung empfohlen.

Ergänzend hierzu gibt es auch Ausbildungen nach DIN EN ISO 9712. Bei den Zertifizierungen der Thermografen nach DIN 54162 und DIN EN ISO 9712 gibt es 3 Qualifizierungsstufen, wobei die Stufe 1 die niedrigste Qualifizierungsstufe ist:

Stufe 1 – Eine Person, die in der Stufe 1 zertifiziert ist, hat die Fähigkeit nachgewiesen, thermografische Messungen nach einer Prüfanweisung unter Aufsicht von Personal auszuführen, das höher zertifiziert ist (Stufe-2- oder -3-Personal). Stufe-1-Personal ist innerhalb des auf dem Zertifikat festgelegten Aufgabenbereiches autorisiert.

Stufe 2 – Eine Person, die in der Stufe 2 zertifiziert ist, hat die Fähigkeit nachgewiesen, thermografische Messungen nach aufgestellten oder allgemein anerkannten Verfahrensweisen durchzuführen und zu überwachen. Stufe-2-Personal ist innerhalb des auf dem Zertifikat festgelegten Aufgabenbereiches autorisiert, insbesondere Prüfanweisungen für sektorspezifische Anwendungen zu erstellen. Es sind fünf Anwendungsbereiche, auf dem Zertifikat als Sektoren bezeichnet, vorgesehen:

- Aktive Thermografie (Materialprüfung auf Trennungen)
- Bauthermografie
- Industriethermografie
- Elektrothermografie
- Sondermessungen.

Ein selbstständiger Dienstleister sollte über eine solche Stufe-2-Zertifizierung auf seinem Anwendungsgebiet verfügen.

Stufe 3 – Eine Person, die in der Stufe 3 zertifiziert ist, hat die Fähigkeit nachgewiesen, jede Tätigkeit auszuüben und zu leiten, für die sie zertifiziert ist. Eine in der Stufe 3 zertifizierte Person darf Prüfungsanweisungen und Verfahrensbeschreibungen aufstellen und alle Aufgaben der Stufe 1 und Stufe 2 übernehmen und überwachen. Eine Stufe-3-Person ist als Prüfungsaufsicht autorisiert und kann die Qualifizierungsprüfungen für eine Zertifizierung abnehmen.

Der Bewertung in Interpretation der Messergebnisse kommt eine ebensolch hohe Bedeutung zu, wie die richtige Handhabung der Kamera. Bereits die falsche Handhabung der Kamera kann verfälschte Ergebnisse zur Folge haben.

8.2.1.2 Anforderungen/Empfehlungen Messtechnik

Wetterbedingungen

Um effektive Resultate erhalten zu können, müssen optimale Witterungsbedingungen vorherrschen. Die Photovoltaikanlage bzw. die elektrische Anlage sollte im oberen Leistungsbereich arbeiten. Ideal ist deshalb sonniges bis leicht bewölktes Wetter, wobei bei Wolkenbildung entsprechende Bildeffekte (Spiegelungen) auf den Modulflächen zu berücksichtigen sind.

Die solare Einstrahlung muss nach den normativen Messvorgaben mind. 400 W/m^2 auf Modulebene betragen, um aussagefähige Ergebnisse zu bekommen; besser sind höhere Einstrahlungswerte. Optimale Ergebnisse lassen sich bei einer Strahlungsintensität von 700 W/m^2 erzielen.

Die Einstrahlung vor Ort lässt sich entweder mit einem Pyranometer (für globale Sonneneinstrahlung) oder mit einem Pyrheliometer (direkte Sonneneinstrahlung) messen. Niedrige Außentemperaturen können dabei den thermischen Kontrast erheblich erhöhen.

Im Idealfall sollte die Bestrahlungsstärke konstant sein, d.h. bei wolkenlosem Himmel erfolgen, um so auch mögliche Spiegelungen und Kontraststörungen auf Modulebene zu vermeiden.

Kamera

Die Auswahl der richtigen Kamera ist mit entscheidend für die Messgenauigkeiten. Der Detektor sollte mind. 320 × 240 Pixel Auflösung haben, bei Großanlagen auch 640 × 480 Pixel. Nach DIN 54191 Tabelle1 muss die geometrische Auflösung dem kleinsten nachzuweisenden Objektbereich entsprechen. Die thermische Empfindlichkeit sollte nicht größer als 0,08 °C sein, um Temperaturverteilung auf dem Solarmodul zwischen Glas und Zelle ausreichend darstellen zu können.

Darüber hinaus sollten Level und Span manuell einstellbar sein. Im Allgemeinen werden Module mit Alurahmen versehen, welche die Wärmestrahlung des Himmels reflektieren. In der Praxis werden die Rahmentemperaturen daher deutlich unter 0 °C angezeigt werden. Da sich der Algorithmus der Anzeige automatisch an die niedrigsten und höchsten gemessenen Temperaturen anpasst, werden thermische Anomalien nicht sofort sichtbar sin. Für einen guten thermischen Kontrast müssen deshalb Level und Span manuell nachkorrigiert werden. Es gibt aber bereits Wärmebildkameras mit automatischem Bildkontrast. Der Messbereich sollte bei mind. –20 bis 120 °C liegen. Die Kamera muss in der Regel alle zwei Jahre kalibriert werden.

Einen optimalen Einsatz erreicht man, wenn die Kamera mit verschiedenen Objektiven einsetzbar bzw. nachrüstbar ist (Weitwinkel-/Teleobjektiv).

Einstellbar sollten sein:

- Pegel und Spanne/Level + Span Sonnenblende oder Sucher
- Messfunktion: Messpunkt
- Aufnahmen (Thermogramme) mit radiometrischen Daten
- hohe Bildwiederholrate (bei Befliegung wichtig).

Aufnahmeposition

Thermische Messungen auf Glasoberflächen sind nicht einfach auszuführen. Die Reflexion von Glasflächen ist spiegelnd; d. h. umgebende Objekte mit abweichenden Temperaturen (Dachvorsprünge, Kamine, Gauben, Bäume, Wolken) sind oftmals deutlich im Wärmebild zu sehen, was nicht selten zu Fehlinterpretationen führt. Der Betrachtungswinkel sollte deshalb nicht rechtwinklig und auch nicht zu flach erfolgen. Gute Aufnahmewinkel liegen bei ca. 20° bis 60°. Bei Dachanlagen und auch bei Freifeldanlagen ein nicht immer einfaches Unterfangen. Nicht selten werden künstlich geschaffene erhöhte Standpunkte (Gerüst/Hubsteiger) erforderlich, was eine Thermografieaufnahme dann wiederum recht aufwendig macht. Alternativen bieten das Befliegen mit Drohnen (siehe nachfolgendes

Kapitel). Hierbei bietet die größere Entfernung durchaus die Chance, einer großflächigeren Betrachtung. Bei auffallenden Anomalien können dann nochmals gezielte Aufnahmen von einem näheren Standpunkt gemacht werden. Bei größeren Entfernungen ist jedoch auch eine größere Bildauflösung von mind. 320 × 240 Pixel oder größer erforderlich.

Ideal ist z. B. bei Freiflächenanlagen die Aufnahme von der Modulrückseite, da hier störende Reflexionen kaum vorhanden sind. Aufgrund des fehlenden Glases erhält man auch eine genauere Temperaturaufnahme, da hier die Temperatur der Zelle direkt messbar ist.

Bildinformation

Ein erstelltes Thermogramm sollte immer folgende Informationen enthalten

- Aufnahmeort/Kunde
- Datum und Uhrzeit
- Einstrahlung auf Modulebene in W/m²
- Echtbild
- Emissionsgrad
- Lufttemperatur
- Kennzeichnung der thermischen Auffälligkeit
- vorgeschlagene Maßnahmen zur Behebung der thermischen Auffälligkeit
- Kameramodell
- letzte Kalibrierung.

8.2.1.3 Messfehler

Messfehler entstehen in der Regel durch nicht optimale Umgebungs- und Einstrahlungsbedingungen (Messbedingungen) und durch ungünstige Betrachtungswinkel:

- zu flacher Betrachtungswinkel
- wechselnde Sonneneinstrahlung während der Aufnahme
- Reflexionen (Wolken, aufgehende Bauteile)
- Teilabschattungen.

8.2.1.4 Messziele

Ziel der Untersuchung der Generatorfläche bzw. der Module ist das Auffinden von anormalen Temperaturveränderungen gegenüber dem Gesamtbild. In der Regel sollte der Generator eine gleichmäßige Temperaturverteilung aufweisen. Abweichungen nach oben, aber auch nach unten müssen vorab als auffällig angesehen und im Nachgang genauer untersucht werden. Die genauere Untersuchung kann dann per Augenschein vorgenommen werden (z. B. bei »Hotspots« und deren bereits erfolgten Materialveränderungen in der Zellebene oder durch Messung (Leerlaufspannung, Kennlinienmessung).

8.2.1.5 Beispiele von Fehlererkennung und Fehlerinterpretation

Bild 162: Verschattung mit Zellerwärmung (Versuchsaufbau)

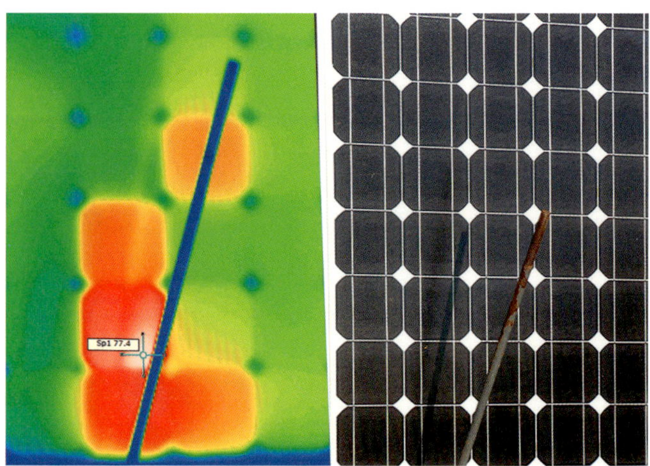

Bild 163: typisches Schachbrettmuster an Modulen mit ausgefallenen Bypassdioden (hier nach Überspannung)

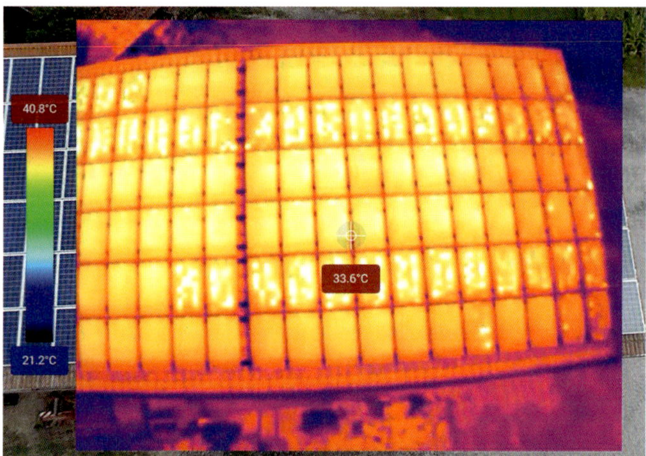

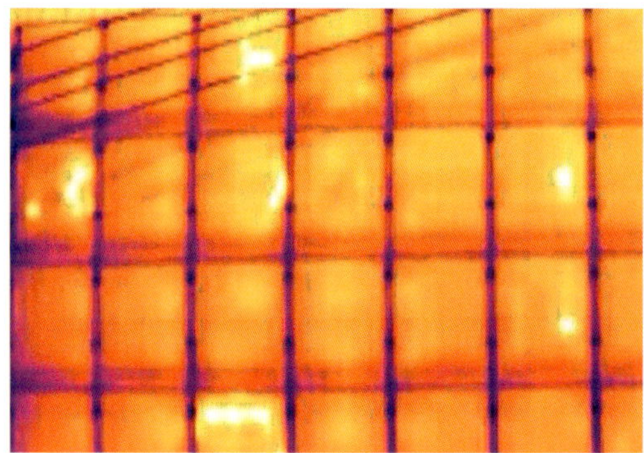

Bild 164: Hotspots an Modulen

Bild 165: Ausfall einzelner Substrings im Modul; Ursache hier: Kontaktunterbrechungen auf Zellebene

Bild 166: Achtung: Reflexionen (hier Sonne) können das Thermografieergebnis verfälschen

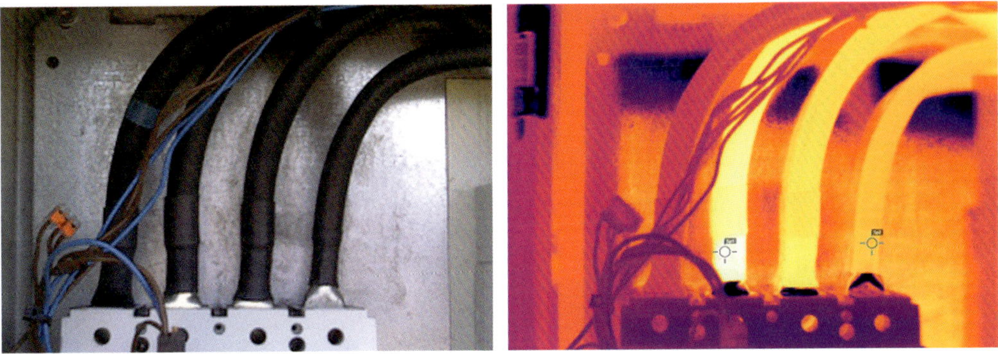

Bild 167: Auffällige Erwärmung einer Leitung (vermutlich zu hoher Widerstand an einem fehlerhaften Leitungsanschluss)

Nicht nur bei Modulen lassen sich durch Thermografie Fehler finden. Insbesondere bei der üblichen Elektrothermografie können Aufnahmen Aufschluss über Fehler oder hohe thermische Belastungen mit Schadenspotenzial geben.

8.2.1.6 Einsatz mit Flugdrohnen

Thermografische Aufnahmen von Modulflächen bedürfen eines richtigen Aufnahmewinkels, um störende Reflexionen zu vermeiden. Bietet sich bei Freifeldanlagen eine Rückseitenthermografie an, bei der auch störende Reflexionen aufgrund der matten Rückseitenstruktur der Module weitgehend ausgeschlossen sind, so gestalten sich die Aufnahmen auf Dachflächen erheblich schwieriger. Meist wird der Einsatz von Gerüsten oder Hubgeräten erforderlich, um mit der Kamera einen günstigen Aufnahmewinkel zu erlangen.

Effizient ist hierbei der Einsatz von Flugdrohnen mit ausgestatteter Wärmebildkamera. Sie bieten unabhängig von der Lage und Höhe der angebrachten Module eine schnelle und effiziente Aufnahmemöglichkeit.

Bild 168: schnellere Übersicht und optimale Positionierung mit Flugdrohne

Bei dem Einsatz von Flugdrohnen gilt es jedoch gewisse Dinge zu beachten: Drohnen sind unbemannte Luftfahrtsysteme und stehen bemannten Sportflugzeugen, Helikoptern oder Passagierflugzeugen weitgehend gleich. Sie alle tummeln sich im öffentlichen Luftraum. Damit es nicht zu Unfällen kommt, regeln das Luftverkehrsgesetz (LuftVG), die Luftverkehrsordnung (LuftVO) und die Luftverkehrs-Zulassungs-Ordnung (LuftVZO) das gemeinsame Miteinander.

Seit 31.12.2020 regelt die neue EU-Drohnenverordnung den genehmigungsfreien bzw. genehmigungsbedürftigen Einsatz von UAS. UAS steht hierbei als Abkürzung für

Unmanned Aircraft System (unbemanntes Luftfahrzeugsystem) und besteht aus einem unbemannten Luftfahrzeug sowie der Ausrüstung für dessen Fernsteuerung.

UAS der sogenannten »Offenen Kategorie« (»offen für Jedermann«) dürfen genehmigungsfrei geflogen werden. Die Offene Kategorie gibt einen Rahmen für den genehmigungsfreien Betrieb von UAS vor. Dieser Betriebsrahmen definiert sich wie folgt:

- maximale Flughöhe: 120 m über Grund,
- unmittelbarer Sichtkontakt zum UAS während des gesamten Fluges bzw. Flug mit eingeschalteter Follow-me-Modus,
- Mindestalter des Steuerers 16 Jahre
- Höchstabflugmasse (Maximum Takeoff Mass – MTOM) des UAS 25 kg,
- kein Transport gefährlicher Güter,
- kein Abwurf von Gegenständen.

Die Offene Kategorie umfasst insgesamt drei Unterkategorien (A1, A2, A3), für welche jeweils weitere zusätzliche Einschränkungen bestehen.

Unterkategorie A1

In dieser Unterkategorie kommen UAS mit einer Höchstabflugmasse von unter 900 g zum Einsatz.

Unterkategorie A2

In dieser Unterkategorie kommen UAS mit einer Höchstabflugmasse bis zu 4 kg zum Einsatz.

Unterkategorie A3

In dieser Unterkategorie kommen zusätzlich zu den UAS der Kategorien C0 bis C2, UAS von weniger als 25 kg Höchstabflugmasse zum Einsatz.

Darüber hinaus werden zukünftig so genannte Geozonen eingerichtet, in denen der UAS-Betrieb eingeschränkt bzw. verboten ist. Diese werden voraussichtlich erst Ende 2021 veröffentlicht. Zwischenzeitlich gelten die Gebote und Verbote der Paragraphen 21a Absatz 1 und 21b Absatz 1 der Luftverkehrsordnung (LuftVO) weiter, sofern die Verordnung (EU) 2019/947 dafür nicht eigene Regelungen enthält.

Steuerer von UAS müssen in vielen Fällen über ein im allgemeinen Sprachgebrauch als »Drohnenführerschein« bezeichnetes Dokument verfügen, sofern sie ein UAS in der offenen Kategorie betreiben. Es handelt sich dabei um eines der folgenden Dokumente:

- Kenntnisnachweis nach § 21a Absatz 4 Satz 3 Nummer 2 Luftverkehrs-Ordnung (LuftVO) – im Folgenden nur Kenntnisnachweis genannt,
- Nachweis für Fernpiloten über den Abschluss eines Onlinetrainings und einer Onlineprüfung ihrer Theoriekenntnisse nach UAS.OPEN.020 und UAS.OPEN.040 der Verordnung (EU) 2019/947 – im Folgenden EU-Kompetenznachweis genannt,
- Zeugnis über die Kompetenz von Fernpiloten nach UAS.OPEN.030 der Verordnung (EU) 2019/947 – im Folgenden EU-Fernpiloten-Zeugnis genannt.

Kenntnisnachweise sind in der Übergangszeit bis zum 1. Januar 2022 weiterhin gültig und berechtigen zum Steuern von UAS in allen Unterkategorien der »Offenen Kategorie«. Es gelten jedoch Einschränkungen, wenn das UAS nicht EU-Recht konform ist (Bestandsdrohnen). Im Gegensatz zu EU-Kompetenznachweisen und EU-Fernpiloten-Zeugnissen sind die Kenntnisnachweise weiterhin nur in Deutschland gültig.

Ab dem 2. Januar 2022 muss jeder Steuerer eines UAS im Besitz eines EU-Kompetenznachweises oder eines EU-Fernpiloten-Zeugnisses sein. Ausgenommen von dieser Pflicht sind Steuerer von UAS der Klasse C0 (Höchstabflugmasse < 250 g und Höchstgeschwindigkeit (horizontal) < 19 m/s).

Die Art des benötigten »Drohnenführerscheins« hängt davon ab, wo das UAS geflogen werden soll und ob es bereits nach dem neuem EU-Recht (Verordnung (EU) 2019/945) zertifiziert ist, als auch von seiner Höchstabflugmasse. Ein zertifiziertes UAS trägt das entsprechende Klassifizierungskennzeichen, welches die UAS-Kategorie angibt.

Bei UAS ohne Klassifizierung nach EU-Recht (Bestandsdrohnen oder privat hergestellte UAS) unter 250 g und Höchstgeschwindigkeit (horizontal) <19 m/s ist kein »Drohnenführerschein« erforderlich, wobei die Regularien der Offenen Kategorie natürlich trotzdem einzuhalten sind. Um sich über diese Regularien zu informieren wird die Absolvierung des Onlinetrainings empfohlen. Bei UAS unter 500 g wird bis zum 31.12.2022 weiterhin kein »Drohnenführerschein« benötigt. Das UAS darf in allen Unterkategorien der Offenen Kategorie betrieben werden. Ab dem 1.1.2023 wird zwingend ein EU-Kompetenznachweis zum Steuern von UAS benötigt. Das UAS darf dann auch nur noch in der Unterkategorie A3 betrieben werden. Bei der Gewichtsklasse unter 2 kg wird ein EU-Fernpiloten-Zeugnis benötigt, sofern das UAS nicht in der Unterkategorie A3 betrieben werden soll. Wenn das UAS in der Unterkategorie A3 betrieben werden soll, wird hierfür ein EU-Kompetennachweis, alternativ bis zum 31.12.2022 ein Kenntnisnachweis, benötigt.

Für den Betrieb von UAS zwischen 2 kg und 25 kg Höchstabflugmasse wird ein EU-Kompetenznachweis benötigt. Alternativ darf das UAS bis zum 31. Dezember 2022 mit einem Kenntnisnachweis gesteuert werden. Das UAS darf nur in der Unterkategorie A3 betrieben werden.

Weitere Auskünfte zu den aktuellen Regelungen gibt die Internetseite der Deutschen Flugsicherung www.dfs.de.

8.2.1.7 Nachtthermografie

Bei Thermografieaufnahmen an sich sind, wie zuvor beschrieben, einige Grundvoraussetzungen erforderlich. Neben einer ausreichenden Einstrahlung und sonnigem Wetter sollte der Himmel möglichst wolkenfrei sein, da die Wolken – wie jeder andere Körper – Wärmestrahlung emittieren, die von den Glasoberflächen der Solarmodule reflektiert wird. Die entstehenden Reflexionen stören daher die Thermografieaufnahme mitunter erheblich. Bedenkt man all diese witterungsbedingten Einschränkungen, kann man eine professionelle Überprüfung von Solarstromanlagen nur unter bestimmten Voraussetzungen an bestimmten Tagen im Jahr durchführen.

Da sich seit einigen Jahren auch die Elektrolumineszenzprüfung im Feld durchgesetzt hat (siehe nachfolgendes Kapitel) und hierzu die Module bei Dunkelheit rückbestromt werden, ergab sich hieraus die Erkenntnis, diese auch bei einer Rückbestromung zu thermografieren. Hierbei ergibt sich der Vorteil, dass eine Thermografie unter diesen Umständen witterungsunabhängig durchgeführt werden kann, da die betriebsbedingte Erwärmung der Zellen oder Module und mögliche thermische Anomalien nicht durch den realen Betrieb unter Sonnenlicht festgestellt werden, sondern durch eine Rückbestromung unter konstanten Stromwerten. Somit entfallen mögliche Reflexionen z. B. durch Wolken und auch Spiegelungen, was zugleich den Vorteil bringt, dass man auch unter ungünstigen flachen Blickwinkeln z. B. Hotspots noch gut identifizieren kann.

8.2.2 Kennlinienmessung

Nicht immer lässt sich die Ursache für einen Minderertrag mit herkömmlichen Mitteln feststellen. Insbesondere wenn die Leerlaufspannung der Strings sowie fehlende Abweichungen bei Leistungskurven der Wechselrichter keine Aufschlüsse über eine mögliche Minderleistung ergeben.

Wenn möglicherweise nach einigen Betriebsjahren die Stromerträge einer Photovoltaikanlage immer geringer werden und es hierzu keine anderweitigen Erklärungen gibt, gilt es die tatsächliche Leistung der Anlage zu überprüfen. Da die elektrische Leistung der Solarstromanlage aber sehr stark von der Sonneneinstrahlung und der Temperatur abhängig ist, sagt ein Momentanwert der eingespeisten Leistung noch nichts über die Qualität des Solargenerators aus. Man muss daher die aktuelle Einstrahlung und die aktuelle Modultemperatur der Solarzellen kennen, um eine belastbare Aussage machen zu können.

Zur Feststellung der tatsächlichen Generatorleistung verwendet man daher sogenannte Kennlinienmessgeräte. Diese Geräte bestehen in der Regel aus drei Messgruppen: einem Einstrahlungsmesser (Sensor), einem Temperatursensor und dem eigentlichen Modulmessgerät. Das Modulmessgerät wird an den Strings angeschlossen, welche normalerweise bei den Wechselrichtern angeschlossen sind. Es entnimmt nun dem Solargenerator gezielt elektrische Energie und durchläuft dabei jeden Arbeitspunkt der Strom-Spannungskennlinie eines Solargenerators. Auf diese Weise wird festgestellt welche Maximalleistung der Solargenerator zum Messzeitpunkt gerade liefert. Außerdem gibt die Kurvenform einer Kennlinie Auskunft über die Leistungsqualität des Generators.

Bild 169: Kennlinienmessgerät (links) mit Einstrahlungs- und Temperatursensor (rechts)

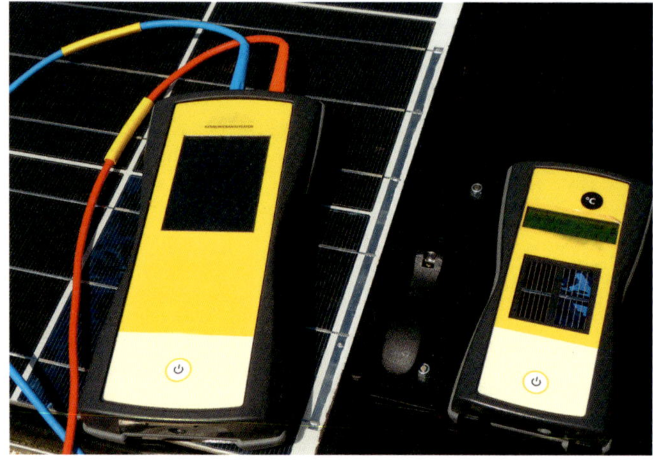

Da gleichzeitig die Einstrahlung, die Temperatur und die elektrische Leistung des Solargeneratorstranges (bei mehreren Modulsträngen muss die Messung an jedem Strang erfolgen) gemessen werden, erfolgt messtechnisch ein Rückschluss auf die Leistung der Module unter Standard-Testbedingungen.

Zu beachten ist, dass diese Messungen, je nach Qualität des verwendeten Messgerätes und der Referenzzelle im Einstrahlungssensor, bestimmten Ungenauigkeiten unterworfen sind. Wenn man einen Solargenerator regelmäßig mit der gleichen Methode (und daher auch mit dem gleichen Messfehler) prüft, erhält man jedoch aussagefähige Vergleichswerte, inwieweit sich die Leistung des Generators im Laufe der Zeit ändert. Es ist daher unter Umständen empfehlenswert, bereits einige Monaten nach Neuinstallation eine Kennlinienmessung durchzuführen, um entsprechende Vergleichswerte zu erhalten.

Ungeachtet der tatsächlichen Modulleistung lassen sich bei einer Kennlinienmessung unter der Betrachtung von Abweichungen des charakteristischen Verlaufs einer Kennlinie viele Fehler oder Beeinträchtigungen von Solargeneratoren feststellen, wie z. B. Teilverschattungen, Verschmutzungen, defekte Bypassdioden, schlechte Füllfaktoren.

Kennlinienmessungen sind grundsätzlich nur bei ausreichender Einstrahlung möglich. Um eine brauchbare Umrechnung auf STC Bedingungen durchführen zu können ist nach DIN EN 60904-1 eine Mindesteinstrahlung von 800 W/m² erforderlich. Die VDE 0126-23-1 nennt unter Abschnitt 7.2.3 mindestens 400 W/m². Prinzipiell sind Kennlinienmessungen auch bei noch geringerer Einstrahlung möglich. Wenn man Fehler an Modulen erkennen möchte (z. B. Ausfall von Bypassdioden), reichen geringere Einstrahlungen aus. Bei einer qualifizierten Leistungsmessung sollten jedoch hohe Einstrahlungen gegeben sein. Zu bedenken ist, dass die Ergebnisfehlertoleranz mit der Größe der Abweichung von dem STC-Wert (25 °C Zelltemperatur, 1000 W/m^2 Einstrahlung) steigt. Je genauer die Ergebniswerte daher sein sollen, desto näher sollten sich die Modulbedingungen am STC-Wert befinden. Je nachdem wie schnell die Messungen von dem Gerät durchgeführt werden, ist auch eine ausreichend lange gleichmäßige Einstrahlung erforderlich. Durchziehende Wolken führen meist zu verfälschten und unbrauchbaren Kennlinien. In den meisten Fällen brechen gute Geräte bei schwankender Einstrahlung die Messung ab. Nachfolgend einige Kennliniengrafiken und ihre Bedeutung:

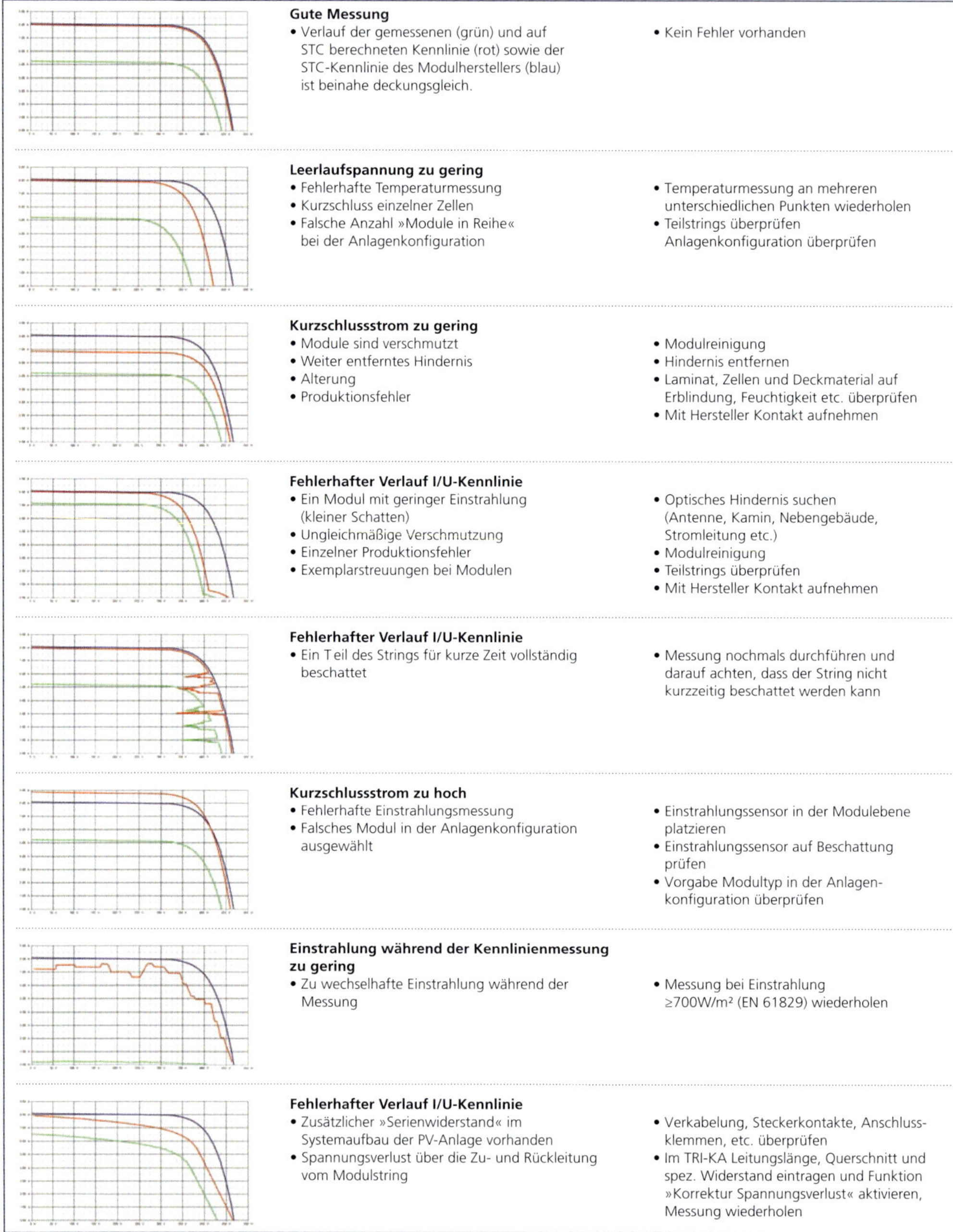

Beschreibung	Maßnahmen
Gute Messung • Verlauf der gemessenen (grün) und auf STC berechneten Kennlinie (rot) sowie der STC-Kennlinie des Modulherstellers (blau) ist beinahe deckungsgleich.	• Kein Fehler vorhanden
Leerlaufspannung zu gering • Fehlerhafte Temperaturmessung • Kurzschluss einzelner Zellen • Falsche Anzahl »Module in Reihe« bei der Anlagenkonfiguration	• Temperaturmessung an mehreren unterschiedlichen Punkten wiederholen • Teilstrings überprüfen Anlagenkonfiguration überprüfen
Kurzschlussstrom zu gering • Module sind verschmutzt • Weiter entferntes Hindernis • Alterung • Produktionsfehler	• Modulreinigung • Hindernis entfernen • Laminat, Zellen und Deckmaterial auf Erblindung, Feuchtigkeit etc. überprüfen • Mit Hersteller Kontakt aufnehmen
Fehlerhafter Verlauf I/U-Kennlinie • Ein Modul mit geringer Einstrahlung (kleiner Schatten) • Ungleichmäßige Verschmutzung • Einzelner Produktionsfehler • Exemplarstreuungen bei Modulen	• Optisches Hindernis suchen (Antenne, Kamin, Nebengebäude, Stromleitung etc.) • Modulreinigung • Teilstrings überprüfen • Mit Hersteller Kontakt aufnehmen
Fehlerhafter Verlauf I/U-Kennlinie • Ein T eil des Strings für kurze Zeit vollständig beschattet	• Messung nochmals durchführen und darauf achten, dass der String nicht kurzzeitig beschattet werden kann
Kurzschlussstrom zu hoch • Fehlerhafte Einstrahlungsmessung • Falsches Modul in der Anlagenkonfiguration ausgewählt	• Einstrahlungssensor in der Modulebene platzieren • Einstrahlungssensor auf Beschattung prüfen • Vorgabe Modultyp in der Anlagen-konfiguration überprüfen
Einstrahlung während der Kennlinienmessung zu gering • Zu wechselhafte Einstrahlung während der Messung	• Messung bei Einstrahlung ≥700W/m² (EN 61829) wiederholen
Fehlerhafter Verlauf I/U-Kennlinie • Zusätzlicher »Serienwiderstand« im Systemaufbau der PV-Anlage vorhanden • Spannungsverlust über die Zu- und Rückleitung vom Modulstring	• Verkabelung, Steckerkontakte, Anschluss-klemmen, etc. überprüfen • Im TRI-KA Leitungslänge, Querschnitt und spez. Widerstand eintragen und Funktion »Korrektur Spannungsverlust« aktivieren, Messung wiederholen

Bild 170: typische Kennlinien und ihre Bedeutung [Quelle: TRIKA]

8.2.3 Leistungsmessung

Beschränkten sich die bisher aufgezeigten Messverfahren alleine auf bestimmte Anlagenbauteile, so kann man mit bestimmten Messgeräten auch die Leistung einer Photovoltaikanlage messen. Hierbei werden gleichzeitig wie bei der Kennlinienmessung sowohl die solare Einstrahlung, die Zelltemperatur sowie die Strom-Spannungswerte der DC-Seite gemessen. Zusätzlich werden auch der Strom und die Spannung am Wechselrichterausgang messtechnisch erfasst. Man bekommt hierdurch einen Gesamteindruck der Anlagenleistung, kann die Verluste bestimmen und somit auch die Performance-Ratio.

8.2.4 Elektrolumineszenzaufnahme

Die Elektrolumineszenz ist ein bildgebendes Messverfahren, welches ermöglicht, direkt in die Zellen eines Solarmoduls hineinzuschauen und mögliche Defekte zu erkennen. Es ist eine Art »Röntgen«, jedoch ohne Bestrahlung. Solche Aufnahmen erfordern zum einen eine Rückbestromung des Moduls, zum anderen eine spezielle Kamera.

Bei der Elektrolumineszenz wird Licht direkt durch elektrischen Strom erzeugt und nicht wie im Gegensatz zur Thermolumineszenz (z. B. Glühbirne) durch Wärmeentwicklung. Bei Halbleitern wird Licht durch Rekombinieren von Elektronen und Löchern abgegeben. Es ist der umgedrehte Prozess zur Umwandlung von Licht zu elektrischer Energie. Praktisch kann man durch Anlegen einer geringeren Spannung Solarzellen zum Leuchten bringen (Photonenstrahlung). Daher wird hier von Rückwärtsstrom gesprochen. Dieser Rückwärtsstrom fließt in entgegengesetzter Richtung zum Normalbetrieb und kanneinige Ampere betragen. Die Wellenlänge des emittierten Lichts ist dabei relativ breitbandig und liegt am Ende des visuellen Spektrums bis in den Nahinfrarotbereich, also im nicht sichtbaren Spektralbereich des menschlichen Auges.

Die abgegebene Photonenstrahlung wird mit einer Elektrolumineszenzkamera aufgenommen. In der Regel erfolgt dies im Labor, da für die Aufnahmen relativ lange Belichtungszeiten erforderlich sind. Es gibt mittlerweile auch Handkameras, welche aber nicht gerade günstig sind.

Allgemein gilt: Je mehr Photonen ein Zellbereich abstrahlt, desto aktiver ist dieser beim stromerzeugenden Betrieb der Zelle. Andererseits wirken Zelldefekte oder inaktive Zellbereiche eher dunkel.

Zu den meist mit bloßem Auge nicht erfassbaren Fehlern, welche die Modulleistung und Lebensdauer in zahlreichen Fällen jedoch überaus negativ beeinflussen, zählen u. a.:

- Mikrorisse und Zellsplitter
- vollständige und zellübergreifende Brüche
- Verunreinigungen in der Zelle

Bild 171: Trümmerbruch an Zellen nach Hagelschlag

Bild 172: ablösende Zellkontakte

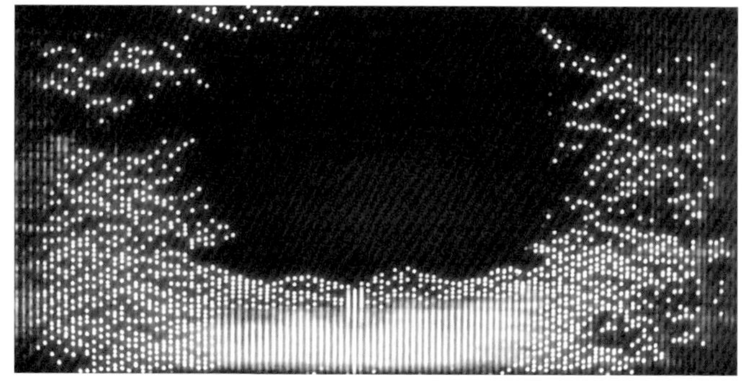

Bild 173: Elektrolumineszenzaufnahme eines Dünnschichtmoduls mit mehreren Kurzschlüssen in den Zellbereichen

- Kristallisationsdefekte im Wafer
- unterbrochene Kontaktfinger
- Abmalungen des Sinterbandes.

Das Erkennen der Brüche ist bei polykristallinen Solarzellen weitaus schwieriger. In der Region zwischen zwei Busbars wird nicht ein kompletter Bereich inaktiv. Dadurch stellt sich ein kleiner Riss an dieser Stelle oft ähnlich zu kleinen Kristallstrukturen oder Verunreinigungen dar.

Bereits bei der Herstellung von Solarzellen und Modulen können eine Vielzahl von Defekten auftreten. Diese Fehler sind meist Prozessfehler und treten als Ursache bei verschiedenen Herstellungsstadien bis hin zu mechanischen Belastungen beim Transport unsachgemäß transportierter Module auf. Aber auch bei der Montage durch falsche Handhabung des Moduls (Betreten) oder im späteren Betrieb durch äußere Einwirkungen (z. B. Hagelschlag) können Zellschäden auftreten, welche erst einmal rein optisch mit dem bloßen Auge nicht erkennbar sind.

Brüche und Microcracks

Die meisten Brüche und Microcracks werden durch mechanische Kräfte verursacht. Ist der Bruch nur sehr klein handelt es sich um einen Microcrack. Liegt der Bruch außerhalb der beiden Busbars der Solarzelle und unterbricht er dabei vollständig die Finger, wird ein kompletter Bereich der Solarzelle elektrisch abgekoppelt. Diese Stellen sind daher inaktiv und erzeugen im Bild einen dunklen bzw. schwarzen Schatten. Ist der Bruch in der Mitte der Solarzelle, sieht man an dieser Stelle eine dünne schwarze Bruchlinie.

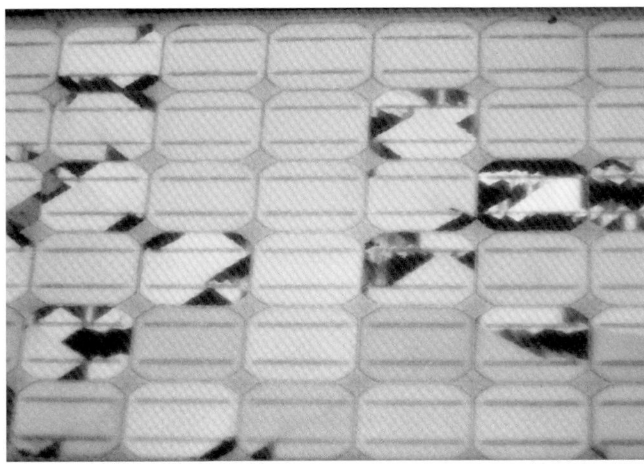

Bild 174: monokristalline Zellen mit vielfältigen Bruchmustern«

Bild 175: Microcracks diagonal und parallel zu Busbars mit stellenweise »toten« Zellbereichen

Brüche, Splitte und Microcracks sind mögliche Schäden an Zellen, welche in der Praxis während der Anlagenerrichtung und des Anlagenbetriebes interessant sind, weil es entweder durch falsche Handhabung oder durch äußere Einflüsse zu Zellschädigungen kommen kann. Weitere Fehler sind vermehrt der Modulproduktion zuzuordnen, welche nachfolgend nur zur Ergänzung erwähnt werden sollen:

Druckfehler

Druckfehler unterscheidet man in Frontdruckfehler und Rückseitendruckfehler. Zu den Frontdruckfehlern zählen vor allem Fehler in den Fingern (Finger Gap). In der EL-Aufnahme sieht man die Stelle des Fingergaps als einen grauen Fleck. Rückseitendruckfehler entstehen beim Aufbringen der Rückkontakte. An den Fehlerstellen sieht man im Bild ein vollständiges Durchleuchten der Solarzelle.

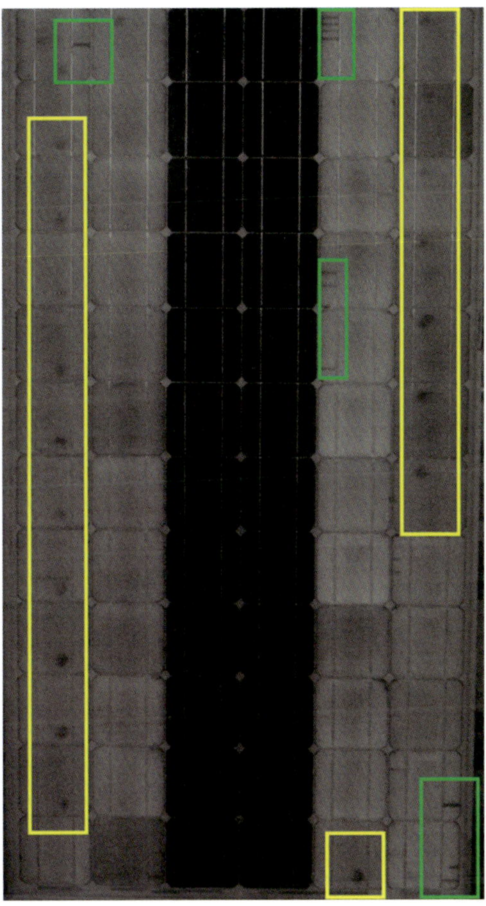

Bild 176: Modul mit mehreren Fehlern: inaktiver Substring in der Mitte (defekte Bypassdiode); Finger Gap (grün markiert), Verunreinigungen / Kristallfehler des Wafers (gelb markiert)

Unterbrechung der Isolationslinie

Bei Unterbrechung der Isolationslinie in der Zelle erkennt man im EL-Bild am Rand eine unscharfe dunkle Stelle.

Ineffiziente Solarzellen

Da das Leuchten der Zellen von deren Aktivität abhängig ist, werden inaktive Zellen im EL-Bild dunkler abgebildet. Bei der Qualitätssicherung können damit ineffiziente Zellen im Modul identifiziert werden. Bei älteren Modulen ist dies in vielen Fällen noch feststellbar. Bei der aktuellen Modulherstellung sollte dies nicht mehr vorkommen, da die Zellen bereits vor dem Zusammensetzen ausgemessen und sortiert werden.

Kristallfehler

Kristallfehler entstehen bereits beim Ziehen des Siliziumkristalls. Sie stellen sich durch eine Texturierung im EL-Bild dar.

Unterbrechung des Strings

Ist ein String im Bild vollständig schwarz, so handelt es sich um die Unterbrechung des Kontakts im String. Somit ist der komplette String unbrauchbar.

Kurzschluss des Kontaktes

Dieser Fehler stellt in der Aufnahme eine vollständig schwarze Zelle dar. Diese Zelle ist dann funktionsunfähig.

Elektrolumineszenzaufnahmen im Feld

Immer mehr bewähren sich Elektrolumineszenzaufnahmen im Feld. Mit einem geeigneten Netzgerät zur Rückbestromung der Module und einer modifizierten Kamera ist es möglich, Module ohne Demontage zu prüfen und zu beurteilen. Dabei liegt der Fokus insbesondere auf leistungsauswirkenden Defekten. Insbesondere bei Hagelschäden, so hat die Praxis gezeigt, ist nicht nur eine Regulierung des objektiv sichtbaren Schadens an zerlöchernden Modulen angezeigt, sondern auch eine Prüfung der übrigen, optisch unversehrten Module auf möglich Zellschäden.

Bild 177: Elektrolumineszenz-Feldaufnahme: neben Trümmerbruch mit Glasbruch am Modul (ganz unten) auf Zellbrüchen an Modul mit noch intakter Glasscheibe (Mitte), dazu ein Modul mit potenzialinduzierter Degradation – PID – (oben).

9 Dokumentation

9.1 Normative Anforderung

Grundsätzlich sind für elektrische Anlagen entsprechende Dokumentationsunterlagen zu erstellen. Dies ergibt sich bereits aus den einschlägigen Vorschriften der DIN VDE 0100. Die DIN VDE 0100–100 (Errichten von Niederspannungsanlagen – Teil 1: Allgemeine Grundsätze, Bestimmungen allgemeiner Merkmale, Begriffe (IEC 60364–1)) enthält unter Absatz 132.13 »Dokumentation der elektrischen Anlage« zumindest allgemeine Hinweise und Anforderungen an die Dokumentation, wie sie bei jeder elektrischen Anlage anzuwenden sind. In der DIN VDE 0100-105 (Errichten von Niederspannungsanlagen – Teil 7-705: Anforderungen für Betriebsstätten, Räume und Anlagen besonderer Art – Elektrische Anlagen von landwirtschaftlichen und gartenbaulichen Betriebsstätten (IEC 60364-7-705)) sowie in der DIN VDE 0100-510 (Errichten von Niederspannungsanlagen Teil 5-51: Auswahl und Errichtung elektrischer Betriebsmittel – Allgemeine Bestimmungen) sind Mindestanforderungen an eine Dokumentation einer elektrischen Anlage beschrieben und fordern mindestens einen einphasigen Stromlaufplan.

Mit Einführung der DIN VDE 0126-23 im Jahr 2010 und der aktuellen Version VDE 0126-23-1 liegen im Speziellen für Photovoltaikanlagen ganz konkrete Mindestanforderungen über Umfang und Inhalt von Dokumentationsunterlagen vor. Zu beachten ist hierbei das Wort Mindestanforderungen.

In der Praxis kann man davon ausgehen, dass vor der Einführung dieser Norm in vielen Fällen kaum brauchbare Dokumentationsunterlagen vorliegen. Auch nach dem Zeitraum der normativen Einführung gibt es in vielen Fällen nur spärliche Dokumentationsunterlagen, welche kaum hilfreich für eine Prüfung und Betriebsführung sind. Angefangen von dem Angebot und Rechnung der Photovoltaikanlage über Ertragsberechnungen bis hin zu einer Modulbelegeskizze aus der Angebotsphase, welche jedoch meist nicht mit der tatsächlichen Installationsausführung übereinstimmt, ist vieles vorzufinden, was nicht wirklich verwendbar ist.

Bild 178: Komplizierte Generatoraufteilungen bedürfen einer genauen Dokumentation.

Dieser Umstand erschwert natürlich erheblich eine Inspektion und Prüfung, weil ein Vergleich mit Ist- und Soll-Werten kaum möglich ist. Zudem lassen sich Messergebnisse nur schwer interpretieren und eine mögliche Fehlerquelle gleicht der Suche nach der berüchtigten Stecknadel im Heuhaufen.

Im Einzelnen sollen deshalb die erforderlichen Mindestangaben einer Dokumentation aufgeführt sein. Diese können auch Prüfungsgegenstand sein, denn sie gehören mit zum Bestandteil der Photovoltaikanlage.

9.2 Inhalt

Grundlegende Systemdaten

Die grundlegenden Systemdaten sollen in einer Art Typenschild im Regelfall auf dem Deckblatt der Systemdokumentation stehen.

- Anlagenidentifikation (soweit zutreffend oder z. B. die Registrierungsnummer der Bundesnetzagentur)
- Leistung des Systems (kW für DC-Leistung und kVA für die AC-Leistung)
- Hersteller, Anzahl und Typ PV-Module und Wechselrichter
- Name des Kunden bzw. Anlagenbetreibers
- Installationsdatum und Datum Inbetriebnahme
- Anschrift des Aufstellungsortes (kann von Kundenadresse abweichen)
- Angaben zum Systementwickler; als Systementwickler ist im Wesentlichen der Planer gemeint. Waren mehrere Unternehmer an der Planung beteiligt, sollten für jedes beteiligte Unternehmen mit der Beschreibung ihrer Aufgabe folgende Angaben aufgeführt werden:

- Unternehmen, Ansprechpartner (Sachbearbeiter, Planer)
- Unternehmen, Postanschrift, Telefonnummer, E-Mail-Adresse.

Angaben über Systeminstallateur(e)

Systeminstallateur (Montagefirma) mit Ansprechpartner (Montageleiter), deren Postanschrift, Telefonnummer, E-Mail-Adresse.

Stromlaufplan

Lt. Norm ist mind. ein Prinzipstromlaufplan zur Verfügung zu stellen mit allen relevanten Angaben und Anmerkungen. Wichtig ist hier die vollständige Erfassung aller Anlagenteile, einschl. Schutzeinrichtungen mit grafischer Darstellung der genormten Symbole und Beschreibung. Hierzu gehören auch die eingesetzten Kabeltypen und Leitungsquerschnitte.

Generator – Allgemeine Festlegungen

- Modultyp(en)
- Gesamtzahl der Module
- Anzahl der Stränge
- Anzahl der Module pro Strang
- Angaben zum PV-Strang
- Querschnitt und Typ der Kabel im Strang
- Überstrom-Schutzeinrichtungen im Strang (sofern eingebaut)
- Sperrdioden (soweit eingebaut).

Elektrische Einzelheiten des PV-Generators

- Querschnitt und Typ des Hauptkabels des PV-Generators
- Lage der Anschlussdosen des PV-Generators (soweit vorhanden)
- Überstromschutzeinrichtungen des PV-Generators (soweit eingebaut) mit Typenangabe, Lage und Bemessung (Spannung/Strom)
- Erdung und Überspannungsschutz
- Einzelheiten aller Funktionserder und Potenzialausgleichsleitungen und deren Querschnitt und Anschlusspunkte; ferner Einzelheiten der am Modulrahmen angeschlossenen Potenzialausgleichsleitungen (sofern erforderlich und angeschlossen)
- Verbindungen an eine bestehende Blitzschutzanlage (LPS) (soweit erforderlich bzw. zulässig)
- Überspannungsschutzeinrichtungen (SPD) im Bereich Gleichstrom und Wechselstromkreise; Lage, Typ und Bemessungswerte Wechselstromnetz.

AC-Seite

- Mind. ein einphasiger Stromlaufplan, in dem mindestens folgende Angaben enthalten sein müssen:
  - Lage, Typ und Bemessung von Überstromschutzeinrichtungen
  - Lage, Typ und Bemessung von Fehlerstromschutzeinrichtungen (RCD) – soweit eingebaut
  - Typ und Querschnitte der verwendeten AC-Leitungen.

Datenblätter

- Modul-Datenblatt nach den Anforderungen von IEC 61730-1 für alle Modultypen, die in der Anlage verwendet sind
- Wechselrichter-Datenblatt für alle verwendeten Typen
- Beifügung der Installationshandbücher sowie die entsprechenden Garantiebedingungen des Herstellers (siehe auch Punkt Betriebs- und Wartungsangaben)
- Datenblätter und Betriebsanleitung Anlagenüberwachung
- Angaben zur mechanischen Konstruktion (Systempläne und statische Berechnung)
- Betriebs- und Wartungsangaben mit Angaben zu Verfahren zum Nachweis des korrekten Anlagenbetriebes (z. B. Fernüberwachung mit Fehlermeldung).

Checkliste für den Fall eines Anlagenausfalles oder Teilausfalles

- Notabschaltung und Trennverfahren in einer Gefahrensituation (z. B. Brand)
- Empfehlungen für die Wartung und Reinigung
- Gewährleistungsangaben für die PV-Generatoren (Module) und Wechselrichter mit Gewährleistungsbeginn und Gewährleistungsende
- sonstige Gewährleistungen bzw. Garantien, z. B. Unterbau, Montage, Trafostationen, AC-Verteilung
- Protokoll der Unterweisung des Anlagenbetreibers, soweit dieser nicht der Errichter ist.

Prüfergebnisse und Inbetriebnahmeangaben

Von allen Prüf- und Inbetriebnahmeergebnissen sind von den erstellten Protokollen der Dokumentation Kopien beizufügen. Diese müssen mind. die Ergebnisse der Erstprüfung gemäß Abschnitt 5 der Norm enthalten:

- Messprotokolle für alle Strings, Wechselrichter, Unterverteilungen gemäß DIN VDE 0126-23-1 und VDE 0100-600
- Errichterbescheinigung der verantwortlichen Elektrofachkraft sowie das Protokoll des Netzbetreibers zur Zählersetzung und Netzfreischaltung.

Weitere Dokumente

Empfohlen werden weiterhin folgende Unterlagen bzw. Angaben der Dokumentation beizufügen:

- Übersicht aller Seriennummern der Module und elektrischen Werte (Flasherliste)
- Übersicht Seriennummern Wechselrichter
- Konformitätserklärungen und Unbedenklichkeitsbescheinigungen Wechselrichter
- Registrierungsbestätigung der Bundesnetzagentur
- Protokoll oder Bestätigung der Funktion der Regeleinrichtung.

9.3 Dokumentation der Inspektion, Prüfung und Instandsetzung

Nach einer Inspektion, Prüfung und/oder Instandsetzung sind diese ebenfalls zu dokumentieren. Sie sind letztendlich der letzte Schritt ins Ziel und genauso wichtig wie eine fachgerechte Prüfung und Wartung.

An dieser Stelle muss mal wieder das Auto als Beispiel herhalten. Auch hier ist die Prüfung bei der Hauptuntersuchung nur eine Seite der Medaille. Wichtig für jeden Autofahrer sind die gültige Prüfplakette und der aktuelle Prüfbericht. Denn ohne diese erlischt automatisch die Betriebserlaubnis des Fahrzeugs.

Sowohl in den VDE Normen DIN VDE 0100-600 und DIN VDE 0105-100 als auch in der DGUV Vorschrift 3 sind Hinweise enthalten, dass nach Beendigung der Prüfung ein Prüf- bzw. Messprotokoll zu erstellen ist. Die Elektrofachkraft kann deshalb noch so viel messen und prüfen; ohne ausreichende Dokumentation kann sie nicht mal belegen, dass sie überhaupt eine Prüfung vorgenommen hat. Es ist deshalb auch eine haftungsrechtliche Frage für den Fall, dass nach der Prüfung ein Schaden an der Anlage entstehen sollte. Selbstverständlich müssen auch die festgestellten Mängel oder Schäden gegenüber dem Anlagenbetreiber dokumentiert und angezeigt werden. Er ist ja auch derjenige, der ein großes Interesse daran hat, zu erfahren, ob seine Anlage richtig funktioniert und ohne Fehler ist. An dieser Stelle sei auch nochmals an die werkvertragscharakterlichen Eigenschaften einer Inspektion und Prüfung aus Kapitel 4 erinnert.

9.3.1 Prüfbericht

Jede Prüfung oder Wartung erfordert zu deren Dokumentation und Nachweis einen Prüfbericht mit den wesentlichen Ergebnissen der Prüfung bzw. Wartung. Formvorgaben hierzu gibt es zumindest normativ keine. Es darf sich deshalb jeder ein eigenes Prüfmuster »stricken« oder auf bereits bestehende Entwürfe von verschiedenen Organisationen zurückgreifen. Sinnvoll ist es, den Prüfbericht in Anlehnung an die DIN VDE 0126-23-1 zu gestalten. Darin sind in geordneter Reihenfolge bauteilbezogen die wesentlichen Eigenschaften der einzelnen Baugruppen und deren Anforderungen aufgeführt. Solch eine Auflistung kann auch bereits während der Prüfung und Wartung als Checkliste dienen.

Neben den Angaben zur Anlagenidentifikation und den Prüfergebnissen sind auch Datum der Prüfung/Wartung, Uhrzeit, Wetterverhältnisse (Einstrahlung/Temperatur) sowie Name des Prüfers bzw. Wartungsverantwortlichen anzugeben.

Darüber hinaus ist bei festgestellten Mängeln die Relevanz der Instandsetzungserfordernis mit anzugeben, dies bedeutet:

- Hat der Mangel Einfluss auf das Ertragsverhalten der Anlage, auf die Dauerhaftigkeit, die Verkehrssicherheit, die Betriebssicherheit und die Brandsicherheit der Anlage?
- wie dringlich muss der Mangel behoben werden? – sofort/unverzüglich; kurzfristig (z.B. innerhalb der nächsten Tage oder Wochen); mittelfristig (z.B. bei der nächsten Inspektion).

9.3.2 Messprotokolle

Dem Prüfbericht sind als Anlage die dokumentierten Ergebnisse der erforderlichen Messungen (siehe Kapitel 8) beizufügen. Auch hierzu gibt es von diversen Organisationen, z.B. BSW, ZDVH etc., entsprechende Messformulare.

Wichtig dabei ist, nicht nur zu messen und die Messergebnisse niederzuschreiben, sondern auch die Messergebnisse zu interpretieren, insbesondere dann, wenn Abweichungen festgestellt worden sind. Abweichungen können, müssen aber zwangsläufig nicht unbedingt auf Fehler hindeuten.

9.3.3 Inspektion- und Prüfbericht

Der Inspektions- oder Prüfbericht fasst die Ergebnisse aus Besichtigung, Erprobung und Messung zusammen, bewertet diese und gibt bei Bedarf Empfehlungen für erforderliche Instandsetzungsmaßnahen, Reparaturen oder Verbesserungsmöglichkeiten.

Der Bericht dient als Grundlage des meist technisch nicht so bewanderten Anlagenbetreibers, Entscheidungen zu treffen, um die Photovoltaikanlage, soweit erforderlich, wieder in einen sicheren und dauerhaften Zustand zu versetzen. Ein Angebot des Installateurs ist hierbei zugleich hilfreich, den erforderlichen Kostenaufwand zur Kenntnis zu nehmen um möglicherweise aus wirtschaftlichen Gründen auch gewisse Prioritäten setzen zu können.

10 Monitoring

Die regelmäßige Überwachung einer Photovoltaikanlage in ihrer Funktion und ihrem Ertragsverhalten sichert langfristig ein optimales Ertragsergebnis und somit auch den wirtschaftlichen Erfolg. Eine solche Überwachung kann durch das Auge des Anlagenbetreibers erfolgen, zumindest dort, wo die Anlagengröße relativ klein und überschaubar ist. Ausgeklügelte und übersichtliche Displays an den Wechselrichtern der neueren Generation geben hierzu entsprechende Informationen.

Unterstützung zur Aufbereitung und visuellen Darstellung der Anlagendaten und ihrer einzelnen Wechselrichter erfahren kleinere bis mittelgroße Anlagen durch Datenlogger mit Übersichtsdisplay und/oder Datenauslesung und visueller Darstellung am PC.

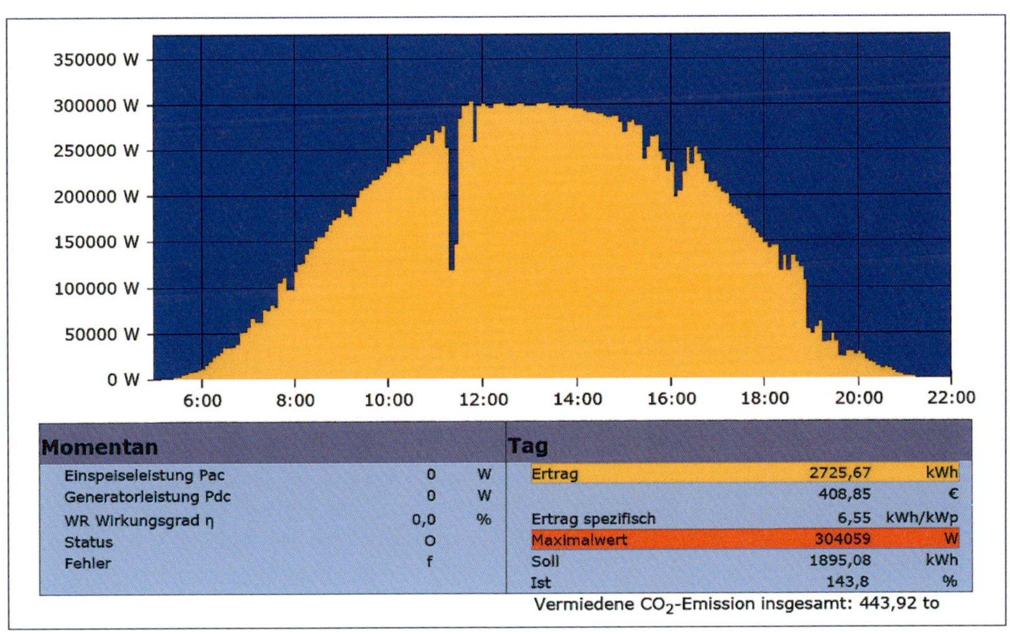

Bild 179: Ausschnitt visuelle Darstellung auf PC-Monitor

Eine automatisierte Anlagenüberwachung mit Fernauslesung und bereitgestellter visueller Performance-Anzeige mit Datenarchiv erleichtern eine permanente Anlagenüberwachung erheblich. Automatisierte Fehlermeldungen stellen eine schnelle Reaktion bei Störungen sicher und tragen somit zu einer Minimierung von Anlagenausfällen bei.

Ergänzende Messinstrumentarien, wie Einstrahlungssensor, Windmesser und Temperaturfühler machen das Monitoring zu einem mächtigen Werkzeug einer professionellen Betriebsführung und liefern in einem permanenten Monitoring Daten in Echtzeiterfassung und bereits fertige Ergebnisse, wie z. B. die Performance-Ratio[8].

Ein Monitoring kann Bestandteil eines Wartungsvertrages sein. Soweit hier der Störungsdienst mit integriert ist, sprechen Viele von einem Vollwartungsvertrag. Es erleichtert insbesondere bei Großanlagen erheblich die Betriebsführung sowie verkürzt entsprechend die Reaktionszeit bei Fehlermeldungen, wenn diese sofort beim zuständigen Installationsbetrieb eingehen.

Dies setzt voraus, dass die Anlage fernüberwacht werden kann. Hierzu ist ein Datenlogger erforderlich, welcher die Daten der Wechselrichter aufzeigt und über eine Schnittstelle entweder direkt am PC zur Verfügung stellt oder über das Internet mit einer visualisierten Darstellung überall und jederzeit zugänglich macht. Bei einer Anlagengröße ab 25 kW oder dort, wo die Funktion der Wechselrichter nicht täglich visuell kontrolliert werden kann, ist ein fernauslesbares Monitoring unabdingbar, um gesicherte Messdaten und auch Fehlermeldungen zu erhalten, was ein zeitnahes Reagieren des Anlagenbetreibers ermöglicht. Aufgrund der gesetzlichen Vorgaben aus dem EEG § 6 (Technische Regeleinrichtung) kommt man bei größeren Anlagen alleine diesbezüglich nicht mehr ohne Monitoring aus.

Auf dem Markt gibt es derzeit eine Vielzahl von Monitoringsystemen mit visualisierter Aufbereitung und ortsunabhängiger Kontrolle via Internet oder Smart Device (intelligentes mobiles System). Die Systeme unterscheiden sich von ihrer örtlichen Installation (Datenleitung mit Schnittstelle oder Bluetooth-Variante), der Datenaufzeichnung und Datenversand (direkt am PV, via GRS oder über Speicherkarte) sowie der Visualisierungsmöglichkeit und Datenaufbereitung.

Bei einem visualisierten Monitoringsystem werden Anlagenausfälle oder auch bereits Teilausfälle schnell erkannt. Auch Teilabschaltungen von einzelnen Wechselrichtern z. B. durch zu hohe Netzschwankungen oder Netzspannung werden hier aufgezeigt. Mit moderner Sensortechnik können sogar Ausfälle von einzelnen Stringleitungen oder Generatoren erkannt werden. Einstrahlungssensoren ermöglichen einen direkten Vergleich der örtlichen Einstrahlung mit der erzeugten Anlagenenergie und somit der Ermittlung der Performance-Ratio.

8 Unter »Performance-Ratio« versteht man in der Photovoltaik das Verhältnis von Nutzertrag und Sollertrag einer Anlage. Die Performance Ratio einer Photovoltaikanlage ist der Quotient aus dem Wechselstromertrag und dem nominalen Ertrag an Generatorgleichstrom. Sie gibt an, welcher Anteil des vom Generator erzeugten Stroms real zur Verfügung steht. Leistungsfähige PV-Anlagen erreichen eine Performance Ratio von über 80 %. Die Performance Ratio wird oft auch als Qualitätsfaktor (Q) bezeichnet. Sie kann in Jahren mit wenig Globalstrahlung höher sein, als in solchen mit hoher Einstrahlung.

Bei Großanlagen hat es Sinn, wenn der Installateur das Monitoring mit übernimmt, möglicherweise auch im Zusammenhang mit einem Wartungsvertrag.

Neben kostenfreien Systemen, was die Datenaufbereitung via Internet angeht, sind einige Systeme auch gebührenpflichtig. Die Höhe der Gebühr richtet sich meist nach der Anlagengröße.

Bereits der Laie kann mithilfe von visualisierten Anlagendaten auffällige Abweichungen zeitnah erkennen. Voraussetzung ist jedoch, dass die Anlagendaten, Wechselrichterleistungen bzw. Stringleistungen und Wechselrichterzuordnungen bei der Installation des Monitoringsystems genau erfasst wurden.

Parallel laufende Wechselrichterleistungsdiagramme sind – vorausgesetzt die einzelnen Wechselrichter sind auch gleich belegt – erstmal ein beruhigendes Zeichen für einen ungestörten Anlagenbetrieb.

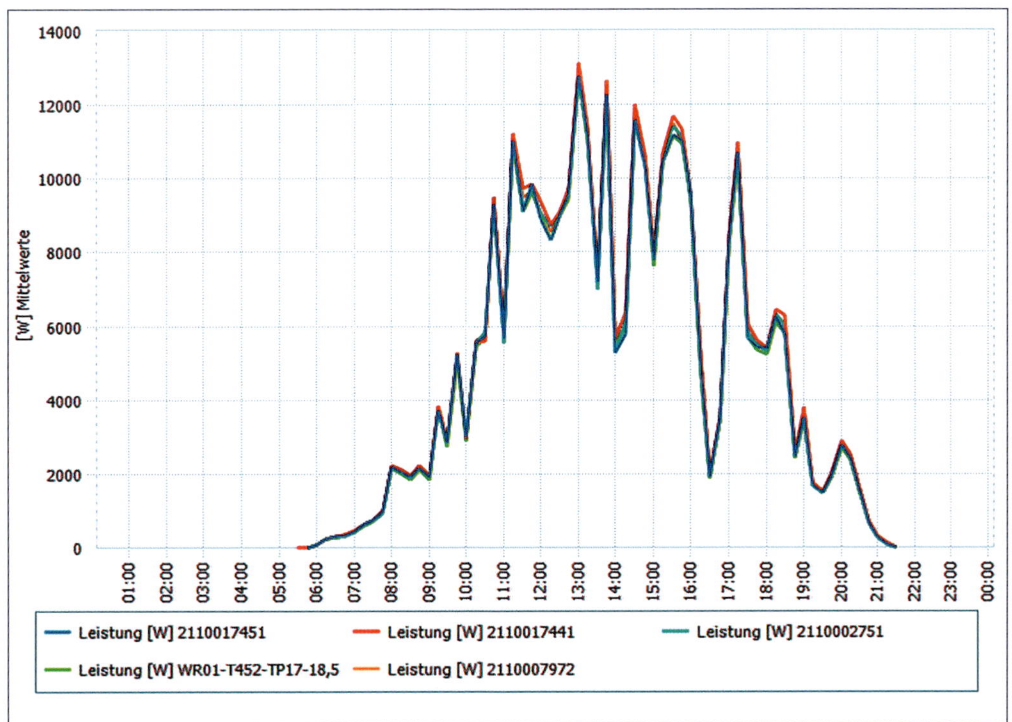

Bild 180: synchron laufende Wechselrichter

Bei Abweichungen sollte man bereits misstrauisch werden. Jedoch ist auch hier Vorsicht geboten. Bei manchen Wechselrichtern gibt es bereits Abweichungen im Messsystem, da diese bei einem Wechselrichter nicht geeicht sind. Abweichungen können daher bis zu 10 % auftreten, obgleich nachweislich kein Anlagenfehler vorliegt.

11 Instandsetzung

11.1 Reparatur

Nach der normativen Definition beschreibt die Instandsetzung oder auch Reparatur all die Maßnahmen, welche zur Wiederherstellung des ursprünglichen Funktionszustandes, z. B. bei einem Defekt, Verschleiß oder einer Beschädigung, erforderlich sind. Zu unterscheiden wären hierbei Garantieleistungen, d. h. das kostenfreie Ersetzen oder Reparieren defekter Anlagenteile, und Reparaturarbeiten, die nicht der Gewährleistung oder Garantie unterliegen oder außerhalb der Gewährleistung und Garantie anfallen.

Die Unterscheidung, was der Garantie unterliegt und was nicht, kann bei dem Ausführenden der Wartung bzw. Instandsetzung dann zu Gewissenskonflikten führen, wenn derjenige auch die Anlage installiert hat. Wer gibt schon gerne Fehler zu, die er selbst begangen hat. Natürlich kann es auch ein Streitfall sein, ob jener oder anderer Mangel der Garantie unterliegt oder einem natürlichen Verschleiß. Die schlechteste Lösung wäre, den Mangel im Zuge der Inspektion und Prüfung nicht zu erwähnen. Dies könnte haftungsrechtliche Konsequenzen nach sich ziehen, falls bei einem auftretenden Schaden nach der Prüfung nachgewiesen werden kann, dass der Mangel bei der Inspektion/Prüfung bereits vorhanden war und im Zuge dessen hätte festgestellt werden müssen.

11.2 Bestandsschutz

11.2.1 Definition

Nicht unproblematisch ist die Frage, nach welchen technischen Vorgaben eine Photovoltaikanlage instand gesetzt werden muss. Nicht selten ändern sich die Vorschriften, Regelwerke und Normen innerhalb der Betriebsjahre einer Photovoltaikanlage. Bereits ein oder zwei Jahre nach Errichtung können neuere Regelwerke Gültigkeit besitzen.

In den einschlägigen DIN VDE-Normen ist der Begriff des Bestandsschutzes nicht definiert. Den Begriff Bestandsschutz kennt man zumeist aus dem öffentlichen Baurecht. Er definiert den rechtlichen Schutz für bauliche Anlagen gegenüber nachträglichen normativen oder baurechtlichen Anforderungen. Eine rechtmäßig errichtete bauliche Anlage bleibt daher auch dann baurechtmäßig, wenn sich die gesetzlichen Bestimmungen nachträglich ändern. Dies setzt aber voraus, dass die bauliche Anlage zum Zeitpunkt der Errichtung rechtswirksam genehmigt worden war und in ihrer Ausführung dieser Genehmigung entspricht oder bei genehmigungsfreien Bauvorhaben zur Zeit der Errichtung den materiellen Baurechtsvorschriften entsprochen hat. Eine Sonderrolle nehmen historische Gebäude ein.

Soweit an einer baulichen Anlage Änderungen vorgenommen werden, ist es wichtig zu hinterfragen, wann und mit welchem Umfang ein Bestandsschutz aufgehoben ist. Dies kann z. B. beim Thema Wärmeschutz der Fall sein, wenn bei einer Fassadenrenovierung nicht nur der Putz erneuert werden »darf«, sondern zugleich auch energetische Maßnahmen mit ausgeführt werden »müssen«.

Nicht unproblematisch kann dies z. B. auch bei einer elektrischen Anlage sein. Im Allgemeinen ist bei elektrischen Anlagen folgende Regel allgemein anerkannt: Wenn die elektrische Anlage zu Ihrem Errichtungszeitpunkt den allgemein anerkannten Regeln der Technik entsprochen hat besteht Formal Bestandsschutz. Ausnahmen, in denen der Bestandsschutz jedoch nicht greift, sind wesentliche Änderungen oder Anlagenerweiterung oder eine Nutzungsänderung.

Problematisch sind dabei immer wieder die Schnittstellen zwischen Bestandsanlage und der eigentlichen Änderung bzw. Erweiterung. Hier wird dann häufig der Begriff des Bestandsschutzes gebraucht, um diese Anpassungen umgehen zu können.

Wichtig ist zu wissen, dass die elektrische Anlage funktionstüchtig und nach den zum Zeitpunkt der Errichtung gültigen allgemein anerkannten Regeln der Technik zu errichten ist. Die allgemein anerkannten Regeln der Technik werden nach allgemeiner Auffassung in den einschlägigen DIN VDE-Normen abgebildet. Im Energiewirtschaftsgesetz (EnWG) ist gesetzlich festgelegt, dass Energieanlagen technisch sicher zu errichten und zu betreiben sind. Dazu fordert das EnWG, dass die allgemein anerkannten Regeln der Technik zu beachten sind (vgl. § 49 Absatz 1 EnWG).

Dieser Sachverhalt lässt sich auf bestehende elektrische Anlagen jedoch nur bedingt übertragen. Grundsätzlich können elektrische Anlagen, welche bereits mehr als 40 Jahre alt sind, nicht mehr einem Bestandsschutz untergeordnet werden. Maßnahmen an bestehenden Elektroinstallationen, wie sie oben beschrieben wurden, müssen nach den gültigen allgemein anerkannten Regeln der Technik ausgeführt werden. Der bestehende Teil der Elektroinstallation kann unter Umständen unverändert weiter genutzt werden. Hierfür sind jedoch alle nachfolgend genannten Voraussetzungen zu erfüllen:

- Die bestehende elektrische Anlage muss den zum Zeitpunkt ihres Errichtens gültigen DIN VDE-Normen entsprochen haben und diesen noch entsprechen.
- Eine Anpassung an den aktuellen Stand der Technik wurde in den zwischenzeitlich geänderten Normen nicht gefordert.

- Die bestehende elektrische Anlage wird unter den zum Zeitpunkt und Errichtung bestehenden Betriebs- und Umgebungsbedingungen, für die sie geplant war, weiterhin betrieben.
- Sie ist ohne Mängel.

Im Zweifelsfall sollte grundsätzlich gelten: Anpassung geht vor Bestandsschutz.

11.2.2 Anpassen/Änderungen elektrischer Anlagen

Gründe für ein Anpassen der Elektroinstallation können sein:

- Anpassen in Bezug auf veränderte Betriebs- und Umgebungsbedingungen.
- Anpassen aufgrund von Nutzungsänderungen elektrischer Anlagen (z. B. Erweiterung, zusätzliche Funktionen, Nutzungsänderungen einzelner Räumlichkeiten)
- Anpassen aufgrund grober und gefahrbringender Mängel, die einen unveränderten Weiterbetrieb der Anlage nicht zulassen (Bewertung durch eine Elektrofachkraft).

Diese Anpassungen müssen nicht zwangsläufig den Bestandsschutz der Elektroinstallation aufheben, soweit sich Anpassungen auf die Wiederherstellung eines zum Zeitpunkt der Errichtung der Anlage gültigen sicherheitsgerechten Zustandes beschränken. In der Praxis ist dies allerdings nur schwer zu bewerkstelligen, da der Aufwand hierzu teilweise nicht unerheblich sein kann.

Bei der Frage, ob überhaupt Bestandsschutz geltend gemacht werden kann, ist unbedingt die Lebensdauer der elektrischen Anlage oder des elektrischen Betriebsmittels zu berücksichtigen. Zwar trifft dies weniger direkt für Photovoltaikanlagen zu, aber solche sind zumindest bei Kleinanlagen nicht selten an bereits veraltete Unterverteiler (Hausverteiler) angeschlossen worden, bei denen auch zwangsweise zur Platzschaffung Änderungen vorgenommen worden sind. Bei weiteren Nachrüstungen (z. B. wegen Eigenverbrauch oder Anlagenerweiterung) kann dann ein kompletter Umbau der Hausverteilung erforderlich werden.

Prinzipiell gilt bei einer elektrischen Anlage: Sicherheit und Zuverlässigkeit der elektrischen Anlage haben immer Vorrang vor Bestandsschutz

11.3 Modultausch – Risiko bei der EEG-Vergütung

Es kommt nicht selten vor, dass Module getauscht werden müssen. Ob dies nun aus Gewährleistungsgründen geschieht oder wegen eines Schadens oder nur weil die Leistung der Module nachgelassen hat, sollte auf dem ersten Blick erst einmal keine weiteren Auswirkungen auf den Betrieb der Anlage haben – so denkt man. Nicht unproblematisch ist aber die Frage, ob man bei einem Modultausch auch die bisherige Vergütung nach dem EEG behält oder einer neuen, zumeist viel niedrigeren Vergütung unterliegt.

Die Vergütung der Anlage richtet sich nach dem Zeitpunkt der Inbetriebnahme der Module; wobei es hier durchaus auch eine Einzelfrage des Moduls sein kann, denn der Anlagenbegriff beschränkt sich nach dem EEG schon immer auf das einzelne Modul. Deshalb können sich bei einem Modultausch auch für jedes Modul unterschiedliche rechtliche Handhabungen ergeben – egal, ob diese auf einem Wechselrichter, auf dem gleichen Dach oder sich auf demselben Grundstück befinden. Eine Zusammenfassung ergibt sich nur bei der Frage der Vergütung bei einer Anlagenerweiterung aus dem EEG (Inbetriebnahme innerhalb von 12 Monaten).

Die Einspeisevergütung für ausgetauschte Module war in der Vergangenheit nicht sicher geregelt. Bei strikter Anlagen- und Vergütungsauslegung würde man die ursprüngliche Vergütung für die getauschten Module verlieren und bekäme für die neuen Module nur die aktuelle Vergütung nach EEG.

Mit der Sonderregelung in § 32 Abs. 5 EEG hat der Gesetzgeber nunmehr mit dem EEG 2012 etwas Klarheit verschafft: »*Anlagen zur Erzeugung von Strom aus solarer Strahlungsenergie, die Anlagen zur Erzeugung von Strom aus solarer Strahlungsenergie auf Grund eines technischen Defekts, einer Beschädigung oder eines Diebstahls an demselben Standort ersetzen, gelten abweichend von § 3 Nummer 5 bis zur Höhe der vor der Ersetzung an demselben Standort installierten Leistung von Anlagen zur Erzeugung von Strom aus solarer Strahlungsenergie als zu dem Zeitpunkt in Betrieb genommen, zu dem die ersetzten Anlagen in Betrieb genommen worden sind. Der Vergütungsanspruch für die nach Satz 1 ersetzten Anlagen entfällt endgültig.*« Diese Regelung gilt auch für Anlagen, welche vor 2012 errichtet wurden.

Es ergeben sich aber weiterhin Unsicherheiten und Auslegungsbedarf, da der Gesetzgeber die aufgeführten Fälle, welche zu einem Modultausch führen können, nicht im Einzelnen definiert hat. Konkret: was ist ein technischer Defekt, was eine Beschädigung oder was ein Diebstahl? Der BDEW hat in einem Arbeitspapier[11] dargelegt, dass im Allgemeinen angenommen werden kann, dass es sich um eine Funktionsstörung handelt, welche »vor allem als nicht nur unerhebliche Leistungseinbuße des betreffenden Moduls bis zu einem vollständigen Defekt, d. h. eines technischen Ausfalls des Moduls beschreiben« lässt.

Ein Defekt kann sowohl äußerlich vorliegen als auch durch Leistungsminderung. Wichtig dabei zu wissen ist, dass eine natürliche Leistungsminderung (Degradation) kein Defekt im Sinne der Regelungen aus dem EEG ist und somit von der darin enthaltenen Vergütungsregelung ausgenommen ist.

Im Gegensatz zu einem technischen Defekt ist die Beschädigung grundsätzlich eine Einwirkung von außen, wie z. B. Glasbruch durch Hagel, Blitzschlag, Brand oder Vandalismus. Laut BDEW ist der Diebstahl auf die strafrechtliche Definition abzustellen.

11 BDEW Arbeitspapier Teil 6 vom 25.01.2013

Nachweispflicht beachten

Soweit nicht genau auf den Anlagenbegriff geachtet wird, kann es zu unliebsamen Überraschungen kommen. Zwar lässt der Gesetzgeber es zu, dass die Vergütungshöhe beibehalten wird, wenn die Anlage ersetzt wird. Das EEG geht aber, wie bereits erwähnt, nach absolut herrschender Meinung bei der Photovoltaikanlage davon aus, dass jedes Modul für sich eine jeweilige Anlage ist. Dies bedeutet, dass auch nur jenes bestimmte Modul, welches über die Beschädigung oder den technischen Defekt verfügt, ohne Beeinflussung für die Vergütungshöhe ersetzt werden kann. Dies ist notfalls auch genau vom Anlagenbetreiber nachzuweisen, um seinen Vergütungsanspruch zu behalten. Fehler in der gesetzlichen Auslegung und Handhabung bei einem Modultausch können auch empfindliche Konsequenzen für den Installateur haben, nämlich dann, wenn ihn der Anlagenbetreiber für den eingetretenen Schaden (Verlust des Vergütungsanspruches/Verminderung der Vergütung) in Regress nimmt, soweit dieser seiner Hinweis- und Beratungspflicht nicht nachgekommen ist.

Auch hier gilt eine ausreichende Dokumentation in Form von Messprotokollen, Bilddokumentation und Beschreibung des Umstandes, welcher zum Modultausch geführt hat.

In der Praxis ergeben sich bei einem Modultausch jedoch auch noch andere Probleme: Nicht selten sind Marken und Modultypen auf dem Markt verschwunden und können daher nicht mehr 1:1 ersetzt werden. Oftmals gibt es nur noch geeignete Module mit höherer Leistung, da sich in der Vergangenheit die Flächenleistungen der Module erheblich erhöht haben.

Werden beispielsweise 100 Module mit ursprünglich 120 Wp gegen 80 Module mit 150 Wp getauscht, so ist klärungsbedürftig, ob es bei der Vergütung auf die Anzahl der Module ankommt oder auf die Leistung pro Modul. Da sich im EEG die Vergütung nicht nur alleine auf das einzelne Modul beschränkt, sondern sich insbesondere nach der Anlagengröße, d.h. Anlagengröße auf dem gleichen Dach bzw. bei mehreren Dächern auf dem gleichen Grundstück und in unmittelbarer Nähe definiert, ist davon auszugehen, dass bei einem Modultausch auch die Gesamtanlagengröße die Vergütung bestimmt. Bleibt die Gesamtanlagengröße bei geringerer Modulanzahl gleich, ändert sich nichts; erhöht sich die Gesamtleistung bei gleicher Modulanzahl, wäre die überschüssige Leistung als Anlagenerweiterung zu sehen, mit der Folge, dass – und auch nur hierfür – eine neue Vergütung zum Zeitpunkt des Modultausches erfolgt.

Zu beachten ist dann aber auch, dass die weiteren Konsequenzen einer Anlagenerweiterung im Vorfeld des Modultausches zu beachten sind, in Bezug auf Netzkapazität, Netzverträglichkeitsprüfung, Einspeisegenehmigung, technische Regeleinrichtung, Anmeldung der Anlagenerweiterung beim zuständigen Netzbetreiber etc.; auch hier sind entsprechende Überraschungen nicht ausgeschlossen, welche mit zusätzlichen Kosten verbunden sein können.

Wichtig ist auch zu wissen, dass ab 01.01.2012 der Vergütungsanspruch für die ersetzten Module endgültig entfällt. Zwar können diese, soweit sie noch funktionsfähig sind, weiterhin an das öffentliche Netz angeschlossen werden, ein EEG-Vergütungsanspruch besteht aber durch die ausdrückliche Regelung von § 32 Abs. 5 Satz 2 EEG 2012 nicht mehr. Eine sinnvolle Nutzung noch gebrauchstauglicher Module kann sich daher vornehmlich im Ausland oder für den Eigenverbrauch finden.

Ebenso problematisch ist die Tatsache, dass ein Anlagenumzug mit gleichzeitigem Modultausch im EEG nicht vorgesehen ist. Das EEG beschreibt den Modultausch »am gleichen Ort«. Brennt z.B. ein Gebäude mit einer PV-Anlage ab, wird das Gebäude aber nicht wieder aufgebaut und soll daher die »neue« PV-Anlage auf ein anderes Gebäude an einem anderen Ort »umziehen«, wäre dies nicht EEG-konform und hätte zur Folge, dass für die neue PV-Anlage auch die aktuelle Einspeisevergütung gelten würde. In solchen Fällen sollte man sich daher vorher genau beim zuständigen Netzbetreiber informieren.

11.4 Hochwasser

Extremwetterlagen führen nicht nur bei Hagel, sondern auch bei Überschwemmungen oftmals zu erheblichen Instandsetzungs- und Reparaturmaßnahmen an Photovoltaikanlagen. Bilder von überfluteten Städten und Gemeinden haben im Sommer 2013 und 2021 die Medien beherrscht. Extremhochwasser haben innerhalb eines Jahrzehnts bereits zum zweiten Mal bestimmte Regionen aufgesucht und hierbei Rekordschäden verursacht. Dass dies auch viele Photovoltaikanlagen betraf, war unverkennbar. Für die Betroffenen sicher das kleinere Übel, angesichts der ansonsten teilweise existenzbedrohenden Schäden an Wohnhäusern, Nebengebäuden, Gewerbebetrieben und Grundstücken.

In solchen Situationen haben Installationsbetriebe Hochkonjunktur, denn es gilt die Anlagen so schnell wie möglich wieder instand zu setzen. Sind die PV-Module zumeist sicher vor Hochwasser auf dem Dach montiert, ergeben sich die eigentlichen Schäden an Photovoltaikanlagen meist an den entweder im Erdgeschossbereich oder auch in den Kellerräumen installierten Unterverteilungen und Wechselrichtern. Überflutete Keller entstehen dabei nicht nur aus den extremen Verhältnissen bei einer Jahrhundertflut, sondern können auch die Folge kleinerer Ereignisse sein, wie ein lokales starkes Regenereignis, Wasserleitungsbruch oder Rückstau in der Abwasserleitung.

Wasser und elektrischer Strom vertragen sich nicht gut. Das ist auch technischen Laien bekannt. Dass das Zusammentreffen von Wasser und elektrischem Strom nicht nur zu Kurzschlüssen führen kann und die Gefahr eines elektrischen Schlages besteht, sondern gerade bei der Photovoltaik auch zu Explosionen beitragen kann, ist nicht unbedingt weit verbreitet.

Bei den Hochwasserereignissen konnten viele Erfahrungen darüber gesammelt werden, wie man sich in so einem Fall verhält und welche Vorgehensweisen einzuhalten sind, damit es nicht zu weiteren Sachschäden oder sogar zu Personenschäden kommt.

Schlechte Beispiele gab es bei den Flutereignissen von Installationsbetrieben, welche zur Eile mahnten, da sich angeblich Folgeschäden entwickeln könnten, wenn man zu lange wartet. Diese Vorgehensweise scheint jedoch problematisch zu sein. Ungeachtet der entgehenden Einspeisevergütung läuft man bei übereilten Vorgehensweisen in ganz andere Gefahren. Im Hinblick auf die entstehenden Elementarschäden am Gebäude und Inventar ist der doch eher zeitbefristete Verlust der Einspeisevergütung auch als zweitrangig zu betrachten, insbesondere wenn die Anlage gegen Allgefahren versichert ist.

Viele Orte waren bei der Flut wochenlang gar nicht zugänglich. Angesichts der Wasserstände ist es dann auch relativ egal, wie lange sich ein Wechselrichter im Wasser befindet – er ist schlichtweg zerstört. Man kann hier keine weitere Schadensverhinderung betreiben, wenn man mal die entgangenen Einspeiseerlöse außer Acht lässt.

Werden Keller zudem voreilig leergepumpt, kann es zu statischen Problemen mit den Außenwänden des Gebäudes kommen, da das Grundwasser an den Kellerwänden noch sehr hoch ansteht. Erhöhte Wasserdrücke von außen können so das Mauerwerk schädigen.

Zu beachten ist auch, dass die Anlagen beispielsweise im Keller noch unter Spannung stehen können – zumindest seitens der DC-Seite – auch wenn das Ortsnetz bzw. die Stromversorgung des Gebäudes abgestellt ist. Es sollte allgemein bekannt sein, dass die Stringleitungen bis zu den Wechselrichtern bei Sonneneinstrahlung permanent unter Spannung stehen und auch im Kurzschlussfall nicht automatisch abschalten, so wie das bei Lasttrennschaltern oder Fehlerstromschutzschaltern im Wechselstromnetz der Fall ist. Die überfluteten Räume dürfen deshalb niemals betreten werden. Es besteht hierbei die akute Gefahr eines Stromschlages.

Es besteht aber auch eine latente Explosionsgefahr. Wenn sich Wechselrichter in kleineren, geschlossenen Kellerräumen befinden, können fließende Ströme aus der Gleichspannungsseite im Wasser elektrolytische Vorgänge auslösen; d. h. Wasser wird in Wasserstoff und Sauerstoff aufgespalten – sogenanntes Knallgas entsteht. Sammelt sich zu viel Wasserstoff in einem geschlossenen Raum, steigt das Explosionsrisiko. Solche Räume müssen deshalb ausreichend belüftet und auf ihre Gaskonzentration hin gemessen werden, bevor man sich, z. B. mit Ersatzstromgeräten, wie Lampe oder Pumpe, in diese Räume begibt.

Als erste Maßnahme im Falle einer Überflutung sollten daher im Bereich der Photovoltaikanlage zuerst die Gleichstromhauptleitungen im Bereich des Generatorfeldes entweder durch eine bereits vorinstallierte Abschalteinrichtung (z. B. Feuerwehrschalter) getrennt oder durch eine Elektrofachkraft fachmännisch abgeklemmt werden, bevor man die Kellerräume, in denen sich die Wechselrichter befinden, betritt.

Eine Elektrofachkraft kann dann die weiteren Anlagenteile prüfen, ob hiervon noch eine Gefahr ausgeht und diese ggf. stilllegen.

Anschließend können alle Schäden kontrolliert und die Räume trockengelegt werden.

11.5 Versicherungsschaden

Bei einigen erforderlichen Reparaturen stellt sich die Frage, ob sich aus dem Reparaturgrund ein versicherter Schaden ergibt. Hierbei ist der Schaden (äußere Einwirkung) nicht immer genau von der üblichen Instandsetzung (z.B. aus Mangel oder Verschleiß) zu unterscheiden. Typische Versicherungsschäden sind:

- Überspannungsschäden
- Tierverbiss
- Schneedruck
- Sturmschaden
- Hagelschaden

Der ausführenden Reparaturfirma trifft hier u.a. eine Hinweispflicht gegenüber dem Anlagenbetreiber in der Form, dass er ihn darüber informiert, dass ein versicherter Schaden vorliegt und er diesen bei seiner Versicherung anzeigen sollte oder im Zweifel zumindest eine Prüfung seitens der Versicherung erfolgen sollte. Hintergrund ist, dass der Betreiber und Versicherungsnehmer eine Obliegenheitspflicht gegenüber dem Versicherer hat. Hierzu gehört auch eine zeitnahe Schadensmeldung. Darüber hinaus sind die schadhaften Teile aufzubewahren, bis ein möglicher Versicherungsfall abgeschlossen ist. Unterlässt die Fachfirma diesen Hinweis, kann sich diese gegenüber dem Betreiber schadensersatzpflichtig machen, zum Beispiel dann, wenn die Versicherung im Nachhinein eine Schadensregulierung ablehnt.

12 Anlagenoptimierung – Verbesserungen – Modulreinigung

Eine Anlagenoptimierung fällt unter den Begriff Verbesserung. Die Verbesserung ist eine Leistung zur Aufwertung des ursprünglich vertraglich vereinbarten Anlagenzustandes zur Verbesserung der Anlagenleistung oder des Betriebes. Dies kann z. B. sein:

- Einbau einer Fernüberwachung
- Entfernung von Verschattungsursachen
- Tausch der Wechselrichter gegen solche mit verbessertem Wirkungsgrad.

Maßnahme	Ergebnis	Zu beachten
Einbau Fernüberwachung	Komfortable, sichere Betriebsführung, Verkürzung der Reaktionszeiten bei Ausfällen	Wirtschaftlicher Mehrwert schwer darstellbar, wenn auch Investition sicherlich sinnvoll
Entfernen oder Optimieren von Teilverschattungen	Optimierter Ertrag bei Beseitigung oder Reduzierung der Teilverschattung	Kann sich lohnen, wenn Aufwand relativ gering; z. B. Versetzen einer SAT-Antenne, Versetzen von einzelnen Modulen
Tausch Wechselrichter	Besserer Wirkungsgrad, je nach Modell und Alter zwischen 2 % und 6 %	Rentiert sich meist bei älteren Anlagen mit hoher Einspeisevergütung. Achtung: Restlaufzeit beachten; Meldung an Netzbetreiber wegen geänderter Anlagenkonfiguration
Modultausch	Höhere Leistung, bessere Erträge	Aufgrund der gesunkenen Modulpreise für Altanlagen sicher interessant. Zu beachten ist, dass zwar ein Modultausch bei Garantiefall oder Instandsetzung nicht die Einspeisevergütung verändert, jedoch eine sich hieraus ergebende vergrößerte Anlagenleistung gegenüber der ursprünglichen Leistung grundsätzlich eine Anlagenerweiterung darstellt, bei der sich eine andere Vergütung ergibt (siehe Kapitel 11.3). Die Erweiterung ist auch beim Netzbetreiber anzumelden.

Tab. 12.1: Beispiele für Anlagenoptimierungen

Die Anlagenoptimierung unterliegt in den meisten Fällen einer Wirtschaftlichkeitsbetrachtung; d. h. es sollte untersucht werden, welcher Nutzen einem bestimmten Aufwand zur Verbesserung einer Anlage gegenüber steht und welche Konsequenzen beachtet werden müssen – auch im Hinblick auf mögliche Bestimmungen des Netzbetreibers in Verbindung mit den Regelungen des aktuellen EEG. Nicht immer stehen wirtschaftliche Gesichtspunkte im Vordergrund. Die Nachrüstung eines wirksamen Überspannungsschutzes bringt vom Ertrag keinen Mehrwert, trägt aber wesentlich zur Schadensverhütung bei.

Modulreinigung

Photovoltaikanlagen sind der ganzjährigen Witterung ausgesetzt. Durch verschiedene äußere Einflüsse und Faktoren können Modulflächen deshalb verschmutzen. Vogelkot, Moosbildung, massive Staubablagerungen aus umliegendem Ackerbau oder Immissionen durch Industrie, Schornstein- und Abluftanlagen. Je nach Dachneigung und Modultyp (gerahmt, ungerahmt) wird ein Teil der losen Verschmutzungen wie Staub, Blütenpollen und Blätter bei Regen wieder abgewaschen. In Abhängigkeit des Selbstreinigungseffektes bei geringeren Generatorneigungen – in der Regel $< 15°$ – und der Schmutzeigenschaften können sich die Verunreinigungen jedoch zu einer verkrustenden Schicht oder einem klebrigen Film entwickeln, welche alleine durch Regenereignisse nicht mehr entfernt werden. Je nach Lichtempfindlichkeit des eingesetzten Halbleitermaterials kann sich dann der Ertrag der Anlage zunehmend verschlechtern und deshalb eine Reinigung erforderlich werden.

Bild 181: Über den First ragende Module laden Vögel zum Verweilen ein – mit Folgen.

Die Reinigung von Modulen kann sowohl im Zuge einer Anlagenwartung oder Inspektion erfolgen. In normalen Wartungsverträgen ist diese Leistung jedoch ausgeschlossen, soweit die Erfordernis einer Reinigung und deren zeitliche Intervalle nicht genau vorhergesagt werden können.

Bild 182: Schmutz- und Moosbildung im Randbereich gerahmter Module

Aber auch bei der Modulreinigung gilt das wirtschaftliche Prinzip. Es gibt bislang keinen wissenschaftlichen Faktoren und Aussagen, wann eine PV-Anlage zu reinigen ist. Das muss in Anbetracht der Erträge, des Standortes der Anlage und den äußeren Einflüssen nach Einzelfall geprüft werden. Anlagenbetreiber waren schon enttäuscht, als nach einer Reinigung bei vermeintlicher Verschmutzung sich die Erträge kaum merkbar verbesserten. Das gleiche gilt, wenn sich nach der Reinigung aufgrund der äußeren Umstände die Verschmutzung nach kürzester Zeit wieder einstellt. Die Werbeversprechen mancher Reinigungsfirmen von bis zu 20 % mehr Leistung nach erfolgter Reinigung sind deshalb genauer zu hinterfragen.

Aus eigenen Erfahrungen können je nach Verschmutzungsgrad Verbesserungen von bis zu ca. 10 % angenommen werden. Als Beispiel sei hier eine Anlage in einem Gewerbegebiet genannt. Innerhalb von vier Jahren Anlagenbetrieb hat sich ein klebriger Film auf den Modulen entwickelt. Bereits während der Reinigung war der Unterschied deutlich zu sehen. Der Vergleich im Monitoring zeigt das Ergebnis auch deutlich. Die Anlagenleistung stieg um 9,3 %. Reinigungskosten von ca. 2800 € bei einer 160 kWp-Anlage mit einem hierfür entstehenden Mehrertrag von ca. 3600 € machten eine Reinigung daher mehr als rentabel.

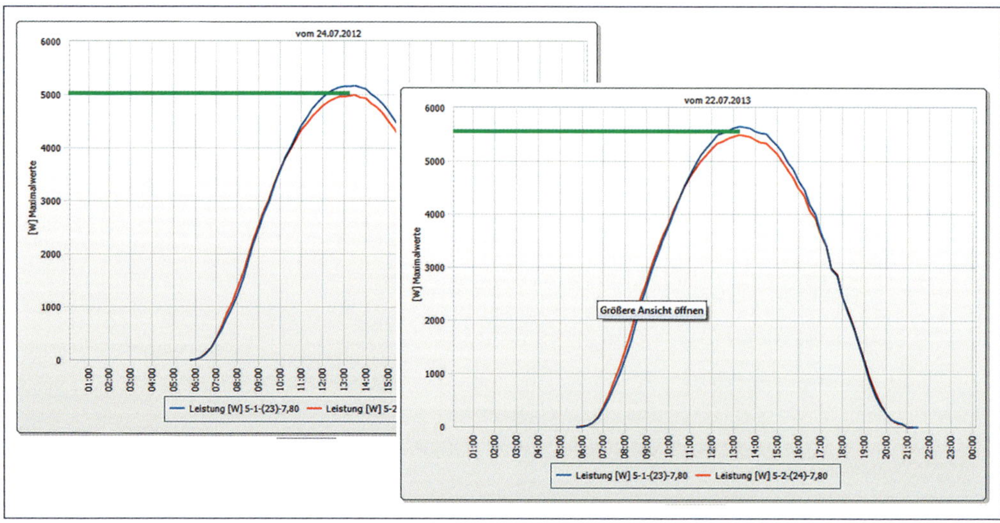

Bild 183: rd. 10 % Ertragsverbesserung nach erfolgter Reinigung bei dieser Beispielanlage

Bild 184: nicht nur optisch ein großer Unterschied zwischen gereinigter und ungereinigter Modulfläche

Für die Reinigung von Modulen werden immer mehr Systeme auf dem Markt angeboten. Kleine Anlagen kann man durchaus selbst reinigen, soweit der Zugang sicher möglich ist.

Bei größeren Anlagen ist stets eine professionelle Reinigung durch einen Fachbetrieb zu empfehlen. Hier geht es auch um Gewährleistungsfragen. Module dürfen nur mit aufbereitetem Wasser gereinigt werden. Zu beachten sind auch die Unfallverhütungsvorschriften, was das Betreten und Arbeiten auf Dächern angeht.

Bild 185: professionelle Reinigung mit aufbereitetem Wasser

Der Aufwand für das Reinigen von Photovoltaikanlagen ist unterschiedlich und abhängig von der Installationsart und der Zugänglichkeit. Freiflächenanlagen sind sicher leichter zugänglich als Dach- oder Fassadenanlagen. Hierbei unterscheiden sich auch die Systeme der Reinigungsfirmen. Angefangen von Teleskopstangen mit Bürsten, Arbeitsbühnen, selbstfahrende Rotationsbürsten bis zu Reinigungsrobotern ist das Angebot vielfältig.

Wichtig in diesem Zusammenhang ist immer die Prüfung, ob das angebotene Reinigungssystem auch für die Module und Installation geeignet ist. Insbesondere bei rahmenlosen Modulen besteht leicht Bruchgefahr. Weiterhin ist aus Beweissicherungsgründen und Gewährleistung jeweils unmittelbar vor der Reinigung und nach der Reinigung das Modulfeld zu inspizieren, um Beschädigungen festzustellen und spätere Streitigkeiten hinsichtlich der Verursachung zu vermeiden. Die Inspektionen sind zu dokumentieren und auch durch den Anlagenbetreiber gegenzeichnen zu lassen.

13 Schneeräumung

Viele Enthusiasten möchten auch im Winter jeden Sonnenstrahl für Ihre PV-Anlage nutzen und greifen daher schnell zu Räumgerät. Die Folgen hieraus können jedoch teilweise gravierend sein: schwere Unfälle durch Stürze, beschädigte Module.

Es gibt sicherlich Möglichkeiten, gefahrlos seine Anlage von Schnee zu räumen, falls es sein soll. Ob dies wirtschaftlich ist, hängt in der Regel vom Wetter ab. Sollte nach dem Abzug einer Schneefront tagelang schönes, sonniges Winterwetter vorherrschen, kann sich eine Schneeräumung lohnen – aber nicht für alle Dächer. Bei großflächigen Dächern und großen Flachdächern sind sicherlich Grenzen gesetzt.

Das Räumen von Schnee von einem Dach ist in der Regel nicht Bestandteil eines Wartungsvertrages. Zumindest sind solche Leistungen im Vorfeld schwer oder gar nicht kalkulierbar. Dies geht nur, wenn die Leistung nach tatsächlichem Aufwand abgerechnet werden kann. Soweit die Schneeräumung mit einem entsprechend hohen Aufwand verbunden ist, wie z. B. Gerüst, Hubbühnen, spezielles Räumgerät, stellt sich grundsätzlich die Frage nach der Wirtschaftlichkeit. Mag das bei gut vergütenden Anlagen noch der Fall sein, so schwindet die Wirtschaftlichkeit schnell bei Anlagen mit geringeren Einspeisevergütungen. Alternativ wären hier stationäre Schneeräumeinrichtungen zu diskutieren, insbesondere in schneereichen Gebieten.

Anders sieht es aus, wenn das Dach oder die Photovoltaikanlage von Schnee geräumt werden muss, weil entweder das Dach unter der Schneelast einzustürzen droht oder die Schneelast einen Schaden an der Photovoltaikanlage entstehen lässt. Das kommt nicht unbedingt selten vor. Insbesondere industrielle oder gewerbliche Bauten mit flachen Dächern in schneereichen Zonen werden statisch durchaus in der Form wirtschaftlich bemessen, dass man die rechnerische Schneelast nicht voll ansetzt. In der Konsequenz hieraus muss dann aber auch eine »Betriebsanleitung« für das Dach aufgestellt werden, in der vorgegeben ist, ab welcher Schneehöhe bzw. ab welchem Schneegewicht das Dach zu räumen ist. Sollte dies der Fall sein, müssen entsprechende Gassen auf dem Dach bereits bei der Photovoltaikanlagenplanung frei gelassen werden, damit die Möglichkeit des Schneeräumens gegeben ist. Insbesondere bei Flachdächern mit aufgeständerten PV-Systemen können sich bei Schneefall erhebliche Schneeverwehungen in den Modulreihen bilden, welche eine flächenhafte oder linienhafte Überlastung der Dachkonstruktion mit sich bringen können.

Problematisch in diesem Zusammenhang sind großflächig zusammenhängende Generatorfelder, insbesondere Leichtbausysteme mit Ost-West-Ausrichtung bzw. A-förmige oder V-förmige Verbundreihen. Hier ist eine Schneeräumung – zumindest mit herkömmlichen Mitteln – kaum möglich.

Das Schneeräumen von Dächern mit Photovoltaikanlagen kann mitunter sehr aufwendig und teuer sein. Bei großen Hallendächern werden mitunter auch Helikopter hierfür eingesetzt, welche den Schnee durch die Rotorblätter vom Dach wehen.

Wenn es bei einer Noträumung schnell gehen muss, kann oftmals keine Rücksicht auf die Module genommen werden. Zurück bleibt dann ein beträchtlicher Schaden.

In besonders schneereichen Gebieten kann es auch bei Freifeldanlagen kritisch werden, nämlich dann, wenn abrutschender Schnee sich aufstaut und gegen die unteren Modulreihen drückt.

Auf dem Markt gibt es auch automatische Schneereinigungssysteme, bei denen die Generatorfläche über einen fest installierten und sensorgesteuerten Schiebemechanismus bereits nach einsetzendem Schneefall von Schnee gereinigt wird. Dass sich dies für ein paar wenige Schneetage im Jahr nicht rechnen kann, sollte jedem klar sein. Für die Alpenregion mit ihren hohen Einstrahlungen kann sich eine solche Investition aber schnell rechnen.

Wichtig wie bei jeder Modulreinigung sind neben der Einhaltung von Unfallverhütungsvorschriften auch eine fachgerechte Behandlung der Module und die richtige Auswahl der Räummittel.

- Beim Räumen dürfen die Module nicht betreten werden.
- Nur geeignetes Werkzeug zum Schneeentfernen verwenden.
- Schnee muss mit sanften Mitteln entfernt werden.
- Niemals gefrorenen Schnee oder Eis entfernen (abschaben, abkratzen, etc.).
- Kein heißes oder warmes Wasser zum Schneeschmelzen verwenden.
- Keine Auftaumittel wie Streusalz oder Enteiser verwenden.

Zur Wahrung der Garantien der Modulhersteller sollte mit dem gewählten Reinigungssystem die Freigabe des Modulherstellers eingeholt werden.

Eine weitere Möglichkeit der Schneeräumung ist eine Umkehrung des Stromflusses der Module. Durch gesonderte Geräte können somit die Module erwärmt werden, was ein Abtauen des Schnees bewirkt. Auch hier wäre vor der Installation solcher technischen Einrichtungen eine Freigabe beim Modulhersteller zu erwirken, ob eine solche Rückstrombelastung bei den betreffenden Modulen statthaft ist.

Anhänge

Anhang 1: Beispiel Überwachungs-, Inspektions- und Prüfungsvertrag

Überwachungs-, Inspektions- und Prüfungsvertrag
Photovoltaikanlage

zwischen

xxx

Anschrift

im nachfolgenden -Auftraggeber- genannt

und

Firma xxx

Anschrift

im nachfolgenden -Auftragnehmer- genannt

1. Vertragsgegenstand

Vertragsgegenstand ist das Solarkraftwerk/Photovoltaikanlage auf dem Flurstück Nr. xxxx in xxxx Musterstadt, Beispielstraße xx mit einer Leistung von xxx kWp (mit den Teilanlagen X-Haus, Y-Gebäude und Z-Dach).

2. Leistungsumfang

Der Leistungsumfang des Auftragnehmers gliedert sich wie folgt:

I. Anlagenüberwachung/Monitoring
II. Störungsdienst
III. Inspektion/Prüfung
IV. Sonderprüfung
V. sonstige Prüf-, Kontroll- oder Dienstleistungen
VI. ……

3. Leistungsbeschreibung

I. Anlagenüberwachung/Monitoring

Der AN übernimmt die laufende Überwachung (mittels Fernüberwachung) der Photovoltaikanlage (nachfolgend auch Anlage genannt) nach folgenden Bestimmungen:
Voraussetzung für das Monitoring und die Überwachung ist ein fest installiertes Datenerfassungssystem mit Fernübertragung (DSL oder gleichwertige Internetverbindung), vorzugsweise des Herstellers xx, Typ xxx, mit Übertragungsmöglichkeit zum AN. Die Kosten der Datenfernübertragung trägt der xx.

(Ergänzend/alternativ: Den AG hält zur Ermittlung der Anlagenperformance einen geeigneten Einstrahlungssensor an der Anlage vor)
Der AN trägt dafür Sorge, dass auftretende Störungen an der Photovoltaikanlage nach gesonderter Beauftragung beseitigt werden.
Nach jeder Störungsbeseitigung erhalt der AG ein Protokoll über festgestellte Fehler oder Schäden und durchgeführte Arbeiten.
Der AG erhält wöchentlich (/monatlich/quartalsweise/...) einen Bericht bzw. ein Protokoll zur Anlagenüberwachung und dem Ertragsverhalten.

II. Störungsdienst

Der AN unterhält einen Einsatzservice bei auftretenden Störungen, mit einer Reaktionszeit innerhalb von xxx Stunden nach Eingang der Störungsmeldung.
Nicht vom Leistungsumfang dieses Vertrages umfasst sind:

- die Zählerablesung zu allen Zwecken der Abrechnung der Einspeisevergütung;
- Störungen, die durch Eingriffe durch den AG oder durch vom AG beauftragte Drittfirmen in die Anlage verursacht werden;
- Instandsetzungsarbeiten, die über die laufende Störungsbeseitigung hinausgehen und einer vollständigen oder teilweisen Neuerrichtung der Anlage gleichkommen. Dies gilt beispielsweise für den Wiederaufbau nach Schaden durch Sturm, Hagel, Schneelast, Feuer oder Überspannung (Reparatur).

III. Inspektion/Prüfung

Der Auftragnehmer übernimmt die jährliche Inspektion bzw. Prüfung der Anlage. Diese besteht aus

- Sichtprüfung Module, Unterkonstruktion
- Sichtprüfung Zustand Dachhaut
- Sichtprüfung Verkabelung und Wechselrichter
- Messungen DC-Leitungen nach DIN VDE 0126-23-1
- Messungen AC-Seite nach DIN VDE 0105-100
- Säubern der Wechselrichter und Gebläseöffnungen
- Sichtprüfung (Zaunanlage), Beschriftungen, Hinweisschilder, Überwachungssysteme
- ...

Die Prüfung erfolgt in Anlehnung an die DIN EN 62446-1 VDE 0126-23-1 -Netzgekoppelte Photovoltaik-Systeme Mindestanforderungen an Systemdokumentation, Inbetriebnahmeprüfung und wiederkehrende Prüfungen sowie gemäß DGUV 3 bzw. DIN VDE 0105-100 (Betrieb von elektrischen Anlagen) für die Unterverteilungen und Übergabestationen.

IV. Sonderprüfungen

Zur Wahrung der Gewährleistungs- und Garantieansprüche wird die Anlage neben der jährlichen Inspektion umfassend mithilfe thermografischer Bildaufnahmen und Kennlinienmessungen geprüft.
Hierzu ergeben sich folgende Leistungen:

- Thermografieaufnahme aller Module;
  - Prüfung aller Module durch Ablaufen der Reihen mit
  - Rückseitenprüfung, Markierung und Dokumentation auffälliger Module oder Leitungen
  - Prüfbericht
- Kennlinienmessung an mind. 20 % der Module mittels Prüfgerät xxx einschl. Prüfbericht für jede Messung

V. sonstige Prüf-, Kontroll- oder Dienstleistungen
Werden sonstige Prüf-, Kontroll- oder Dienstleistungen erforderlich, z.B. Inspektion nach Unwetter (Sturm, Hagel, starke Regenfälle), starkem Schneefall oder Unterstützungen in der Abwicklung von Gewährleistungs- Garantie-, oder Versicherungsfällen, etc. erforderlich, kann dies durch gesonderten Auftrag des Auftraggebers in Abstimmung mit dem Auftragnehmer erfolgen.

4. Fristen
Es werden für die o.g. Leistungen folgende Fristen vereinbart:
I. Anlagenüberwachung/Monitoring
permanent zu den üblichen Geschäftszeiten des AN
- Fernüberwachung der Funktion und Leistung der Anlage – täglich
- Überprüfung von Strings und Wechselrichtern auf Ausfall – täglich
- Plausibilitätsprüfung von Fehlermeldungen – täglich
- Benachrichtigung des AG bei Störungen – im Störungsfall

II. Störungsdienst
permanent zu den üblichen Geschäftszeiten des AN (alternativ: 24 h-Service einschl./außerhalb Samstag/Sonn- und Feiertag)

III. Inspektion/Prüfung
jährlich nach Absprache mit dem Auftraggeber, vorzugsweise zwischen Mai und September

IV. Sonderprüfung
im 5. Betriebsjahr, dann alle 5 Jahre

V. sonstige Prüf-, Kontroll- oder Dienstleistungen
nach Bedarf

VI. ...

5. Vergütung
Die Vergütung wird wie folgt vereinbart:

I.+ II. Monitoring/Anlagenüberwachung/Serviceeinsatz
pauschal anfänglich xxx € (pauschal xx € pro kWp)

III. Inspektion/Prüfung
pauschal anfänglich xxx € (pauschal xx € pro kWp)

IV. Sonderprüfung
pauschal anfänglich xxx € (pauschal xx € pro kWp)

V. sonstige Prüf-, Kontroll- oder Dienstleistungen
nach Stundenaufwand mit anfänglich xx € pro Stunde
Fahrtkostenpauschale nach xx: anfänglich xx €

VI. ...

Die Vergütung wird fällig:
- am xxx jeden Jahres für I.; II.; und III.
- nach Übergabe der Messprotokolle bzw. Prüfgutachten für IV.
- nach Abschluss der Leistung für V.
- ... für VI.

Im Fall des Zahlungsverzugs ist der Auftragnehmer berechtigt, ohne besonderen Nachweis, Zinsen in Höhe von 3 % über dem Basiszinssatz (§ 288 BGB) zu erheben.
Die Preise sind netto zzgl. der zum Rechnungszeitpunkt gültigen Umsatzsteuer.

6. Preisanpassung
Die o.g. Preise sind Festpreise und gültig bei der erstmaligen Ausführung der Leistung bzw. bei Leistungen nach Aufwand mit Preisgarantie bis zum 31.12.xxxx. Zum Ausgleich von jährlichen Preissteigerungen werden die vereinbarten Preise ab dem Folgejahr der erstmaligen Ausführung in Höhe der jährlichen Preissteigerung für Verbraucher, ermittelt vom Statistischen Bundesamt (Destatis) jeweils mit Stand Monat xxxx im Vergleich zum gleichen Monat des Vorjahres, angeglichen.
Dem Auftraggeber steht ein Kündigungsrecht zu, soweit die Preisanpassung mehr als xx % beträgt. Die Kündigung muss spätestens 4 Wochen nach Bekanntgabe der Preisanpassung gegenüber dem Auftragnehmer in schriftlicher Form erfolgen.

7. Voraussetzungen für den Eintritt der Leistungsverpflichtung des Auftragnehmers
Dem Auftragnehmer werden folgende Unterlagen zur Verfügung gestellt:
- Anlagendokumentation
- ...

Der Auftraggeber stellt dem Auftragnehmer einen freien Zugriff auf die internetbasierende Monitoringseite der Anlage zur Verfügung.

8. Leistungen des Auftraggebers
Der Auftraggeber erbringt folgende Leistungen
a) die Beauftragung bzw. den Abruf eines erforderlichen Störungsdienstes bei auftretenden Störungen an der Anlage, soweit diese nicht vom Monitoring und der hierbei automatisch generierten Fehlermeldung erfolgen.
b) die Beauftragung von Reparatur- und Instandsetzungsarbeiten
c) ...

9. Rechte und Pflichten
(1) Der Auftragnehmer führt eigenverantwortlich die anfallenden Leistungen durch. Er hat hierbei
  a) den Zustand der Anlage festzustellen
  b) die Abnutzungs- oder Schadensursachen zu bestimmen
  c) und hieraus notwenige Konsequenzen (Erneuerung, Reparatur) abzuleiten
(2) Dem Auftragnehmer bzw. deren Mitarbeitern und externen Beauftragten ist während der üblichen Geschäftszeit Zutritt zu der Anlage nach vorheriger Terminabsprache zu gestatten.
(3) Für Mindererträge, die durch Prüfungs- und Messarbeiten entstehen, wird kein Ausgleich vorgenommen.
(4) Der Auftragnehmer erbringt seine prüfenden Tätigkeiten persönlich. Sofern es sachdienlich ist, kann der Auftragnehmer im Rahmen seiner eigenverantwortlichen Tätigkeit bei der Vorbereitung der Prüfung Auftragnehmer Mitarbeiter zur Unterstützung auf eigene Kosten hinzuziehen. Über die Hinzuziehung solcher Mitarbeiter entscheidet der Auftragnehmer alleine und eigenverantwortlich.
(5) Der Auftragnehmer führt die Leistungen innerhalb der vorgesehenen Fristen aus. Die erforderlichen Prüfberichte, Protokolle, etc. sind innerhalb einer angemessenen Frist oder der mit dem Auftraggeber vereinbarten Frist, jedoch spätestens 60 Tage nach Beendigung der Leistungen vor Ort, getrennt nach Anlagenbeteiligter in zweifacher Ausfertigung zu erstellen. Weitere Exemplare werden gesondert berechnet.

(6) Der Auftragnehmer wird den Auftraggeber rechtzeitig über eine etwaig eintretende Überschreitung der vereinbarten Frist in Kenntnis setzen. Der Auftraggeber kann erst nach Setzung einer angemessenen Nachfrist vom Vertrag zurücktreten oder Schadensersatz wegen Nichterfüllung verlangen. Als angemessen gilt eine Nachfrist von 1 Monat als vereinbart.

(7) Hat der Auftragnehmer die Überschreitung der Frist nicht zu vertreten, etwa im Falle höherer Gewalt, Krankheit, Streik und Aussperrung, sind Rücktritt vom Vertrag oder Schadensersatz wegen Nichterfüllung/wegen Überschreitung der vereinbarten Frist ausgeschlossen. Wird dem Auftragnehmer die Erbringung der vertraglich geschuldeten Leistung in diesen Fällen unmöglich, so wird er von seinen Vertragspflichten freigesprochen. Schadensersatzansprüche des Auftraggebers werden für diesen Fall ausgeschlossen.

(8) Pflichten des Auftraggebers
Der Auftraggeber stellt dem Auftragnehmer rechtzeitig und unentgeltlich die ihm zur Verfügung stehenden und für die Ausführung des Vertrages notwendigen Dokumente und Unterlagen zur Verfügung und erteilt die notwendigen Auskünfte. Der Auftraggeber setzt den Auftragnehmern ferner von allen Vorgängen und Umständen (z. B. Schriftverkehr), die erkennbar für die Durchführung seiner Leistungen und insbesondere Einschätzung der Prüfergebisse von Bedeutung sein können, rechtzeitig und ohne besondere Aufforderung in Kenntnis.

(9) Beratungsleistungen
Beratungsleistungen des Auftragnehmers beschränken sich ausschließlich auf Empfehlungen des Auftragnehmers als Entscheidungshilfe für den Auftraggeber im Hinblick auf die Prüfergebnisse, Planungsleistungen und baubegleitende Tätigkeiten. Sie ersetzen nicht die eigenverantwortlichen beraterischen und planerischen Pflichten Dritter, wie z.B. Architekten, Ingenieure oder bauausführende Firmen. Eine rechtliche Beratung erfolgt nur in den Grenzen der gesetzlichen Zulässigkeit und im Zusammenhang der Beratungs- und Hinweispflichten als Nebenleistung. Darüber hinausgehende Rechtsberatungen sind einem durch den Auftraggeber auf eigene Kosten beauftragten zugelassenen Rechtsbeistand vorbehalten.

10. Abnahme
Die Abnahme der Leistung des Auftragnehmers gilt spätestens 14 Tage nach Übergabe der Prüfergebnisse, Protokolle, Prüfgutachten, etc. als erfolgt.

11. Gewährleistung
Die Gewährleistung richtet sich nach dem Werkvertragsrecht des BGB. Im Gewährleistungsfall kann der Auftraggeber zunächst nur kostenlose Nachbesserung der mangelhaften Leistung verlangen. Erfolgt die Nachbesserung nicht innerhalb einer angemessenen Frist oder schlägt die Nachbesserung fehl, kann der Auftraggeber nach Wahl Rückgängigmachung des Vertrages (Wandelung) oder Herabsetzung des Honorars (Minderung) verlangen.
Etwaige Mängel müssen dem Auftragnehmer unverzüglich nach Feststellung schriftlich angezeigt werden, andernfalls erlischt der Gewährleistungsanspruch.

12. Haftung
Der Auftragnehmer haftet unbeschränkt nur für Vorsatz und grobe Fahrlässigkeit. Ansonsten ist die Haftung für Personen- und Sachschäden auf xxx Mio. € sowie für Vermögensschäden auf xxx € begrenzt.

13. Laufzeit und Kündigung des Vertrages
Dieser Vertrag wird am Tag seiner Unterzeichnung wirksam. Er hat eine Laufzeit bis zum 31.12.xxxx. Er verlängert sich jeweils um ein weiteres Jahr, wenn er nicht mit einer Frist von

3 Monaten zum Ablaufdatum durch den Auftraggeber oder den Auftragnehmer gekündigt wird.
Jede Kündigung bedarf der Schriftform. Bei einer Kündigung aus wichtigem Grund muss darüber hinaus der Grund für die außerordentliche Kündigung im Kündigungsschreiben angegeben sein.
Jede Partei ist berechtigt, diesen Vertrag aus wichtigem Grund ohne Einhaltung einer Kündigungsfrist außerordentlich zu kündigen. Ein wichtiger Grund liegt insbesondere vor:

a) für den Auftraggeber, wenn der Auftragnehmer seinen Leistungszusagen, nach zweimaliger schriftlicher Mahnung nicht nachkommt;
b) für den Auftragnehmer, wenn der Auftraggeber in Bezug auf eine oder mehrere vertragliche Pflichten eine erhebliche Vertragsverletzung begeht;
c) für beide Parteien, wenn über das Vermögen der jeweils anderen Partei das Insolvenzverfahren eröffnet oder beantragt wird oder die Eröffnung des Insolvenzverfahrens mangels Masse abgelehnt wird;
d) für den Auftragnehmer, wenn der Auftraggeber der in diesem Vertrag zugesicherten Vergütung, nach dreimaliger fristgerechter schriftlicher Mahnung des Auftragnehmer nicht nachkommt.

Wird der Vertrag vom Auftraggeber außerordentlich aus einem wichtigem Grund gekündigt, den der Auftragnehmer zu vertreten hat, so steht dem Auftragnehmer eine Vergütung für die bis zum Zeitpunkt der Kündigung erbrachte Teilleistung nur insoweit zu, als die erbrachte Leistung für den Auftraggeber objektiv verwertbar ist. In allen anderen Fällen behält der Auftragnehmer den Anspruch auf das vertraglich vereinbarte Honorar, jedoch unter Abzug der ersparten Aufwendungen. Sofern der Auftraggeber im Einzelfall keinen höheren Anteil an ersparten Aufwendungen nachweist, beträgt dieser 40 % des Honorars für die vom Auftragnehmern noch nicht erbrachten Leistungen.

14. Rechtsnachfolge, Vertragsübertragung

Der Verkauf der Photovoltaikanlage an einen Dritten, die Übertragung von Eigentums- oder Nutzungsrechten auf einen Dritten oder der Wechsel des Anlagenbetreibers begründen kein Recht zur außerordentlichen Kündigung des Vertrages. Der Auftraggeber verpflichtet sich, für den Fall, dass die Photovoltaikanlage an Dritte verkauft wird bzw. ein Betreiberwechsel stattfindet, für die Übertragung dieses Vertrages auf den Erwerber Sorge zu tragen.

15. Schlussbestimmungen

Vereinbarungen außerhalb dieses Vertrages wurden nicht getroffen. Änderungen und Ergänzungen bedürfen zu ihrer Wirksamkeit der Schriftform und dem Einverständnis beider Parteien. Rechtsgestaltende Erklärungen sowie Mitteilungen bedürfen ebenfalls der Schriftform.
Sollten einzelne Bestimmung dieses Vertrages unwirksam sein, wird die Wirksamkeit der übrigen Bestimmungen davon nicht berührt. Die Parteien verpflichten sich, anstelle der unwirksamen Bestimmung eine dieser Bestimmung möglichst nahekommende wirksame Regelung zu treffen.
Gerichtsstand ist xxxxxx, Erfüllungsort ist der Anlagenstandort.

Hinweis: Für die Richtigkeit des Vertragsmusters wird keine Haftung übernommen. Da sich die Leistungen je nach Kundenwunsch und Angebotsmöglichkeit des Ausführenden unterscheiden können (auch Eigenleistungen des Anlagenbetreibers), dient das Vertragsmuster nur als unverbindliches Beispiel.

Anhang 2: Checkliste Fehlersuche

Anlagentotalausfall	Netz vorhanden? Sicherungen Wechselrichter? Fehlerstromschutzschalter? Störung Trafostation? Phasenüberwachungsrelais ausgelöst? nach Gewitter? (Überspannungsschaden)
Anlagenteilausfall Wechselrichter Kommunikation	Sicherungen Wechselrichter? Fehlerstromschutzschalter? Fehlermeldung Wechselrichter? Datenverbindung (DSL, GMS)? Örtliche Verdrahtung? Funktionsleuchten Datenerfassungsgerät?
Ertragsabweichungen Wechselrichter untereinander	String prüfen (Strom/Spannung) Sichtprüfung Module (lokale Verschmutzung, Glasbruch) Für weitere Fehlereingrenzung: Strings messen (Leerlaufspannung, Isolationswerte), Thermografieaufnahme, Elektrolumineszenz-Feldaufnahme String zurück bauen, Leitungen, Stecker/Module prüfen, Strings messen (Leerlaufspannung, Isolationswerte)
Minderertrag	Saison-/wetterbedingt? (schlechtes Sonnenjahr?) Plötzlicher Ertragsabfall? • Wechselrichter vergleichen • Strings messen (Leerlaufspannung/Kurzschlussstrom) • Thermografieaufnahme, Elektrolumineszenz-Feldaufnahme • Kennlinienmessung Schleichender Ertragsabfall (im Vergleich mit anderen Anlagen) • Stringmessung (Leerlaufspannung/Kurzschlussstrom) • Thermografieaufnahme, Elektrolumineszenz-Feldaufnahme • Kennlinienmessung

Die einzelnen Messverfahren und Maßnahmen sind Empfehlungen – auch in deren Reihenfolge. Soweit Fehler eingegrenzt werden, sind eventuell weitergehende Prüfungen und Messungen erforderlich.

Anhang 3: Muster Prüfprotokoll

Prüfbericht der Photovoltaikanlage

Prüfbericht Nr. : ______

Prüfer: ____________________(Firmenname)

Blatt ______ von ______

Prüfung nach VDE 0126-23-1 / VDE 0100-105

Anlageninformationen:

Auftraggeber (Anlagenbetreiber)		**Anlagenstandort**	
Name:		Straße/Nr.	
Straße/Nr.		PLZ Ort	
PLZ Ort		Installierte Leistung	kWp
		Erstinbetriebnahme	

Generator / Module

Hersteller		Modultyp	
Modulleistung		Modulanzahl	
Kurzschlussstrom Isc	A	Mpp-Strom	A
Leerlaufspannung Uoc	V	MPP-Spannung	V

Wechselrichter

Hersteller		Typ	
AC-nenn	kW	Anzahl	
AC-max	kW	DC-max	kW

Anlagen:	**Verwendete Messgeräte:**	**Witterungsverhältnisse während der Prüfung:**
☐ Prüfbericht Besichtigung, Prüfung und Messung gem. VDE 0126-23-1	☐ Multimeter	☐ sonnig ☐ leicht bew. ☐ bewölkt
☐ Prüfbericht Besichtigung, Prüfung und Messung gem. VDE 0105-100 (DGUV 3)	☐ Stromkreisprüfgerät	Einstrahlung: W/m2
☐ Prüfbericht der Dokumentations-unterlagen gem. VDE 0126-23-1	☐ PV-Testgerät	Temperatur: °C
	☐ Thermografiekamera	

Prüfbescheinigung

Die Prüfung wurde durch die prüfverantwortliche Person mit angemessener Fachkenntnis und Sorgfalt am durchgeführt.
Das nachfolgende Prüfergebnis wird hiermit bestätigt.

☐ es wurden keine Mängel festgestellt
☐ es wurden Mängel festgestellt
  ☐ Planungsmängel ☐ Beschädigung
  ☐ Ausführungs-/ Installationsmängel
☐ Die PV-Anlage ☐ entspricht / (☐ entspricht nicht) den anerkannten Regeln der Technik
  ☐ es bestehen Bedenken gegen ☐ elektrische Sicherheit
  ☐ Brandschutz
  ☐ Blitz- und Überspannungsschutz
  ☐ Dauerhaftigkeit
  ☐ Ertragsergebnis

Nächste empfohlene Prüfungen	Elektrische Anlage nach DGUV 3 bzw. VDE 0105-100 / PV-Anlage nach VDE 0126-23-1 /
Datum:	Unterschrift Prüfer

Prüfbericht der Photovoltaikanlage

Prüfbericht Nr. : ☐

Prüfer: (Firmenname)

Blatt ☐ von ☐

Prüfung nach VDE 0126-23-1 / VDE 0100-105

Besichtigung

☐ gesamte PV-Anlage
☐ nicht zugänglich war

Konstruktion und Installation des PV-Generators (Unterbau, Module, Verkabelung)

Konstruktion	i.O.	mangel-haft	Beschreibung
Unterbau / Befestigung	☐	☐	
Korrosionsbeständigkeit	☐	☐	
Modulbefestigung	☐	☐	
Auswahl DC-Kabel	☐	☐	
DC-Verkabelung - kurzschlusssichere Verlegung - Schutz gegen äußere Einflüsse	 ☐ ☐	 ☐ ☐	
Generatoranschlusskästen	☐	☐	
Potentialausgleich	☐	☐	
Funktionserdung	☐	☐	

Module - Verschmutzungsgrad

Verschmutzungsgrad	☐ sauber	☐ leicht	☐ mittel	☐ erheblich
Verschmutzungsart	☐ flächig	☐ Randbereich	☐ Vogelkot	
Sonstige Auffälligkeiten	☐ Hotspots	☐ Beschädigung	☐ Glasbruch	☐ "Schneckenspuren"

Wechselrichter / AC-Unterverteilung / Zählerplatz

Konstruktion	i.O.	mangel-haft	Beschreibung
Installation Wechselrichter	☐	☐	
Physikalische Trennung Gleich-, Wechselstrom- und Kommunikationsleitungen	☐	☐	
Gleichstromlasttrennschalter	☐	☐	
Netzausfallprüfung Wechselrichter	☐	☐	
Fehlerstromschutzschalter	☐	☐	
Trennvorrichtung WR	☐	☐	
Unterverteilung WR	☐	☐	
Kabelführung AC-Seite	☐	☐	
Auswahl AC-Kabel	☐	☐	

Blitz- und Überspannungsschutz

Konstruktion	i.O.	mangel-haft	Beschreibung
Fläche Verdrahtungsschleifen	☐	☐	
Äußerer Blitzschutz vorhanden? Trennungsabstand eingehalten?	ja ☐ ☐	nein ☐ ☐	
Überspannungsschutz DC-Seite	☐	☐	
Überspannungsschutz AC-Seite	☐	☐	

Prüfbericht der Photovoltaikanlage

Prüfbericht Nr. :

Prüfer: (Firmenname)

Blatt von

Prüfung nach VDE 0126-23-1 / VDE 0100-105

Baulicher Brandschutz

Konstruktion	i.O.	mangel-haft	Beschreibung
Abstände Module zu Brandwänden	☐	☐	
Leitungen an / über Brandwänden	☐	☐	
Elektrische Betriebsmittel in feuergefährdeter Betriebsstätte	☐	☐	
DC-Leitungen nach VDE-AR- E 2100-712 installiert	☐	☐	

Anlagenkennzeichnung / Beschriftung

Konstruktion	i.O.	mangel-haft	Beschreibung
Hinweisschild PV-Anlage	☐	☐	
Stringkennzeichnung	☐	☐	
Generatoranschlusskästen	☐	☐	
Wechselrichter	☐	☐	
Stromkreise	☐	☐	
Schutzeinrichtungen	☐	☐	
Haupttrennschalter	☐	☐	
Warnhinweis Zählerplatz Doppelversorgung	☐	☐	
Prinzipstromlaufplan vor Ort	☐	☐	
Verfahren Notabschaltung	☐	☐	

Sonstiges / Bemerkungen

Prüfbericht der Photovoltaikanlage

Prüfbericht Nr. : [ ]

Prüfer: (Firmenname)

Blatt [ ] von [ ]

Prüfung nach VDE 0126-23-1 / VDE 0100-105

Messung elektrische Werte Strings

Wechselrichter (Typ / Ser.-Nummer)							
Teil-Array / Bezeichnung							
Array	**Modultyp**						
	Anzahl pro Stang						
Array Parameter	**U_{OC} (STC)**						
	I_{SC} (STC)						
Schutzein-richtung (Strangsicherung)	**Typ**						
	Bemessungswert (A)						
	DC-Bemessung (V)						
	Kapazität (kA)						
Verdrahtung	**Typ**						
	Phasenleiter (mm²)						
	Erdleiter (mm²)						
Erprobung und Messung des Strangs	**U_{OC} (V)**						
	U_{OC} (V) soll[1]						
	I_{SC} (A)						
	Bestrahlungsstärke						
Kontrolle der Polarität							
Isolationswider-stand (des Arrays)	**Prüfspannung**						
	Wert (MΩ)						
Durchgängigkeit der Erdverbindung (wenn angebracht)							
Ergebnis Messung		i.O. ☐ n.i.O ☐	i.O. ☐ n.i.O ☐	i.O. ☐ n.i.O ☐	i.O. ☐ n.i.O ☐	i.O. ☐ n.i.O ☐	i.O. ☐ n.i.O ☐
Bemerkungen:							

[1] Berechneter Sollwert unter Berücksichtigung der Zelltemperatur und Temperaturkoeffizienten beim Messen

Prüfbericht der Photovoltaikanlage

Prüfbericht Nr. :

Prüfer: (Firmenname)

Blatt von

Prüfung nach VDE 0126-23-1 / VDE 0100-105

Prüfbericht der elektrischen Prüfung der AC-Seite der PV-Anlage

Nach Formular 1/2007 ZVEH/Bundesfachverband Elektrotechnik

Prüfung nach:	DIN VDE 0100-600 ☐	DIN VDE 0105-100 ☐		DGUV 3 ☐		E-Check ☐
Netz / V	Netzform:	TN-C ☐	TN-S ☐	TN-C-S ☐	TT ☐	IT ☐
Netzbetreiber:						

Erproben	i.O.	n.i.O.		i.O.	n.i.O.		i.O.	n. i.O.
Funktionsprüfung der Anlage	☐	☐	Funktion der Schutz-, Sicherheits- und Überwachungseinrichtungen	☐	☐	Rechtdrehfeld der Drehstromsteckdose	☐	☐
FI-Schutzschalter (RCD)	☐	☐	Drehrichtung der Motoren	☐	☐	Gebäudesystemtechnik	☐	☐

Messen Stromkreisverteiler Nr.:

Stromkreis		Leitung/Kabel		Überstrom-Schutzeinrichtung			R_{iso} (MΩ)	Fehlerstrom-Schutzeinrichtung (RCD)					Fehler-code
Nr.	Bezeichnung	Typ	Leiter Anzahl x Quers. (mm²)	Art Charakteristik	I_n (A)	ZS(Ω) ☐ I_K (A) ☐	ohne ☐ mit ☐ Verbraucher	I_n/Art) (A)	$I_{\Delta n}$ (mA)	I_{mess} (mA) (≤ $I_{\Delta n}$)	Ausl.Zeit tA (ms)	U_L≤...V U_{mess} (V)	
			x										
			x										
			x										
			x										
			x										
			x										
			x										

Durchgängigkeit des Schutzleiters ≤ 1Ω ☐ Erdungswiderstand: R_E .... Ω

Durchgängigkeit Potentialausgleich (≤ 1 Ω nachgewiesen)

Fundamenterder	☐	Hauptwasserleitung	☐	Heizungsanlage	☐	EDV-Anlage	☐	Antennenanlage/BK	☐
Potentialausgleich-schiene	☐	Hauptschutzleiter	☐	Klimaanlage	☐	Telefonanlage	☐	Gebäudekonstruktion	☐
Wasserzwischenzähler	☐	Gasinnenleitung	☐	Aufzugsanlage	☐	Blitzschutzanlage	☐		☐

Verwendete Messgeräte nach VDE	Fabrikat: Typ:	Fabrikat: Typ:	Fabrikat: Typ:

Prüfergebnis: ☐ keine Mängel festgestellt ☐ folgende Mängel festgestellt

Mängel:

Ort, Datum Unterschrift Prüfer

Prüfbericht der Photovoltaikanlage

Prüfbericht Nr. :

Prüfer: (Firmenname)

Blatt von

Prüfung nach VDE 0126-23-1 / VDE 0100-105

Bilddokumentation

Prüfbericht der Photovoltaikanlage

Prüfbericht Nr. : [ ]

Prüfer: (Firmenname)

Blatt [ ] von [ ]

Prüfung nach VDE 0126-23-1 / VDE 0100-105

Prüfung Dokumentationsunterlagen

Gegenstand	i.O.	unvoll-ständ.	fehlt	Bemerkung
Systemdaten ☒ Anlagenidentifikation (soweit zutreffend) ☒ Leistung des Systems (kWp für DC-Leistung und kVA für die AC-Leistung) ☒ Hersteller, Anzahl und Typ PV-Module und Wechselrichter ☒ Installationsdatum ☒ Datum Inbetriebnahme ☒ Name des Kunden bzw. Anlagenbetreibers ☒ Anschrift des Aufstellungsortes	☐	☐	☐	
Angaben über Systementwickler ☒ Systeminstallateur (Montagefirma), Unternehmen ☒ Unternehmen, Ansprechpartner (Montageleiter) ☒ Unternehmen, Postanschrift, Telefonnummer, Emailadresse	☐	☐	☐	
PV-Generator ☒ Modultyp(en) ☒ Gesamtzahl der Module ☒ Anzahl der Stränge ☒ Anzahl der Module pro Strang	☐	☐	☐	
PV-Strang ☒ Querschnitt und Typ der Kabel im Strang ☒ Überstrom-Schutzeinrichtungen im Strang (sofern eingebaut) ☒ Sperrdioden (soweit eingebaut)	☐	☐	☐	
Elektrische Einzelheiten des PV-Generators ☒ Querschnitt und Typ des Hauptkabels des PV-Generators ☒ Lage der Anschlussdosen des PV-Generators (soweit vorhanden) ☒ Überstromschutzeinrichtungen des PV-Generators (soweit eingebaut) mit Typenangabe, Lage und Bemessung (Spannung/Strom)+	☐	☐	☐	
Erdung und Überspannungsschutz ☒ Einzelheiten aller Funktionserder und Potentialausgleichsleitungen und deren Querschnitt und Anschlusspunkte; ferner Einzelheiten des am Modulrahmen angeschlossenen Potentialausgleichsleitungen (sofern erforderlich und angeschlossen). ☒ Verbindungen an eine bestehende Blitzschutzanlage (LPS) ☒ Überspannungsschutzeinrichtungen im Bereich Gleichstrom und Wechselstrom-kreise; Lage, Typ und Bemessungswerte	☐	☐	☐	

Gegenstand	i.O.	unvoll-ständ.	fehlt	Bemerkung
Wechselstromnetz ☒ Lage, Typ und Bemessung von Überstromschutzeinrichtungen ☒ Lage, Typ und Bemessung von Fehlerstromschutzeinrichtungen (RCD) – soweit eingebaut ☒ Typ und Querschnitte der verwendeten AC-Leitungen	☐	☐	☐	
Stromlaufplan	☐	☐	☐	
Datenblätter ☒ Module ☒ Wechselrichter ☒ Schutzeinrichtungen	☐	☐	☐	
Angaben zur mechanischen Konstruktion mit statischer Bemessung	☐	☐	☐	
Betriebs- und Wartungsangaben ☒ Verfahren zum Nachweis des korrekten Anlagenbetriebes (z.B. Fernüberwachung mit Fehlermeldung) ☒ Checkliste für den Fall eines Anlagenausfalles oder Teilausfalles ☒ Not–Abschaltung und Trennverfahren in einer Gefahrensituation (z.B. Brand) ☒ Empfehlungen für die Wartung und Reinigung ☒ Überlegungen zu zukünftigen Arbeiten am Gebäude, welche sich auf den PV-Generator auswirken können; z.B. Dacharbeiten ☒ Gewährleistungsangaben für die PV-Generatoren (Module) und Wechselrichter mit Gewährleistungsbeginn und Gewährleistungsende ☒ sonstige Gewährleistungen bzw. Garantien, z.B. Wasserdichtheit bei Indachsystemen oder für ausgeführte Dacharbeiten	☐	☐	☐	
Prüfungen / Bescheinigungen ☒ Erstprüfung nach VDE 0126-23-1 ☒ String-Kurzschlussstrom ☒ String-Leerlaufspannung ☒ String-Isolationswiderstand ☒ Messung nach VDE 0100-600 ☒ Errichterbescheinigung	☐	☐	☐	

Sonstiges / Bemerkungen

Gesetze / Normverweise / Richtlinien / Literaturverzeichnis

Gesetze / Verordnungen

Arbeitsschutzgesetz (ArbSchG)

Betriebssicherheitsverordnung (BetrSichV)

BGV A1 Grundsätze der Prävention. Stand: November 2013 (DGUV Vorschrift 1, ehemals BGV A1)

BGV A2 Elektrische Anlagen und Betriebsmittel. Stand: Januar 1997 mit Durchführungsanweisungen vom 1. April 1997

BGV A3 Elektrische Anlagen und Betriebsmittel. Stand: April 2012

BGR 203 Dacharbeiten. BG-Regel. Stand: Oktober 2008

Bürgerliches Gesetzbuch (BGB): §§ 631 bis 651 (Werkvertrag); §§ 611 bis 630 (Dienstvertrag)

Deutsche Flugsicherung (DFS) (Hrsg.): NfL I 161 / 12. Gemeinsame Grundsätze des Bundes und der Länder für die Erteilung der Erlaubnis zum Aufstieg von unbemannten Luftfahrtsystemen gemäß § 16 Absatz 1 Nummer 7 Luftverkehrs-Ordnung (LuftVO), 28. Juni 2012

Erneuerbare-Energien-Gesetz (EEG). Stand: 01.12.2012 mit Novelle vom 01. Januar 2021

Gesetz über die Elektrizitäts- und Gasversorgung (Energiewirtschaftsgesetz – EnWG)

Gewerbeordnung (GewO)

Luftverkehrsgesetz (LuftVG) vom 1. August 1922. Stand: 10. August 2021

Luftverkehrs-Ordnung (LuftVO) vom 10. August 1963. Stand: 18. Juni 2021

Luftverkehrs-Zulassungs-Ordnung (LuftVZO) vom 19. Juni 1964. Stand: 17. Dezember 2021

Produktsicherheitsgesetz (ProdSG)

TRBS 1001 Struktur und Anwendung der Technischen Regeln für Betriebssicherheit. Ausgabe: März 2018

TRBS 1111 Gefährdungsbeurteilung. Ausgabe: März 2018

TRBS 1112 Instandhaltung. Ausgabe: März 2019

TRBS 1203 Zur Prüfung befähigte Personen. Ausgabe: März 2019

TRBS 2121 Gefährdung von Beschäftigten durch Absturz – Allgemeine Anforderungen. Ausgabe: Juli 2018

TRGS 519 Asbest: Abbruch-, Sanierungs- oder Instandhaltungsarbeiten. Ausgabe: Januar 2014

Vergabe- und Vertragsordnung für Bauleistungen (VOB)

Verordnung zum Schutz vor Gefahrstoffen (Gefahrstoffverordnung – GefStoffV). Stand: 01. Oktober 2021

VSG 1.4 Elektrische Anlagen und Betriebsmittel. Stand: 01. Mai 2017

VDE Normen

DIN VDE 0100-100:2009-06; VDE 0100-100:2009-06 Errichten von Niederspannungsanlagen – Teil 1: Allgemeine Grundsätze, Bestimmungen allgemeiner Merkmale, Begriffe

DIN VDE 0100-410:2018-10; VDE 0100-410:2018-10 Errichten von Niederspannungsanlagen – Teil 4-41: Schutzmaßnahmen – Schutz gegen elektrischen Schlag

DIN VDE 0100-420:2019-10; VDE 0100-420:2019-10 Errichten von Niederspannungsanlagen – Teil 4-42: Schutzmaßnahmen – Schutz gegen thermische Auswirkungen

DIN VDE 0100-430:2010-10; VDE 0100-430:2010-10 Errichten von Niederspannungsanlagen – Teil 4-43: Schutzmaßnahmen – Schutz bei Überstrom

DIN VDE 0100-460:2018-06; VDE 0100-460:2018-06 Errichten von Niederspannungsanlagen – Teil 4-46: Schutzmaßnahmen – Trennen und Schalten

DIN VDE 0100-510:2014-10; VDE 0100-510:2014-10 Errichten von Niederspannungsanlagen – Teil 5-51: Auswahl und Errichtung elektrischer Betriebsmittel – Allgemeine Bestimmungen

DIN VDE 0100-520:2013-06; VDE 0100-520:2013-06 Errichten von Niederspannungsanlagen – Teil 5-52: Auswahl und Errichtung elektrischer Betriebsmittel – Kabel- und Leitungsanlagen

DIN VDE 0100-530:2018-06; VDE 0100-530:2018-06 Errichten von Niederspannungsanlagen – Teil 530: Auswahl und Errichtung elektrischer Betriebsmittel – Schalt- und Steuergeräte

DIN VDE 0100-537:2018-06; VDE 0100-537:2018-06 Elektrische Anlagen von Gebäuden – Teil 5: Auswahl und Errichtung elektrischer Betriebsmittel; Kapitel 53: Schaltgeräte und Steuergeräte; Abschnitt 537: Geräte zum Trennen und Schalten

DIN VDE 0100-540:2012-06; VDE 0100-540:2012-06 Errichten von Niederspannungsanlagen – Teil 5-54: Auswahl und Errichtung elektrischer Betriebsmittel – Erdungsanlagen und Schutzleiter

DIN VDE 0100-600:2017-06; VDE 0100-600:2017-06 Errichten von Niederspannungsanlagen – Teil 6: Prüfungen

DIN VDE 0100-705:2007-10; VDE 0100-705:2007-10 Errichten von Niederspannungsanlagen – Teil 7-705: Anforderungen für Betriebsstätten, Räume und Anlagen besonderer Art – Elektrische Anlagen von landwirtschaftlichen und gartenbaulichen Betriebsstätten

DIN VDE 0100-712:2016-10; VDE 0100-712:22016-10 Errichten von Niederspannungsanlagen – Teil 7-712: Anforderungen für Betriebsstätten, Räume und Anlagen besonderer Art – Photovoltaik – (PV) – Stromversorgungssysteme

DIN VDE 0105-100:2015-10; VDE 0105-100:2015:10 Betrieb von elektrischen Anlagen – Teil 100: Allgemeine Festlegungen

DIN VDE 0105-115:2006-02; VDE 0105-115:2006-02 Betrieb von elektrischen Anlagen – Besondere Festlegungen für landwirtschaftliche Betriebsstätten

DIN VDE 0289-4:1988-03; VDE 0289-4:1988-03 Begriffe für Starkstromkabel und isolierte Starkstromleitungen; Prüfen und Messen

DIN VDE 0293-308:2003-01; VDE 0293-308:2003-01 Kennzeichnung der Adern von Kabeln/Leitungen und flexiblen Leitungen durch Farben

DIN VDE 0298-4:2013-06; VDE 0298-4:2013-06 Verwendung von Kabeln und isolierten Leitungen für Starkstromanlagen – Teil 4: Empfohlene Werte für die Strombelastbarkeit von Kabeln und Leitungen für feste Verlegung in und an Gebäuden und von flexiblen Leitungen

Normenreihe DIN 18015 Elektrische Anlagen in Wohngebäuden

VDE V 0675-39-12:2014-09; DIN CLC/TS 50539-12:2014-09 Überspannungsschutzgeräte für Niederspannung – Überspannungsschutzgeräte für besondere Anwendungen einschließlich Gleichspannung – Teil 12: Auswahl und Anwendungsgrundsätze – Überspannungsschutzgeräte für den Einsatz von Photovoltaik-Installationen

VDE 0105-1:2014-02; DIN EN 50110-1:2014-02 Betrieb von elektrischen Anlagen – Teil 1: Allgemeine Anforderungen

VDE 0510-485-2:2019-04; DIN EN IEC 62485-2 Sicherheitsanforderungen an Batterien und Batterieanlagen – Teil 2: Stationäre Batterien

VDE 0126-380:2018-07; DIN EN 50380:2018-07 Datenblatt- und Typschildangaben von Photovoltaik-Modulen

VDE 0126-3:2013-02; DIN EN 50521:2013-02 Steckverbinder für Photovoltaik-Systeme – Sicherheitsanforderungen und Prüfungen

VDE 0126-13:2010-04; DIN EN 50524:2010-04 Datenblatt- und Typenschildangaben von Photovoltaik-Wechselrichtern

VDE 0126-500:2021-12; DIN EN IEC 62790: 2021-12 Anschlussdosen für Photovoltaik-Module – Sicherheitsanforderungen und Prüfungen

VDE 0636-6:2011-11; DIN EN 60269-6:2011-11 Niederspannungssicherungen – Teil 6: Zusätzliche Anforderungen an Sicherungseinsätze für den Schutz von solaren photovoltaischen Energieerzeugungssystemen

VDE 0126-25-1:2017-12; DIN EN 61724-1 Betriebsverhalten von Photovoltaik-Systemen Teil 1: Überwachung

VDE 0126-24:2016-09; DIN EN 61829 Photovoltaische (PV) Modulgruppen Messen der Strom-Spannungs-Kennlinien am Einsatzort

VDE 0126-6:2010-10; DIN EN 60891:2010-10 Photovoltaische Einrichtungen – Verfahren zur Umrechnung von gemessenen Strom-Spannungs-Kennlinien auf andere Temperaturen und Bestrahlungsstärken

VDE 0126-4-1-1:2018-06; DIN EN 60904-1-1:2018-06 Photovoltaische Einrichtungen – Teil 1-1: Messen der Strom-Spannungs-Kennlinien von photovoltaischen (PV) Einrichtungen mit Mehrschichtsolarzellen

VDE 0126-4-2:2015-11; DIN EN 60904-2:2015-11 Photovoltaische Einrichtungen – Teil 2: Anforderungen an Referenz-Solarelemente

VDE 0126-4-3:2020-01; DIN EN IEC 60904-3:2020-01 Photovoltaische Einrichtungen – Teil 3: Messgrundsätze für terrestrische photovoltaische (PV)-Einrichtungen mit Angaben über die spektrale Strahlungsverteilung

VDE 0126-4-4:2021-06; DIN EN IEC 60904-4:2021-06 Photovoltaische Einrichtungen – Teil 4: Referenz-Solarelemente – Verfahren zur Feststellung der Rückverfolgbarkeit der Kalibrierung

VDE 0126-4-5:2011-12; DIN EN 60904-5:2011-12 Photovoltaische Einrichtungen – Teil 5: Bestimmung der gleichwertigen Zellentemperatur von photovoltaischen (PV) Betriebsmitteln nach dem Leerlaufspannungs-Verfahren

VDE 0126-4-7:2021-06; DIN EN IEC 60904-7:2021-06 Photovoltaische Einrichtungen – Teil 7: Berechnung der spektralen Fehlanpassungskorrektur für Messungen an photovoltaischen Einrichtungen

VDE 0126-4-8-1:2018-05; DIN EN 60904-8-1:2018-05 Photovoltaische Einrichtungen – Teil 8-1: Messen der spektralen Empfindlichkeit von photovoltaischen (PV) Einrichtungen mit Mehrschichtsolarzellen

VDE 0126-4-9:2008-07; DIN EN 60904-9:2008-07 Photovoltaische Einrichtungen – Teil 9: Leistungsanforderungen an Sonnensimulatoren

VDE 0126-4-10:2010-10; DIN EN 60904-10:2010-10 Photovoltaische Einrichtungen – Teil 10: Messverfahren für die Linearität

VDE 0126-31-2:2019-02; DIN EN 61215-2 Terrestrische Photovoltaik (PV-) Module – Bauarteignung und Bauartzulassung

VDE 0510-41:2016-09; DIN EN 61427-2 Wiederaufladbare Zellen und Batterien für die Speicherung erneuerbarer Energien – Allgemeine Anforderungen und Prüfverfahren – Teil 2: Netzintegrierte Anwendungen

VDE 0660-600-1:2021-10; DIN EN IEC 61439-1:2021-10 Niederspannungs-Schaltgerätekombinationen – Teil 1: Allgemeine Festlegungen

VDE 0413-1:2007-12; DIN EN 61557-1:2007-12 Elektrische Sicherheit in Niederspannungsnetzen bis AC 1000 V und DC 1500 V – Geräte zum Prüfen, Messen oder Überwachen von Schutzmaßnahmen – Teil 1: Allgemeine Anforderungen

VDE 0413-4:2007-12; DIN EN 61557-4:2007-12 Elektrische Sicherheit in Niederspannungsnetzen bis AC 1000 V und DC 1500 V – Geräte zum Prüfen, Messen oder Überwachen von Schutzmaßnahmen – Teil 4: Widerstand von Erdungsleitern, Schutzleitern und Potentialausgleichsleitern

VDE 0413-5:2007-12; DIN EN 61557-5:2007-12 Elektrische Sicherheit in Niederspannungsnetzen bis AC 1 000 V und DC 1 500 V – Geräte zum Prüfen, Messen oder Überwachen von Schutzmaßnahmen – Teil 5: Erdungswiderstand

VDE 0413-10:2014-03; DIN EN 61557-10:2014-03 Elektrische Sicherheit in Niederspannungsnetzen bis AC 1 000 V und DC 1 500 V – Geräte zum Prüfen, Messen oder Überwachen von Schutzmaßnahmen – Teil 10: Kombinierte Messgeräte zum Prüfen, Messen oder Überwachen von Schutzmaßnahmen

VDE 0675-6-11:2019-03; DIN EN 61643-11:2019-03 Überspannungsschutzgeräte für Niederspannung – Teil 11: Überspannungsschutzgeräte für den Einsatz in Niederspannungsanlagen – Anforderungen und Prüfungen

VDE 0126-31-1-4:2017-11; DIN EN 61215-1-4 Terrestrische Photovoltaik(PV)-Module – Bauarteignung und Bauartzulassung, Teil 1–4: Besondere Anforderungen an die Prüfung von Photovoltaik(PV)-Dünnschichtmodulen aus Cu(In,Ga)(S,Se)2

VDE 0126-31-1-2:2017-10; DIN EN 61215-1-2 Terrestrische Photovoltaik(PV)-Module – Bauarteignung und Bauartzulassung Teil 1–2: Besondere Anforderungen an die Prüfung von Photovoltaik(PV)-Dünnschichtmodulen aus Cadmiumtellurid (CdTe)

VDE 0126-31-1-3:2017-10; DIN EN 61215-1-3 Terrestrische Photovoltaik(PV)-Module – Bauarteignung und Bauartzulassung Teil 1–3: Besondere Anforderungen an die Prüfung von Photovoltaik(PV)-Dünnschichtmodulen aus amorphem Silizium

VDE 0126-30-1:2018-10; DIN EN IEC 61730-1:2018-10 Photovoltaik(PV)-Module – Sicherheitsqualifikation – Teil 1: Anforderungen an den Aufbau

VDE 0126-30-2; DIN EN IEC 61730-2:2018-10 Photovoltaik(PV)-Module – Sicherheitsqualifikation – Teil 2: Anforderungen an die Prüfung

VDE 0126-34-1:2011-12; DIN EN 61853-1:2011-12 Prüfung des Leistungsverhaltens von photovoltaischen (PV-)Modulen und Energiebemessung – Teil 1: Leistungsmessung in Bezug auf Bestrahlungsstärke und Temperatur sowie Leistungsbemessung

VDE 0185-305-1:2011-10; DIN EN 62305-1:2011-10 Blitzschutz – Teil 1: Allgemeine Grundsätze

VDE 0185-305-2:2013-02; DIN EN 62305-2:2013-02 Blitzschutz – Teil 2: Risiko-Management

VDE 0185-305-3:2011-10; DIN EN 62305-3:2011-10 Blitzschutz – Teil 3: Schutz von baulichen Anlagen und Personen

VDE 0185-305-3 Beiblatt 5:2014-02; DIN EN 62305-3 Beiblatt 5:2014-02 Blitzschutz – Teil 3: Schutz von baulichen Anlagen und Personen; Beiblatt 5: Blitz- und Überspannungsschutz für PV-Stromversorgungssysteme

VDE 0185-305-4:2011-10; DIN EN 62305-4:2011-10 Blitzschutz – Teil 4: Elektrische und elektronische Systeme in baulichen Anlagen

VDE 0126-23-1:2019-04; DIN EN 62446-1 Photovoltaik (PV)-Systeme – Anforderungen an Prüfung, Dokumentation und Instandhaltung Teil 1: Netzgekoppelte Systeme – Dokumentation, Inbetriebnahmeprüfung und Prüfanforderungen

VDE 0126-23-2:2021-08; DIN EN IEC 62446-2 Photovoltaik(PV)-Systeme – Anforderungen an Prüfung, Dokumentation und Instandhaltung Teil 2: Netzgekoppelte Systeme – Instandhaltung von PV-Systemen

VDE V 0126-23-3:2018-04; DIN IEC/TS 62446-3 Photovoltaik(PV)-Systeme – Anforderungen an Prüfung, Dokumentation und Instandhaltung Teil 3: Photovoltaische Module und Betriebsanlagen – Infrarot-Thermografie im Freien

VDE 0126-15:2012-03; DIN EN 62509:2012-03 Leistung und Funktion von Photovoltaik-Batterieladereglern

VDE Anwendungsregeln

VDE-AR-E 2100-712 Anwendungsregel:2018-12 Maßnahmen für den DC-Bereich einer Photovoltaikanlage zum Einhalten der elektrischen Sicherheit im Falle einer Brandbekämpfung oder einer technischen Hilfeleistung

VDE-AR-N 4100 Anwendungsregel:2019-04 Technische Regeln für den Anschluss von Kundenanlagen an das Niederspannungsnetz und deren Betrieb (TAR Niederspannung)

VDE-AR-N 4105 Anwendungsregel:2018-11 Erzeugungsanlagen am Niederspannungsnetz Technische Mindestanforderungen für Anschluss und Parallelbetrieb von Erzeugungsanlagen am Niederspannungsnetz

VDE-AR-N 4110 Anwendungsregel:2018-11 Technische Regeln für den Anschluss von Kundenanlagen an das Mittelspannungsnetz und deren Betrieb (TAR Mittelspannung)

Weitere Normen

DIN 1055-3:2006-03 Einwirkungen auf Tragwerke – Teil 3: Eigen- und Nutzlasten für Hochbauten

DIN EN 1991-1-1:2010-12 Eurocode 1: Einwirkungen auf Tragwerke – Teil 1-1: Allgemeine Einwirkungen auf Tragwerke – Wichten, Eigengewicht und Nutzlasten im Hochbau

DIN EN 1991-1-3:2010-12 Eurocode 1: Einwirkungen auf Tragwerke – Teil 1–3: Allgemeine Einwirkungen, Schneelasten

DIN EN 1991-1-4/NA:2010-12 Eurocode 1: Einwirkungen auf Tragwerke – Teil 1–4: Allgemeine Einwirkungen – Windlasten

Normenreihe DIN 4102 Brandverhalten von Baustoffen und Bauteilen

DIN 4108-10:2021-11 Wärmeschutz und Energie-Einsparung in Gebäuden – Teil 10: Anwendungsbezogene Anforderungen an Wärmedämmstoffe

DIN EN ISO 9712:2021-02 – Entwurf Zerstörungsfreie Prüfung – Qualifizierung und Zertifizierung von Personal der zerstörungsfreien Prüfung

DIN EN 13306:2018-02 Instandhaltung – Begriffe der Instandhaltung

DIN EN 13501-1:2019-05 Klassifizierung von Bauprodukten und Bauarten zu ihrem Brandverhalten – Teil 1: Klassifizierung mit den Ergebnissen aus den Prüfungen zum Brandverhalten von Bauprodukten

DIN EN 13501-5:2016-12 Klassifizierung von Bauprodukten und Bauarten zu ihrem Brandverhalten – Teil 5: Klassifizierung mit den Ergebnissen aus Prüfungen von Bedachungen bei Beanspruchung durch Feuer von außen

Normenreihe DIN 18195 Abdichtung von Bauwerken

DIN 18195-5:2017-07 Bauwerksabdichtungen – Teil 5: Abdichtungen gegen nichtdrückendes Wasser auf Deckenflächen und in Nassräumen, Bemessung und Ausführung

DIN 18234-1:2018-05 Baulicher Brandschutz großflächiger Dächer – Brandbeanspruchung von unten – Teil 1: Geschlossene Dachflächen – Anforderungen und Prüfung

Normenreihe DIN 18531 :2017-07 Abdichtung von Dächern sowie von Balkonen, Loggien und Laubengängen

DIN 31051: 2019-06 Grundlagen der Instandhaltung

DIN 54191:2017-10 Zerstörungsfreie Prüfung – Thermografische Prüfung elektrischer Anlagen

DIN EN 81346-1:2010-05 Industrielle Systeme, Anlagen und Ausrüstungen und Industrieprodukte – Strukturierungsprinzipien und Referenzkennzeichnung – Teil 1: Allgemeine Regeln (IEC 81346-1:2009)

DIN EN 1995-1-1:2010-12 Eurocode 5: Bemessung und Konstruktion von Holzbauten – Teil 1-1: Allgemeines – Allgemeine Regeln und Regeln für den Hochbau; Deutsche Fassung EN 1995-1-1:2004 + AC:2006 + DIN EN 1995-1-1:2010-12 Eurocode 5: Bemessung und Konstruktion von Holzbauten - Teil 1-1: Allgemeines - Allgemeine Regeln und Regeln für den Hochbau; Deutsche Fassung EN 1995-1-1:2004 + AC:2006 + A1:2008

VDI 6012 Blatt 1.4:2016-01 Regenerative und dezentrale Energiesysteme für Gebäude – Grundlagen – Befestigung von Solarmodulen und -kollektoren auf Gebäuden

VDI 2883 Blatt 1:2020-01 Instandhaltung von PV-Anlagen (Fotovoltaikanlagen) – Grundlagen

VDI 2883 Blatt 2:2019-12 – Entwurf Instandhaltung von PV-Anlagen (Fotovoltaikanlagen) – Prüf- und Messverfahren

VdS-Richtlinien

VdS-Richtlinien des Gesamtverbandes der Deutschen Versicherungswirtschaft e. V. (GDV)

VdS 2010:2021-02(06) Risikoorientierter Blitz- und Überspannungsschutz

VdS 2017:2021-02(03) Überspannungsschutz für landwirtschaftliche Betriebe

VdS 2019:2021-02 (03) Überspannungsschutz in Wohngebäuden

VdS 2025:2021-03 (07) Elektrische Leitungsanlagen, Richtlinien zur Schadenverhütung

VdS 2031:2021-02 (08) Blitz- und Überspannungsschutz in elektrischen Anlagen

VdS 2033: 2019-11 (07) Elektrische Anlagen in feuergefährdeten Betriebsstätten und diesen gleichzustellenden Risiken

VdS 2057:2019-11 (08) Sicherheitsvorschriften für elektrische Anlagen in

- landwirtschaftlichen Betrieben
- Intensiv-Tierhaltungen

VdS 2067:2019-11 (06) Elektrische Anlagen in der Landwirtschaft

VdS 2349-1 : 2015-03 (01) Auswahl von Schutzeinrichtungen für den Brandschutz in elektrischen Anlagen

VdS 2349-2 : 2015-03 (01) EMV-gerechte Errichtung von Niederspannungsanlagen

VdS 2858:2017-11 (03) Thermografie in elektrischen Anlagen. Ein Beitrag zur Schadenverhütung und Betriebssicherheit

VDS 3103:2019-06 (03) Lithium – Batterien

VdS 3145: 2017-11 (02) Photovoltaikanlagen

VdS 3501:2021-10 (03) Installationsfehlerschutz in elektrischen Anlagen mit elektronischen Betriebsmitteln

Weitere Regelwerke und Richtlinien

Fachkommission Bauaufsicht der Bauministerkonferenz; Deutsches Institut für Bautechnik DIBt (Hrsg.) Muster-Industriebau-Richtlinie (MIndBauRL). Stand: 05.2019

Musterbauordnung (MBO). Stand: 27.09.2019

Zentralverband des Deutschen Dachdeckerhandwerks, Fachverband Dach-, Wand- und Abdichtungstechnik e. V. (Hrsg.): Flachdachrichtlinie

Zentralverband des Deutschen Dachdeckerhandwerks – Fachverband Dach-, Wand- und Abdichtungstechnik e. V. (Hrsg.): Regelwerk des deutschen Dachdeckerhandwerkes

Zentralverband des Elektrohandwerks (Hrsg.): Richtlinie zum E-Check PV-Anlagen für die wiederkehrende Prüfung von PV-Anlagen. Frankfurt 2012

ZVEI Zentralverband Elektrotechnik- und Elektronikindustrie e. V., Fachverband Batterien (Hrsg.): Merkblatt: Vorsichtsmaßnahmen beim Umgang mit Elektrolyt für Bleiakkumulatoren

ZVEI Zentralverband Elektrotechnik- und Elektronikindustrie e. V. (Hrsg.): Merkblatt: Sicherheitsdatenblatt für Bleisäure (verdünnte Schwefelsäure) ZVEI-Merkblatt Nr. 2; sicherer Umgang mit Lithium-Batterien

vdd Industrieverband Bitumen-Dach- und Dichtungsbahnen e. V. (Hrsg.): Technische Regeln für die Planung und Ausführung von Abdichtungen mit Polymerbitumen- und Bitumenbahnen. Frankfurt: 2017

Literaturquellen

Bergmann, Arno: Photovoltaikanlagen – Normgerecht errichten, betreiben, herstellen und konstruieren, VDE-Schriftenreihe Nr. 138. Berlin: VDE-Verlag, 2011

FLIR Systems AB (Hrsg.): Thermografie-Handbuch für Bau-Anwendungen und Erneuerbare Energien. Ein informativer Leitfaden für den Einsatz von Wärmebildkameras bei der Inspektion von Gebäuden, Solarmodulen und Windrädern

GED Gesellschaft für Energiedienstleistung GmbH & Co. KG (Hrsg.): Elektroinstallationen im Spannungsfeld von Anpassung und Bestandsschutz. Berlin: 2012

Henning, Wilfried: VDE-Prüfung nach BetrSichV, TRBS und BGV A3, Erläuterungen zu DIN VDE 0100 Teile 410, 430 u.a., sowie DIN VDE 0105-100., VDE-Schriftenreihe Nr. 43, 12. überarb. Aufl. VDE-Verlag, 2019

Hochbaum, Adalbert; Callondann; Karsten: Schadensverhütung in elektrischen Anlagen. Rechtliche Regelungen, Brandgefahren, Schadensursachen, Schutzmaßnahmen, Anforderungen an die Errichtung, Erhaltung des ordnungsgemäßen Zustandes. VDE-Schriftenreihe Nr. 85, 2. erw. Aufl. Berlin: VDE-Verlag, 2009

Hochbaum, Adalbert; Hof, Bernhard: Kabel- und Leitungsanlagen. Auswahl und Errichtung nach DIN VDE 0100-520. VDE-Schriftenreihe Nr. 68, 2. Aufl. Berlin: VDE-Verlag, 2003

Holzapfel, Walther: Dächer. Erweitertes Wissen für Sachverständige und Baufachleute, 2. aktual. Aufl. Stuttgart: Fraunhofer IRB Verlag, 2013

Holzapfel, Walter: Moderne Dächer – richtig planen, ausführen und Schäden vermeiden; 84. Gießener BDB-Baufachseminar am 23. September 2011. Tagungsband. Stuttgart: Fraunhofer IRB Verlag, 2011

Horschler, Stefan et al.: Schäden am Dach. Problempunkte und Sanierung von Steil-, Flach und Gründächern sowie Photovoltaikanlagen; 47. Bausachverständigen-Tag im Rahmen der Frankfurter Bautage 2012 am 28. September 2012. Tagungsband. Stuttgart: Fraunhofer IRB Verlag, 2012

Ibold, Stefan: Flachdachrichtlinie – Kommentar eines Sachverständigen, 2. Aufl. Althengstett: Rudolf Müller-Verlag, 2017

Schmolke, Herbert: Brandschutz in elektrischen Anlagen. Praxishandbuch für Planung, Errichtung, Prüfung und Betrieb. Heidelberg: Hüthig Verlag, 2012

Schoop, Edgar: Stationäre Batterie-Anlagen. Auslegung, Instandhaltung und Wartung. 2. erw. Aufl. Berlin: Huss, 2018

Schröder, Mario: Der Wartungsvertrag. Vertragsgestaltung der Inspektion – Wartung – Instandsetzung von baulichen Anlagen und Rechtsfolgen. Berlin: Beuth-Verlag, 2005

Schröder, Wolfgang (Hrsg.): Ausführungshandbuch für Photovoltaik-Anlagen; normgerechte Planung, Montage, Installation, Inbetriebnahme und Wartung. Merching: Forum 2021

Schröder, Wolfgang: Privater Betrieb von Photovoltaikanlagen. Stuttgart: Fraunhofer IRB Verlag, 2017

Schröder, Wolfgang: Gewerblicher Betrieb von Photovoltaikanlagen. Stuttgart: Fraunhofer IRB Verlag, 2018